GIS设备

内部异物检测

国网宁夏电力有限公司电力科学研究院　组编

中国电力出版社
CHINA ELECTRIC POWER PRESS

内 容 提 要

本书共计 6 章,包括 GIS 概述、GIS 内部异物、GIS 内部异物局部放电检测技术、GIS 内部异物局部放电特性模拟试验、GIS 内部异物检测案例和 GIS 内部异物处理方法。

本书可供 GIS 设备检修及试验一线人员学习使用,也可供高校相关专业师生、设备生产厂家参考学习。

图书在版编目(CIP)数据

GIS 设备内部异物检测 / 国网宁夏电力有限公司电力科学研究院组编 . —北京:中国电力出版社,2020.5

ISBN 978-7-5123-5561-3

Ⅰ . ①G… Ⅱ . ①国… Ⅲ . ①气体绝缘－金属封闭开关－局部放电－检测 Ⅳ . ① TM564

中国版本图书馆 CIP 数据核字(2020)第 053370 号

出版发行:中国电力出版社
地 址:北京市东城区北京站西街 19 号(邮政编码 100005)
网 址:http://www.cepp.sgcc.com.cn
责任编辑:肖 敏(010-63412363)
责任校对:黄 蓓 李 楠
装帧设计:王红柳
责任印制:石 雷

印 刷:三河市万龙印装有限公司
版 次:2020 年 5 月第一版
印 次:2020 年 5 月北京第一次印刷
开 本:787 毫米 ×1092 毫米 16 开本
印 张:14
字 数:303 千字
印 数:0001—2000 册
定 价:75.00 元

编 委 会

GIS设备
内部异物检测
前 言

随着高压、特高压电网的发展，气体绝缘金属封闭开关设备（GIS）因其占地面积小、可靠性高、受外界影响较小等优点在电网中得到了广泛应用。但在其制造、安装、运行过程中不可避免的存在异物缺陷，导致其内部电场发生畸变，使绝缘系统的电应力集中而发生局部放电。为更加深入地研究 GIS 内部异物的产生原因、检测方法、特性分析、处理措施等，提高一线员工设备运维水平，保障电力安全生产，国网宁夏电力有限公司电力科学研究院组编《GIS 设备内部异物检测》一书。

本书共计 6 章，第 1 章为 GIS 概述，对 GIS 设备的优点及相关定义、结构、材料进行全面阐述；第 2 章为 GIS 内部异物，深入分析异物产生的原因、分类及其基本特性；第 3 章为 GIS 内部异物局部放电检测技术，介绍了超声波、特高频、脉冲电流、光测、X 射线、振动等当下主要局部放电检测技术，并分别介绍了异物缺陷的特征及诊断方法；第 4 章为 GIS 内部异物局部放电特性模拟试验，介绍了局部放电测试系统及异物缺陷模型，通过大量试验给出局部放电特性和异物运动轨迹；第 5 章为 GIS 内部异物检测案例，从固定异物和可跳动异物两方面介绍了近年发生的异物所致设备故障，并进行总结和分析；第 6 章为 GIS 内部异物处理方法，介绍了设备生产厂内异物的处理方法、现场异物控制手段及处理方法、异物机器人清理技术。

本文从 GIS 本体基本结构，不同材料对异物的影响，内部异物产生原因等方面进行了介绍；对 GIS 内部异物的力学特性、电场影响、局部放电检测技术等进行了说明；通过微粒小模型进行了局部放电特性模拟试验，以固定异物和可跳动颗粒分类对检测案例开展分析；最后，对 GIS 内部异物治理环节提出了厂内、现场的处理方法，同时提出了一种新型的 GIS 腔体内部异物机器人处理方法，内容丰富、知识全面、简明实用。

在本书的编写过程中，西安交通大学的李军浩老师提出了宝贵的意见，并完成了本书 GIS 内部异物电场特性及模拟试验相关内容的审稿工作。上海思源电气股份有限公司的刘鹏伟和袁志兵在 GIS 结构及处理方法相关内容上付出了大量的时间和心血。四川大学的佃松宜老师、西安交通大学的荣海军和杨朝旭老师也对书稿提出了很多宝贵的意见，他们对顺利完成本书起到了十分重要的作用，在此表示真挚的感谢！

本书可供 GIS 设备检修及试验一线人员学习使用，也可供高校相关专业师生、设备生产厂家参考学习。

由于 GIS 设备生产厂家众多、型式多样，内部异物表现的特性难免会有差异，试验模型建立仍有一定的局限性，且因作者水平有限，书中难免有不当之处，敬请读者批评指正。

编者

2019 年 12 月

目 录

1.1　GIS 优点与定义

高压开关设备是电力系统中的关键电气设备，承担着正常运行中承载电流，检修时确保设备接地安全，故障条件下在短时间内承载故障电流、开断故障电流的重任，是电力系统安全运行的保障。由于传统敞开式变电站中采用的瓷柱断路器、隔离开关、接地开关等相互之间要有足够的空气绝缘距离，因而使得变电站占地面积很大，造价较高，并且母线、断路器、隔离/接地开关、互感器、避雷器等设备均暴露在空气中，其使用寿命对所处环境条件要求较高。在发电厂、水泥厂、化工厂等附近运行的电力设备，更容易发生因导体锈蚀、外绝缘污秽失效等导致的闪络故障。

随着电力基础建设飞速发展，采用 SF_6 气体或 SF_6 混合气体作为绝缘和/或开断介质的气体绝缘金属封闭开关设备（Gas Insulated metal enclosed Switch-gear，GIS）得到了越来越广泛的应用。GIS 是将母线、断路器、隔离开关、接地开关、电流互感器、电压互感器、避雷器等部件封闭在金属（一般为铸造或焊接铝合金）壳体内部，按照系统主接线图连接在一起的高压配电装置。

1.1.1　GIS 的优点

相比于传统敞开式变电站，GIS 变电站具有以下优点。

（1）外形尺寸更小。126～550kV GIS 变电站的占地面积仅为传统敞开式变电站占地面积的 20％～50％；从空间上看，只占传统敞开式变电站的 20％～30％。采用 GIS 装置可以大大减小占地面积及变电站空间，降低了工程造价。

（2）可靠性更高。目前，GIS 将变电站内所有一次设备几乎均封装在绝缘性能优良的 SF_6 气体内部，使得污秽、高海拔、大风等极端外部环境对设备的影响大大减小，故 GIS 相比于传统敞开式电气设备，其可靠性较高。

注意：由于目前绝大多数 GIS 采用的是纯 SF_6 气体作为绝缘介质，本书后续所涉及的 SF_6 气体均指 SF_6 或其混合气体。需要注意的是，相比于 N_2、CO_2 等绝缘气体，SF_6 气体的劣势在于液化温度较高，尤其是在环境温度 $-30℃$ 以下使用时，通常要使用伴热带对 SF_6 气体进行加热，防止气体液化；液化后 SF_6 气体绝缘性能将明显下降，SF_6 气体的液化曲线如图 1-1 所示。在某些寒冷地区，电网内部也曾使用 SF_6 与 N_2 的混合气体，作为断路器绝缘和灭弧介质。

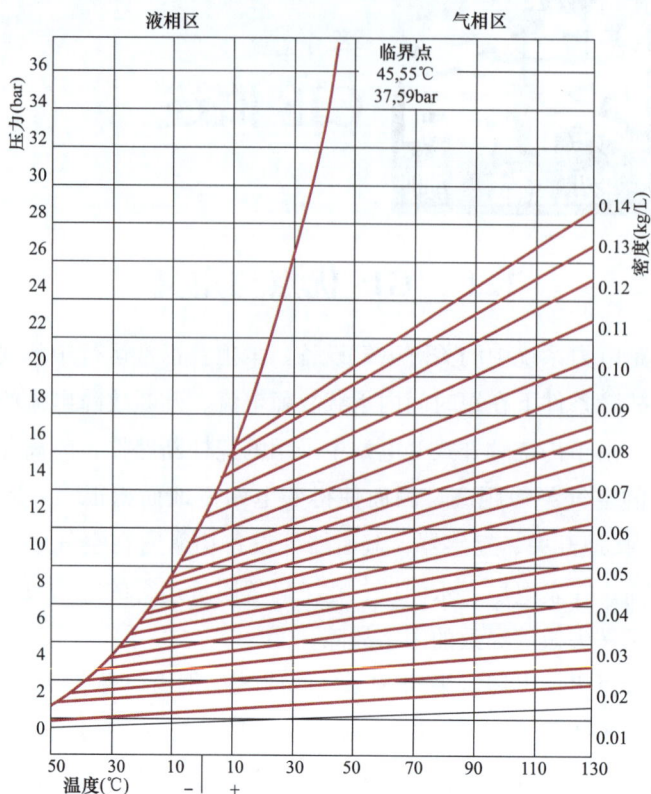

图 1-1 SF₆气体的液化曲线

（3）现场安装调试时间更短。传统变电站设备到现场后，不仅要分别完成断路器、隔离开关、接地开关、互感器、避雷器和架空线路等安装调试工作，而且还要完成断路器与隔离开关之间的联调、隔离开关与接地开关之间的机械闭锁调试等工作，现场工作量非常大。而 GIS 在工厂内即完成了单间隔内部元件的组装及接线工作，并完成了断路器之间的电气和机械闭锁、联调工作，到现场之后，仅需完成间隔间的联调即可，因此现场安装调试时间大大缩短。

（4）运维工作量更少。由于外部环境无法对 GIS 内部的关键元件产生直接影响，因此，相比于传统敞开式变电站，GIS 变电站的维护工作量大大减少，运行可靠性较高。

（5）运行安全。传统敞开式变电站中几乎所有元器件均有瓷绝缘子、瓷套管等绝缘件，一旦产品质量出现隐患，就可能危及现场运行维护人员的安全。某电力公司几年内多次出现高压瓷套管炸裂损毁的事故，现场人员巡检时，都要佩戴防爆设备。而 GIS 仅有少量的进出线套管，其他元件之间均采用直连，且多数 GIS 厂家设备上均会安装有朝向地面的防爆膜，即使设备内部出现了故障，防爆膜破裂也会阻止 GIS 内部气压的进一步升高，最大限度地降低了设备对运行人员安全的负面影响。

1.1.2 术语与定义

为了使读者对 GIS 有更清晰的理解，本书涉及的 GIS 相关术语及关键技术参数阐述如下。

(1) GIS（气体绝缘金属封闭开关设备）。至少有一部分采用高于大气压的气体作为绝缘介质的金属封闭开关设备。

注意：①三极封闭气体绝缘开关设备适用于三极封闭在一个公共外壳内的开关设备；②单极封闭气体绝缘开关设备适用于每极封闭在一个独立外壳内的开关设备。

(2)（总装的）外壳（本文指 GIS 的外壳）。用于支撑和安装电气设备，能够提供规定的防护等级，以保护内部设备不受外界影响，防止人员接近或触及带电部分，防止人员触及运动部分。

(3)（总装的）隔室。总装的一部分，除内部连接、控制或通风所必要的开孔外，其余均封闭。

实际生产中，隔室可以根据其内部的主要元件或功能命名。例如，断路器隔室、母线隔室、测保隔室等。

(4)（总装的）主回路。在总装中，用来传递电能的回路中的所有导电部件。

(5) 元件。实现气体绝缘金属封闭开关设备主回路和接地回路的主要部件（如断路器、隔离开关、负荷开关、互感器、套管、母线等）。

(6) 支撑绝缘子。支撑一极或多极导体的内部绝缘子。

(7) 套管。在外壳端头处可以承载一极或多极导体并与其绝缘的结构件，包括连接的方式（如，空气套管）。

(8) 外壳的设计温度。在规定的最严酷使用条件下外壳所能达到的最高温度。

(9) 外壳的设计压力。用于确定外壳设计的相对压力。

注意：①它至少应等于在规定的最严酷使用条件下绝缘气体所能达到的最高温度时外壳内部的最高压力；②确定设计压力时不考虑开断操作（如断路器并断）过程中或随后出现的瞬态压力。

(10) 隔板的设计压力。隔板两边的相对压力。

(11) 压力释放装置的动作压力。为压力释放装置所选择的释放压力的相对压力值。

(12) 外壳和隔板的例行试验压力。所有的隔板和外壳制造后都应承受的相对压力。

(13) 外壳和隔板的型式试验压力。所有的隔板和外壳在型式试验中应承受的相对压力。

(14) 运输单元。不需拆开便可以运输的开关设备和控制设备的一部分。

(15) 额定电压。额定电压等于开关设备和控制设备所在系统的最高电压。它表示设备用于电网"系统最高电压"的最大值（详见 GB/T 156《标准电压》的 2.2 条）。额定电压的标准值如下。

1) 范围 I，额定电压 252kV 及以下：3.6、7.2、12、24、31.5、40.5、63、72.5、

126、252kV。

2）范围Ⅱ，额定电压252kV以上：363、550、800、1100kV。

（16）额定电流。开关设备和控制设备的额定电流是指在规定的使用和性能条件下，开关设备和控制设备应该能够持续承载的有效值。额定电流应当从GB/T 762《标准电流等级》规定的R10系列中选取。

注意：①R10系列包括数字1、1.25、1.6、2、2.5、3.15、4、5、6.3、8及其与10^n的乘积；②对于短时工作制和间断工作制，额定电流由制造厂和用户商定。

实际生产中，常见的72.5～1100kV的GIS，其常见的额定电流为1250、1600、2000、3150、4000、5000A。

1.2 GIS基本结构

1.2.1 母线

母线是指用高导电率的铜（铜排）、铝及其合金等材料制成的，用以传输电能，具有汇集和分配电力能力的设备，是发电厂或变电站输送电能使用的导电线路。通过母线，把发电机、变压器等输出的电能输送给其他变电站或用户。传统变电站不同一次设备之间的电气连接均通过架空线或高压电缆完成，而GIS一次元件之间的电气连接均通过气体绝缘金属封闭母线来完成。HGIS为了降低造价，仅间隔进出线用了架空线，其他处仍采用气体绝缘金属封闭母线来连接。

GIS母线承担的主要功能包括：在正常运行中承载不大于其额定电流的运行电流，且温升满足GB/T 11022《高压开关设备和控制设备标准的共用技术要求》的规定。在故障工况下，能够耐受一定时间的过电流有效值带来的发热和过电流峰值带来的电动力影响。另外，在其额定使用条件下，应能耐受标准规定的工频过电压和雷电过电压，母线不应发生对壳体击穿、闪络等绝缘故障。

（1）GIS母线结构。GIS母线主要由三部分组成：内部导体、外壳以及支撑导体的绝缘子，如图1-2～图1-4所示。

图1-2 GIS母线外壳　　　　图1-3 母线内部导体

目前，GIS 母线可以分为单相母线（多是分支母线）和三相共筒母线，如图 1-5 和图 1-6 所示。

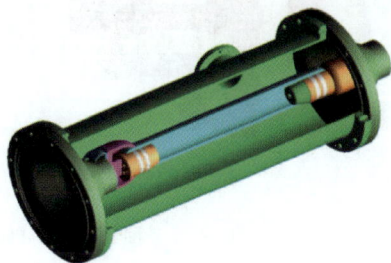

图 1-4　单相盆式绝缘子　　　图 1-5　某 GIS 分支母线结构示意图（单相）

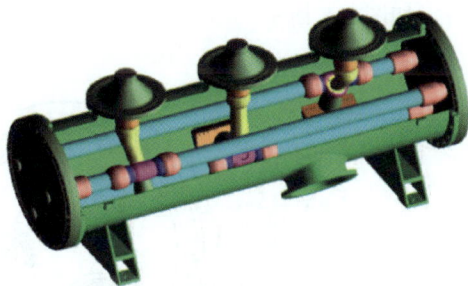

图 1-6　某 GIS 主母线结构示意图（三相共筒结构）

GIS 母线导体与两端盆式绝缘子上金属触头座之间的连接一般采用表带触指、弹簧触头、梅花触头等结构。壳体材料采用铝板卷焊，对于外形结构特殊的壳体还会采用铸造铝合金，铝合金材料的壳体可以避免磁滞和涡流循环引起的发热。

GIS 整个变电站中不同的使用位置要求 GIS 母线有不同的结构型式。图 1-7 所示为某型 GIS 三相共筒母线的结构示意图，分别为直筒母线、L 型母线和 T 型母线。

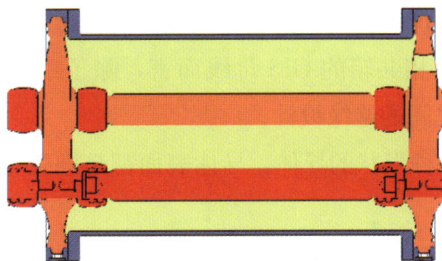

(a)

图 1-7　三种典型共筒母线内部示意图（一）

（a）直筒母线；

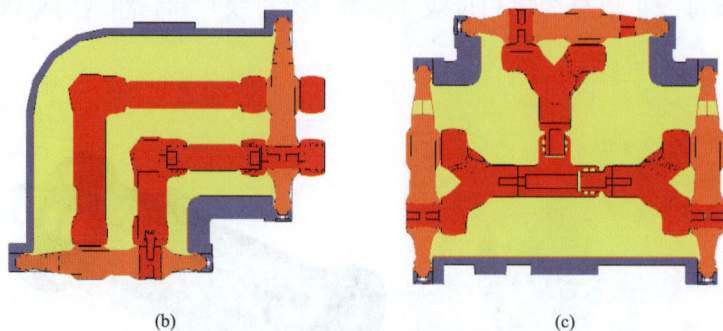

图 1-7　三种典型共筒母线内部示意图（二）

（b）L 型母线；（c）T 型母线

对于三相共筒的直母线而言，根据三相导体在筒体内部的分布结构，母线又可以分为导体均布和非均布两种结构，如图 1-8 所示。

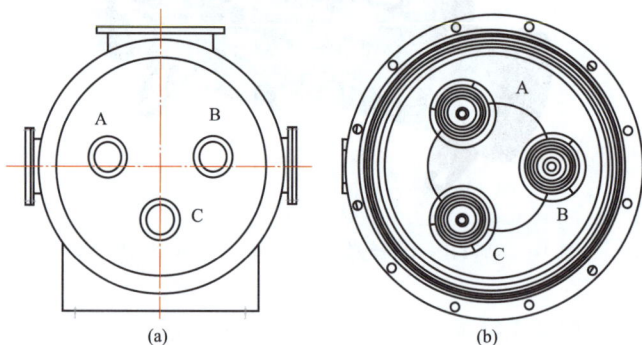

图 1-8　三相母线非均布、均布示意图

（a）导体非均匀分布；（b）导体均匀分布

（2）GIS 母线绝缘设计。对于 GIS 母线而言，相间绝缘和相对地（壳体）的绝缘是母线电气性能设计的重点。对于单相 GIS 母线，设计时需要通过解析计算或者 Ansys 等有限元仿真软件对静电场进行设计优化，提高绝缘性能，使运行中处于高电位的导体与壳体表面的电场尽量均匀。对于三相共箱的 GIS 母线而言，除了三相导体对地之间的绝缘设计外，还需要考虑三相导体之间的绝缘设计。

所以，GIS 内部会有各种形状的导体，导体表面都是圆弧光滑过度的，目的就是为了优化导体表面的电场。

除了导体对壳体之间的气体绝缘外，支撑导体的环氧浇注绝缘子还要考虑表面电场强度，通过设计波纹状结构或者加长圆弧来增加爬电距离，进而降低绝缘子表面发生闪络的概率。图 1-9 所示为某型 GIS 母线导体与外壳之间的电场强度仿真计算云图。图 1-10 所示为某三相母线单相带电时，母线内部的电位分布仿真计算云图。

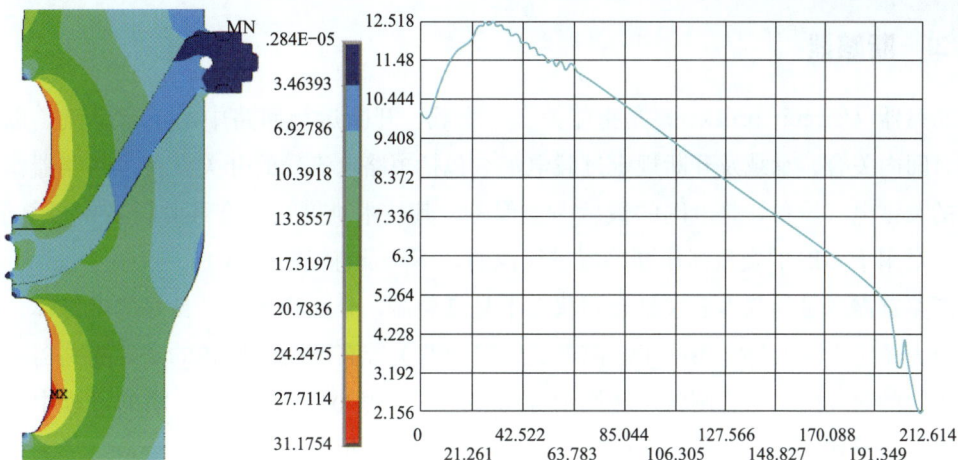

图 1-9　某单相母线内部静电场有限元计算结果

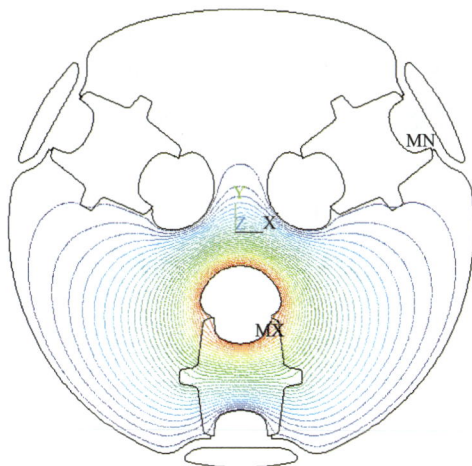

图 1-10　三相母线单相带电时母线内部的电位分布图

（3）GIS 母线内部异物。由于采用了 GIL（也称 GIB），因此 GIS 的体积显著缩小，在一个典型变电站中分支母线和主母线的长度少则几十米、上百米，多则数千米。母线较长，故成为 GIS 中异物放电的多发区。

母线本身的设计结构较为简单，内部导体之间的电接触类型基本上属于静接触，其内部的异物大多数是壳体或导体零件清理不充分，内部有残渣；或是装配过程中引入，或是现场对接时进入其壳体内部未及时清理等。由于母线存在着较多的法兰面，因此增加了漏气的风险。为了减少潜在漏气点，通常较长的分支母线设计长度在单根 5～18m，只能通过两端盖板和中间的手孔盖对处理内部异物，这一定程度上增加了 GIS 壳体内异物发现和清理的难度。

1.2.2 断路器

断路器（Circuit breaker）是指能关合、承载、开断运行回路中的正常电流，也能在规定时间内关合、承载及开断规定过载电流（包括短路电流）的开关设备。断路器作为变电站的关键电气设备，是电网的最后一道保障，其技术难度是所有开关设备中最复杂的。本节仅对用于 GIS 的交流高压断路器进行说明，不涉及直流断路器。

断路器需满足的基本要求是合闸状态下是良导体，分闸状态下是良好的绝缘体，可以隔离电力系统上的元件。不同于隔离开关、接地开关等高压电气设备的是，断路器必须可以在很短的时间内，从合闸状态转换到分闸状态（一般小于 0.1s）。开断的过程中不能产生过电压，操作可靠，在得到操作指令后，不能拒分、拒合、误分、误合。

从大的模块上来讲，断路器可以分为本体相柱（灭弧室）、操动机构，一般 363kV 及以上电压等级断路器内部还可能有合闸电阻、均压电容器等元件。从 GIS 外观来看，一般仅能看到断路器本体和操动机构，而均压电容器、合闸电阻等均安装在断路器本体内部，多数与灭弧室处于同一个气室内。以下为不同电压等级 GIS 用断路器的典型外观结构：图 1-11 所示为某变电站 126kV GIS 进出线间隔中的断路器及操动机构外观；图 1-12 所示为某变电站 252kV GIS 进出线间隔中的断路器及操动机构外观；图 1-13 所示为某变电站 363kV GIS 断路器间隔外观图；图 1-14 所示为某 550kV GIS 双断口断路器外观图，可以看到其断路器操动机构在本体的中间正下方，机构分合闸时，同时对两个断口进行操作；图 1-15 所示为某变电站 800kV GIS 断路器位置的外观图；图 1-16 所示为某变电站 1100kV GIS 断路器位置的外观图。

从图 1-11～图 1-16 可以看出，不同电压等级的 GIS 的断路器及其机构的机械结构差异较大，外形差异也较大。

1. 断路器布置方式

目前，在国内外交流高压断路器研发领域，已有商用 550kV 单断口灭弧室技术的产品；800kV 及以上电压等级的 GIS 所使用的断路器一般采用双断口和四断口串联。

在我国，部分采用欧系路线的合资高压开关生产制造单位的 550kV GIS 所使用的断路器为双断口，而 363kV 及以下 GIS 所使用的断路器为单断口结构。部分日系路线制造单位有单断口 550kV 产品在运行。部分我国大型断路器制造企业掌握了 550kV 单断口技术，但其目前在运的 550kV GIS 的断路器多数仍使用双断口结构。为了向读者更直观地呈现断路器本体灭弧室与操动机构之间的布置形式，本书罗列了某公司几种典型电压等级的 GIS 用断路器示意图。

图 1-17 所示为某 126kV GIS 用的卧式断路器结构示意图。在这个电压等级，断路器操动机构均为纯弹簧机构。

图 1-18 所示为某 252kV GIS 用断路器的结构示意图。从图中可以看出，其操动机构使用了液压碟簧结构。

图 1-11　某变电站 126kV GIS

图 1-12　某变电站 252kV GIS

图 1-13　某变电站 363kV GIS

图 1-14　某变电站 550kV GIS

图 1-15　某变电站 800kV GIS

图 1-16　某变电站 1100kV GIS（局部）

图 1-19 所示为某 363kV GIS 用卧式断路器示意图。从图中可见其为单断口结构。

图 1-20 所示为某 550kV GIS 用卧式断路器示意图。其为双断口结构，操动机构在断路器本体的一侧（非中间正下方）。

图 1-21 所示为某 800kV GIS 用的三断口结构卧式断路器示意图。断路器壳体内部上

方为灭弧室，下方为合闸电阻。

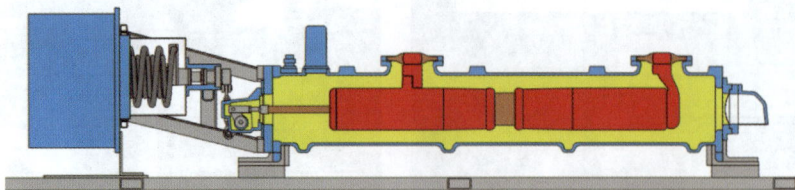

图 1-17 某 126kV GIS 用断路器灭弧室结构示意图（单断口）

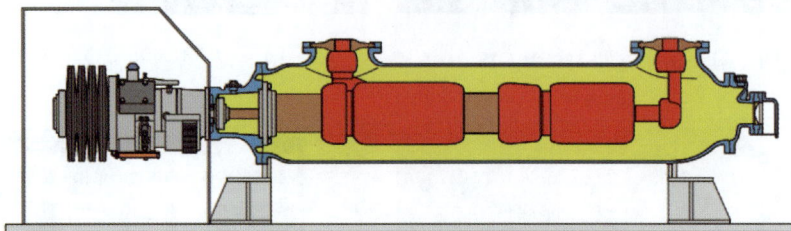

图 1-18 某 252kV GIS 用断路器（单断口结构）

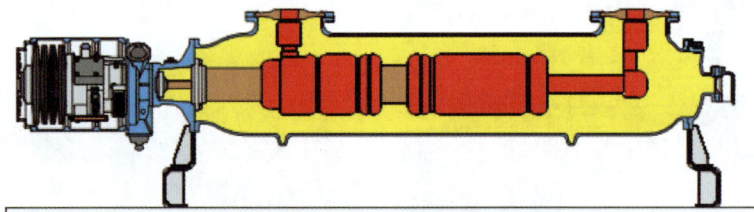

图 1-19 某 363kV GIS 用断路器（单断口结构）

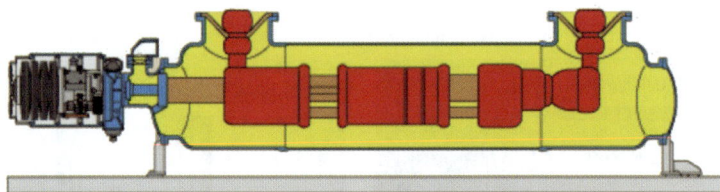

图 1-20 某 550kV GIS 用断路器（双断口结构）

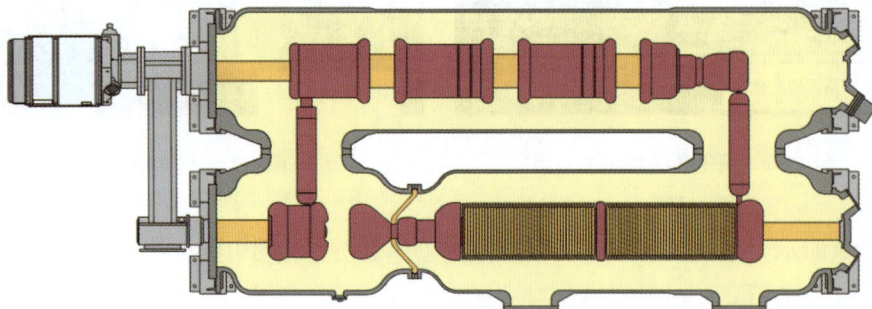

图 1-21 某 800kV GIS 用断路器（双断口结构，三断口带合闸电阻）

图 1-22 所示为国产 1100kV GIS 断路器结构示意图。它采用了双断口结构，其断路器开断技术难度较高，所需操作功较大，必须采用液压机构。

图 1-23 所示为某四断口结构的 1100kV GIS 断路器内部结构示意图。操动机构在断路器本体一侧。

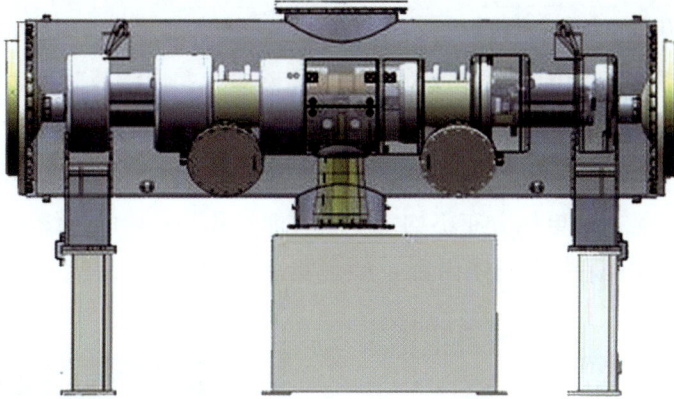

图 1-22　某 1100kV GIS 一个双断口断路器

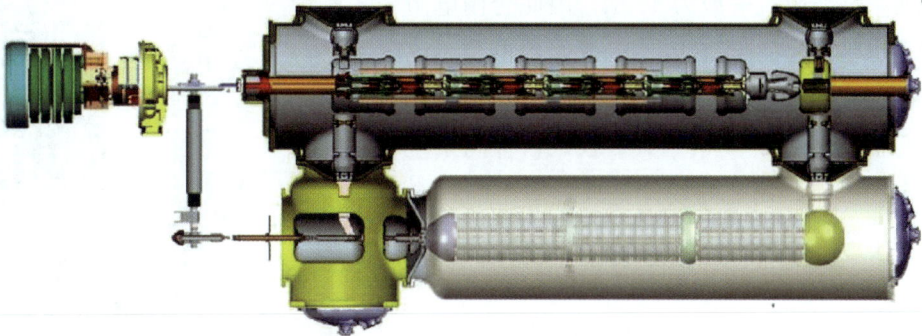

图 1-23　某 1100kV GIS 用断路器（四断口结构）

2. 断路器用均压电容器

对于 363kV 及以上的高压交流断路器（包括交流 GIS 用断路器），多数会采用均压电容器并联在灭弧室每个端口的两端。均压电容主要起到两个作用：①使不同断口间的恢复电压分布相对均匀，有利于提高断路器整体的开断性能；②电容器有阻碍瞬态恢复电压上升速率的作用，对于断路器开断近区故障 SLF 有很明显的作用。一般来讲，电容值越大，对恢复电压上升速率的限值效果就越明显。一般厂家选择的电容值在 300～1400pF。如果电容太小，则起不到提高近区故障开断能力的作用；太大时，即便断路器开断完成，仍会有较小的电容电流从断路器内部的均压电容内部流过，还需要打开两端的隔离开关才能完全将回路切断。

如图 1-24 所示的电路示意图，是 1100kV 高压交流断路器四断口串联，每个端口都有 C_{P1} 至 C_{P4} 的均压电容器，而图上的 C_{E1} 到 C_{E4} 是灭弧室相对地的杂散电容。一般来讲，杂散

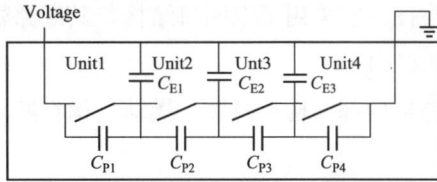

图 1-24　1100kV 高压交流断路器四断
口串联均压电容电路示意图

电容在 10pF 左右，而均压电容一般在 300～1400pF，远大于杂散电容的电容值，从而使四个断口之间的恢复电压分布较为均匀。

图 1-25 所示为高压交流断路器内部用均压电容器的外观图（图左侧和中间）以及均压电容器绝缘筒内部的机器自动缠绕的电容器片（图右侧）。均压电容器在生产装配过程中要对表面进行除尘，并用酒精对其表面进行擦拭，以去掉其表面的异物。如果存在异物，运行过程中会导致均压电容器发生放电击穿，从而将油漏到壳体内部产生更多异物。如果均压电容器内部存在缺陷，或者运输存储过程中产生缺陷，而导致其运行中电压分布不均匀，也可能导致其外表的绝缘筒发生击穿，从而将绝缘油漏出到 GIS 断路器壳体内部，产生更多异物，继而有可能导致设备闪络或击穿。

3. 断路器用合闸电阻

断路器安装合闸电阻的目的，主要是为了降低合闸过程中断路器对系统的冲击，降低操作过电压。由于电网系统波阻抗一般为 450Ω，因此合闸电阻的阻值选择也基本上在 450Ω 左右。断路器的合闸电阻一般与断路器灭弧室断口之间是机械联动的关系，合闸电阻提前于主断口 8～11ms 投入，抑制系统的操作过电压。有些制造商设计是灭弧室主断口合闸后，合闸电阻断口会打开；而还有一些设计是合闸电阻始终处于合闸位置，仅当分闸时，合闸电阻断口先于灭弧室主断口分闸（合闸电阻断口不具备灭弧能力）。

由于合闸电阻材质的原因，导致其在运输、装配过程中容易碎裂产生异物，如果清理不及时，可能导致设备带异物投运。另外，合闸电阻在断路器分合闸操作的过程中，为了保证投入时间，其合闸速度较高，且有一定的合闸冲击。这些因素都可能导致运行中的合闸电阻有碎片掉落在壳体内部，从而产生异物放电隐患。例行检修时，需要关注断路器合闸电阻内部的状况。

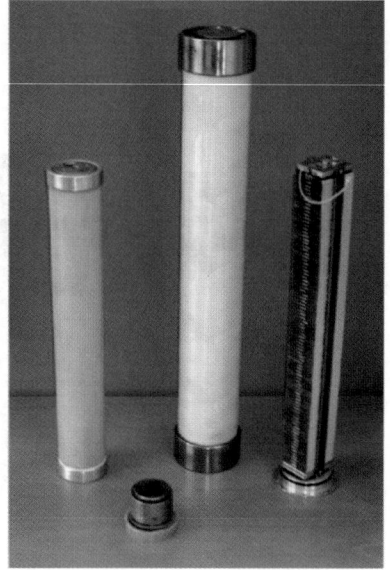

图 1-25　高压交流断路器用均压电容器

4. 断路器内部异物

GIS 断路器最基本的功能包括：①在热备用状态下，断路器断口以及对地应有足够的耐压强度，在运行电压和标准规定的过电压下均不能闪络或击穿；②在合闸运行状态下，它应能持续承载技术条件规定的额定电流而不会异常发热；③当系统发生故障，继电保护要求断路器分闸时，断路器应能开断技术条件规定的短路电流，耐受短路电流峰值和热稳定电流带来的热效应，并且保持在分闸状态，除非接到再次合闸的指令。

如此高的功能要求，使得断路器成为 GIS 一次元件中结构最复杂、零件数量最多且最为关键的元件之一。如此众多的零件种类和数量，使得断路器内部异物相比于其他元件中的异物更加常见。异物从来源上，可以大概分为两类：一类是设备从零件生产到现场投运之前产生的异物；另一类是设备投运之后产生的异物。

（1）投运前产生的异物。断路器本体内部的零件，在机械加工或（绝缘件）浇注完成后，上线装配断路器之前，都要进行超声波清洗或者手工清理。由于屏蔽罩或其他导体零件结构非常复杂，一些内部异物超声波无法彻底清理掉，还残存在零件内腔等处，如果装配前未能发现，则该类异物就会进入灭弧室内部，继而成为 GIS 现场安全运行的隐患之一。

为了提高金属零件的耐腐蚀性能，断路器内部大量的螺钉、螺栓、垫片等均要进行相应的表面防腐蚀处理，如磷化、镀锌等。这些表面处理后的零件装配过程中，一旦产生了不必要的相互碰撞，就可能将其表面的防腐蚀镀层碰掉。这些掉落的镀层，将作为异物残留在断路器内部。

装配生产的过程中，如果装配车间内灰尘微粒超标，未能有效处理，则也会引入异物到断路器中。因此，多数生产厂商要求机械零件一边用吸尘器清理，一边装配，尽量减小异物存留在断路器内部的可能性。

（2）投运后产生的异物。GB 1984《交流高压断路器》规定的 M2 级断路器，要求其机械寿命要达到 10000 次。而断路器在分合闸的过程中，内部有大量零件进行摩擦或者机械碰撞，这些机械接触必然会产生一定的金属或者非金属异物，且新生产的断路器，由于未经磨合，其分合闸操作过程中更容易产生金属或者非金属屑。因此，国家电网反事故措施要求 GIS 断路器在出厂前必须进行 200 次机械磨合，且磨合结束后要进行开盖检查，并清理内部产生的异物。

1.2.3 隔离开关

隔离开关是指在分闸位置时，触头间有符合规定要求的绝缘距离和明显的断开标志；在合闸位置时，能承载正常回路条件下的电流及在规定时间内异常条件（如短路）下的电流的开关设备。

1. 隔离开关结构及动作原理

图 1-26 所示的隔离开关是由标准装配单元组成，每相配有一台电动机构进行操动。装在壳体中的隔离开关动触点是经过绝缘棒及密封轴伸出经过连接机构与操动机构连接，每一壳体中充有 0.4MPa 的 SF_6 气体。

（1）单独隔离开关结构。

（2）三工位隔离开关结构。三工位隔离开关是将隔离开关和维护用接地开关集成在同一模块内，可实现导通、隔离、接地三种工况。接地开关可与外壳隔离，当需要进行继电保护的调整和试验，以及电缆检查和电缆故障定位、直流电阻测量等工作时，可以通过接地开

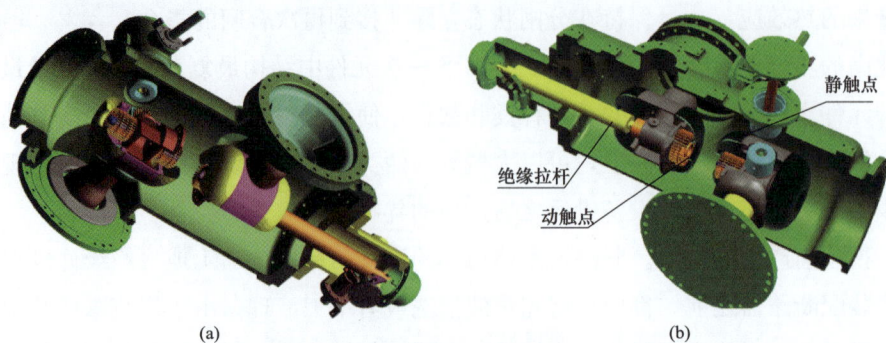

图 1-26　某型隔离开关内部示意图

（a）隔离开关剖面图；（b）隔离开关内部结构

关的动触点，从外面与 GIS 主回路的导体进行电器连接，极大地方便了试验工作，提高了准确性。

2. 隔离开关内部异物

类似于断路器，一般 GIS 的采购技术规范也会对隔离开关的机械寿命进行要求，常见的机械寿命次数为 3000 次、5000 次及 10000 次。隔离开关在分合闸操作工况条件下，在动静触点结合部位、金属拨叉部位、轴销接触部位均可能在隔离开关内部产生异物，但不同于断路器的是隔离开关分合闸速度较慢，机械操作产生的异物应少于断路器。而实际现场常出现的隔离开关气室盆式绝缘子由于布置位置原因，在隔离开关动作过程中产生了金属屑，这些金属屑掉落在盆式绝缘子表面最终形成放电通道而放电，导致设备闪络。另外，隔离开关内部吸附剂盖板螺栓等元部件脱落，隔离开关静触点触指脱落等造成设备内部异物极易引发设备击穿故障。因此，对于隔离开关的异物检查，主要应检查其下方水平装配的盆式绝缘子，200 次机械磨合之后，也要对其内部进行检查和清理。某 126kV 母线三工位隔离接地开关内部结构原理图如图 1-27 所示。

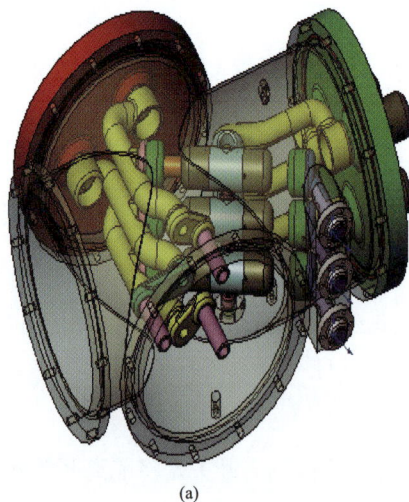

(a)

图 1-27　某 126kV 母线三工位隔离接地开关内部结构原理图（一）

（a）总体设计结构；

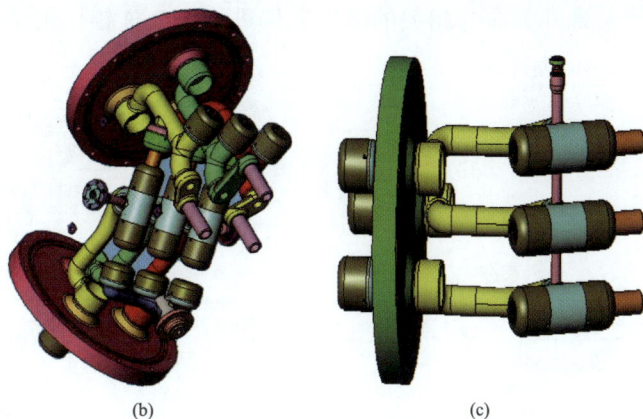

（b）　　　　　　　　　　　　　（c）

图 1-27　某 126kV 母线三工位隔离接地开关内部结构原理图（二）

（b）三工位隔离接地开关内部导体；（c）触头结构

1.2.4　接地开关

接地开关是指用于将回路接地的一种机械式开关装置。在异常条件（如短路）下，它可以在规定时间内承载规定的异常电流，但在正常回路条件下，不要求承载电流。

1. 检修接地开关

检修接地开关用于当系统进行停电检修时，隔离开关断开，接地开关合闸，将断路器两端均接地，确保检修人员安全。

检修用接地开关装在壳体中的动触点通过密封轴、拐臂和连接机构相连，壳体采用转动密封方式和外界环境隔绝，当该接地开关合闸时其接地通路是静触点、动触点、壳体及接地端子。接地开关壳体与 GIS 壳体之间具有绝缘隔板，拆开接地线后，可用于主回路电阻的测量，断路器机械特性的检测。一般检修用接地开关由于分合闸速度的要求不高，因此配电动机构即可。

接地开关作为检修时的安全保护装置，其配置的位置由系统主接线确定。根据技术要求每相由一台电动机构操动，为防止误操作关合导电主回路，接地开关应与其相关隔离开关、接地开关和断路器之间有电气连锁。接地开关接地装置借助电动机构的驱动，使其密封轴旋转，带动动触点运动。当该接地开关合闸（接地）时，其电流通路是静触点→动触点→接地开关外壳→接地端子接地。如图 1-28 所示为某单相检修接地开关内部结构示意图。

2. 快速接地开关（故障接地开关）

快速接地开关又称故障关合接地开关，具有关合短路及开合感应电流的能力，是一种重要的保护装置。接地开关的动触点与 GIS 的壳体之间装有绝缘隔板，接地开关可用于主回路电阻的测量及断路器时间特性的测量。接地开关由一套电动机构或弹簧机构机型三相联动操作，通常故障关合接地开关安装在线路侧的入口（进线侧）处，由于接地开关具有弧触点，电动弹簧机构可以进行高速操作，因而本接地开关具有关合短路的能力。

为防止误操作，接地开关应与相关的电气元件进线电气连锁。图1-29所示为某FES快速接地开关内部结构示意图。

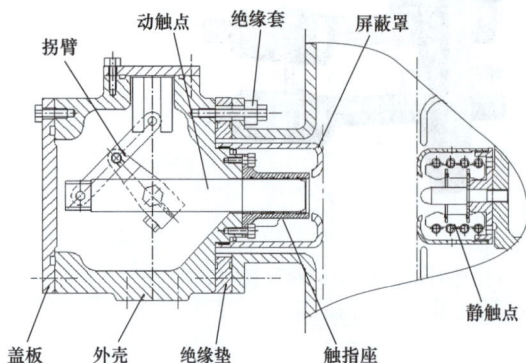

图1-28 单相检修接地开关示意图　　图1-29 FES快速接地开关内部结构示意图

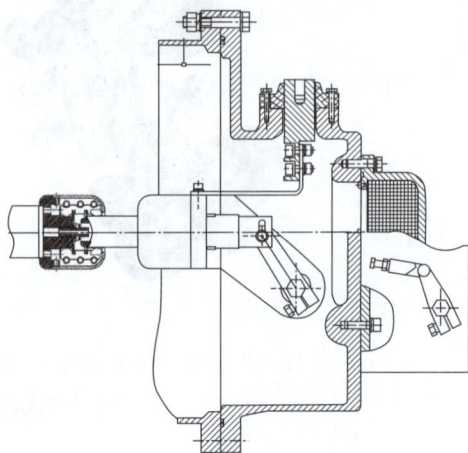

3. 接地开关内部异物

检修接地开关由于其分合闸速度均很慢，因此操作产生的异物放电相对较少。快速接地开关（故障接地开关）由于关合速度较快，合闸时动弧触点和静弧触点之间会产生一定的金属碰撞，可能产生异物。但由于（快速）接地开关的动侧通常直接连接外壳或者接地，因此异物造成接地开关闪络或击穿放电的情况相对较少。

1.2.5　电压互感器

电压互感器和变压器类似，是用来变换线路上的电压的仪器，主要用来给测量仪表和继电保护装置供电，用来测量线路的电压、功率和电能，或者用于在线路发生故障时保护线路中的贵重设备、电动机和变压器，因此电压互感器的容量很小，一般都只有几伏安、几十伏安或几百伏安。

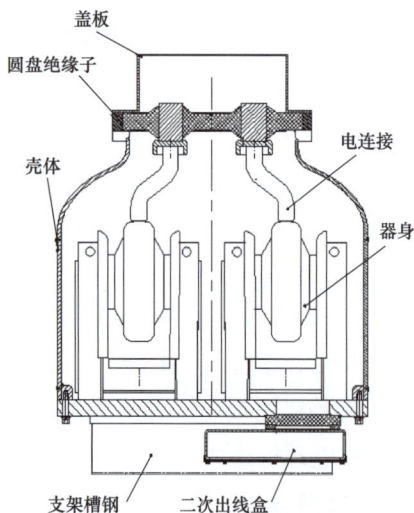

图1-30 电磁式电压互感器原理图

1. GIS传统电压互感器

常规GIS变电站用的电压互感器可分为电磁式和电容式。母线电压互感器一般选择电磁式，而进出线电压互感器可以选择电磁式或者电容式。

110kV GIS一般采用三相共箱式电压互感器，如图1-30所示。而220kV及以上GIS一般采用单相电压互感器，电压互感器起到电气测量和电气保护的作用。电压互感器运行时二次侧严禁短路，否则二次侧产生的巨大电流将导致电压互感器损坏。

2. GIS光学电压互感器

目前使用的光学电压互感器主要是基于光学玻

璃的泡克耳斯效应来实现的。泡克耳斯效应是指光介质在恒定或交变电场下产生光的双折射效应。在 110kV 及以上的 GIS 上,西开、平高等高压开关设备制造商均已有光学电压互感器的应用案例。

3. 电压互感器内部异物

电压互感器类似于母线,是一种静态的一次电力设备元件。其内部的异物主要是线圈或其他零件生产、装配过程中产生的。对于竖直安装的电压互感器,如果其内部异物在投运前未发现,则投运后在电动力振动和洛伦兹力的作用下,异物可能掉落并运动至入口的盆式绝缘子表面,从而导致闪络。

1.2.6　电流互感器

1. GIS 用传统电流互感器

电流互感器是依据电磁感应原理将一次侧大电流转换成二次侧小电流来测量的仪器。电流互感器是由闭合的铁芯和绕组组成。它的一次侧绕组匝数很少,串在需要测量的电流的线路中。电流互感器在正常使用条件下,其二次电流与一次电流实质上成正比,且其相位差在连接方法正确时接近于零。

运行时需要注意,电流互感器的二次回路不能开路。当二次绕组中流过电流时,如果二次绕组开路,则会在二次端子间产生异常高压。这一高压有可能破坏电流互感器的二次线圈、引出端子、继电器或测量仪表的绝缘。

GIS 配用的电流互感器为单相封闭式或三相封闭式(见图 1-31),穿心式结构,一次绕组为主回路导电杆,二次绕组缠绕在环形铁芯上。导电杆与二次绕组间有屏蔽筒,一次主绝缘为 SF_6 气体绝缘,二次绕组采用浸漆绝缘,二次绕组的引出线通过环氧浇注的密封端子板引出到端子箱,再和各类继电器、测量仪表连接。

GIS 制造厂一般委托外部互感器厂家完成电流互感器线圈的缠绕和封装,到 GIS 工厂后,将线圈、GIS 的 TA 外壳、内部一次导体组装到一起即可。图 1-31 所示为安装前的 GIS 电流互感器线圈。图 1-32 所示为某 110kV GIS 用电流互感器安装位置示意图。

图 1-31　安装前的 GIS 电流互感器线圈

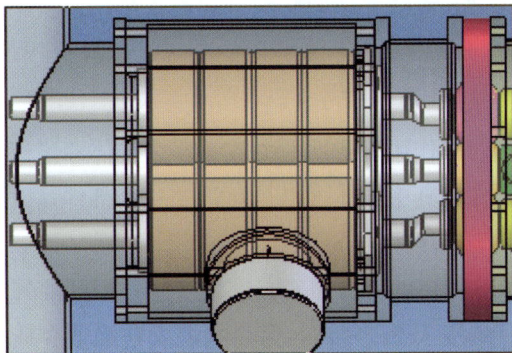

图 1-32　三相电流互感器示意图

2. GIS 用光学电流互感器

除了光学电流互感器，还有一种有源式的电子式互感器，这种互感器和传统电流互感器的区别，仅在于它将二次侧小电流信号转变为光信号传递下来，本质上还是传统的电流互感器，这里不再赘述，本节主要介绍光学电流互感器。

目前，使用在 GIS 上的光学电流互感器是基于法拉第效应。法拉第效应（又叫法拉第旋转）是一种磁光效应，是在介质内光波与磁场的一种相互作用。实际使用的光纤电流互感器就是通过测量反射回来光线和入射光线之间偏振角的差来反算出施加在光纤位置的磁场强度，从而根据安培环路定理再反算出流过 GIS 的一次电流的大小，如图 1-33 所示。图 1-33（a）所示为光纤电流互感器实物图。它在 GIS 上的安装位置如图 1-33（b）所示。

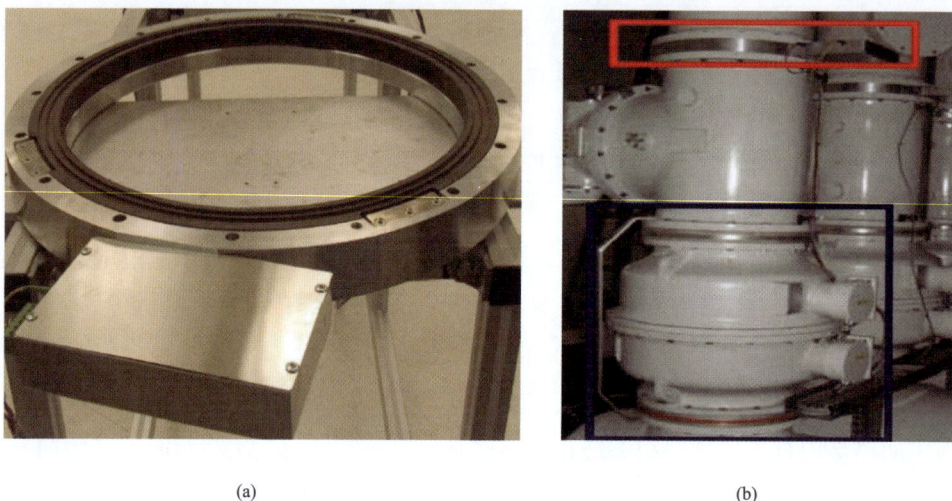

(a)　　　　　　　　　　　　　　　(b)

图 1-33　光学电流互感器所在位置
（a）光学电流互感器实物图；（b）已安装光学电流互感器的某型 GIS

3. 电流互感器内部异物

与电压互感器一样，电流互感器也是静止的电力一次元件。其内部的异物是在线圈等零件生产和电流互感器装配过程中产生的。

1.2.7　出线套管

套管的作用是帮助一个或者多个导体穿过诸如墙壁或者箱体等隔断，起绝缘和支撑作用的器件。其中导体可以是套管的一个部件，对于高电压等级的套管，通常套管内部还会设计均匀电场用的屏蔽罩。

GIS 使用的套管一般有连接变压器用的油气套管和连接架空线用的进出线套管。油气套管一端浸入 SF_6 气体，另一端浸入绝缘油介质中，将 SF_6 气体绝缘封闭式组合电器的高压带电导体连接至油绝缘变压器高压引线。油气套管模块用于 GIS 与变压器的连接。油气套管一般为三相分箱式结构，其外壳采用铝合金材料。进出线套管一端与 GIS 的母线相

连，内部充 SF_6 气体，另外一端（高压接线端子）通过设备线夹直接与架空线相连。从材质上分，目前电网内部应用的套管主要为瓷套管和复合套管。套管结构如图 1-34 和图 1-35 所示。

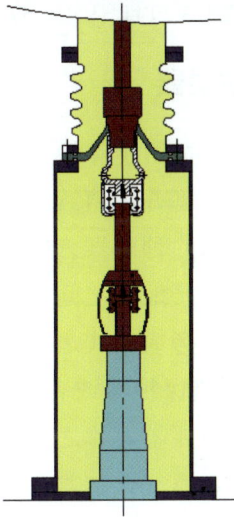

图 1-34　油气套管示意图

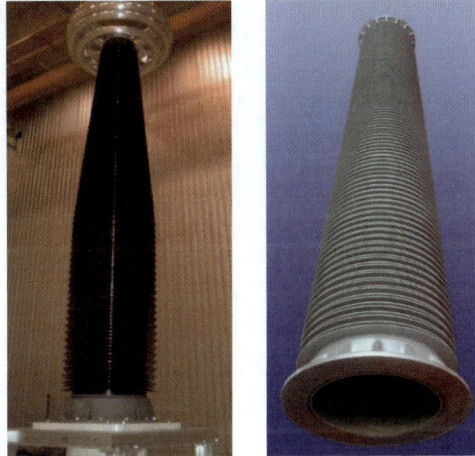

(a)　　　　　　　　　(b)

图 1-35　550kV 瓷套管和复合套管

（a）某 550kV 瓷套管；（b）某 550kV 复合套管

架空线套管也是一种静止部件，内部异物基本上来源于生产装配、现场装配过程。对于 110kV 及以上的 GIS，为了运输方便，套管通常是装配成一个套管部件，运输到现场后，才与母线、断路器等元件对接起来。在这个过程中，如果现场环境控制不良，则极易引入异物。同时，套管内部屏蔽罩由于固定螺栓等悬浮松动产生的电腐蚀异物也常有发生。这些异物造成套管内部闪络的情况相对少见，要导致套管击穿也有较大难度，但是一方面这些异物掉落在与套管对接的水平盆式绝缘子部位容易导致绝缘子击穿，另一方面可能通过套管进入到分支母线或者罐式断路器灭弧室内部，对电力设备的安全运行产生影响。

1.2.8　电缆终端

GIS 用高压电缆终端是安装在 GIS 内部以 SF_6 气体为外绝缘气体绝缘部分的电缆终端。它安装在电缆末端，与系统的其他部分保证电气连接并保持直到连接点绝缘的设备。

终端外部填充 SF_6 气体或变压器油。GIS 终端应采用预制应力锥加环氧套管的组合型结构，带弹簧的锥形托盘紧顶预制应力锥，使之紧靠环氧套管锥形壁。终端内不需添加任何绝缘浇注剂，密封性能可靠，绝缘强度高，性能稳定，能满足 GIS 开关和变压器运行的要求。GIS 电缆终端与 GIS 断路器配合应满足相关标准要求。产品长期工作温度及载流量能满足与其相配合的电缆的要求。

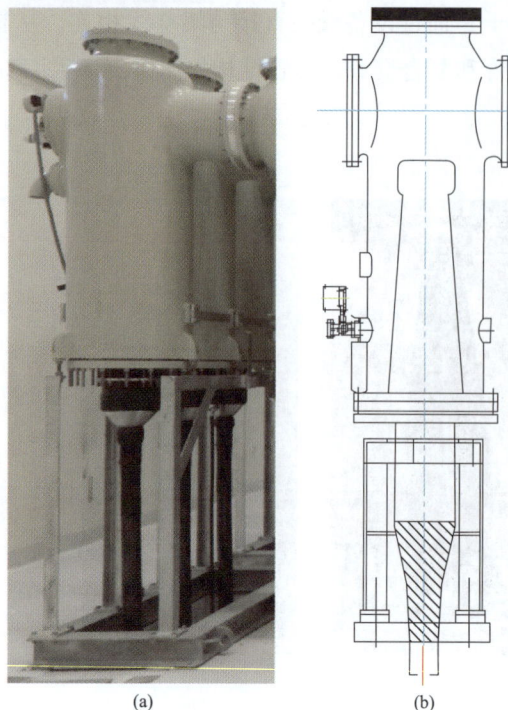

常见的 GIS 电缆终端如图 1-36 所示。

电缆终端一定是现场对接的，其内部金属零件数量非常少，如果内部由于异物导致放电，则基本上可以判定为现场装配和交接试验开盖过程中引入的异物。

1.2.9　避雷器

避雷器是指用于保护电气设备免受高瞬态过电压危害并限值续流时间，也常限值续流幅值的一种电器。避雷器通常连接在电网导线与接地线之间，然而有时也连接在电器绕组旁或导线之间。避雷器有时也称为过电压保护器或者过电压限制器。用于 GIS 的避雷器，称之为气体绝缘金属封闭无间隙金属氧化物避雷器，是将金属氧化物非线性电阻片（无串并联间隙）封闭在金属壳体内部，并以 SF_6 气体作为绝缘介质所组成的避雷器。

GIS 用避雷器典型的内部结构如图 1-37 所示。壳体内部充 SF_6 气体。

图 1-36　220kV（单相）电缆终端

外部及内部结构示意图

（a）某 220kV 单相电缆终端实物图；

（b）某 220kV 单相电缆终端结构示意图

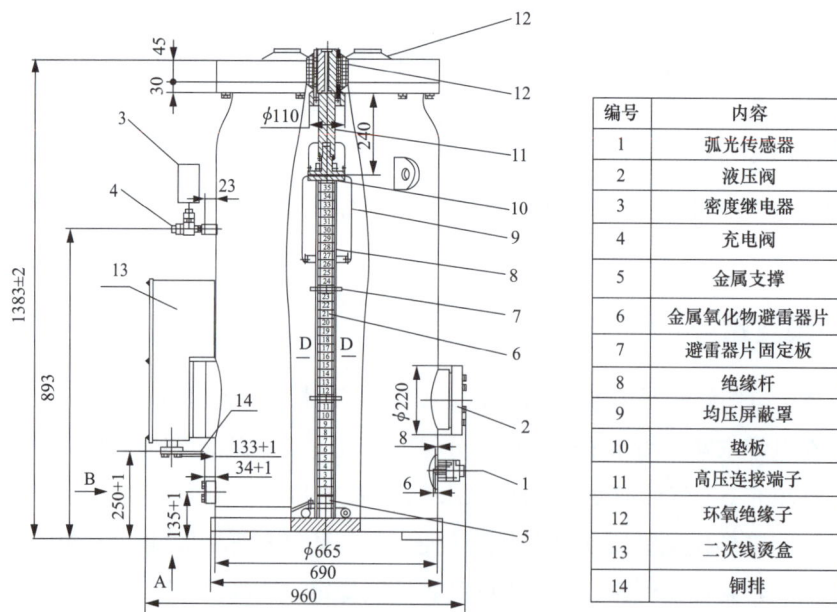

编号	内容
1	弧光传感器
2	液压阀
3	密度继电器
4	充电阀
5	金属支撑
6	金属氧化物避雷器片
7	避雷器片固定板
8	绝缘杆
9	均压屏蔽罩
10	垫板
11	高压连接端子
12	环氧绝缘子
13	二次线烫盒
14	铜排

图 1-37　110kV 避雷器内部结构示意图

避雷器也是静止元件，其内部异物基本上是在避雷器生产制造过程中产生的。另外，由于内部有大量的金属氧化物非线性电阻片串并联，这些零件本身表面又难以处理干净，因此引入异物的可能性较高。这些异物如果吸附在避雷器入口处的盆式绝缘子表面，就可能导致盆式绝缘子表面闪络。

1.2.10   盆式绝缘子

盆式绝缘子，属于高压绝缘子技术领域，在 GIS 中是一种主要用于电气设备中连接高电位部件与地电位外壳、起支撑与绝缘作用的绝缘部件。现有的盆式绝缘子结构是由环氧树脂浇注的盆体和数个连接件组成的，盆体的内部及外部均为弧形面，连接件是螺栓母，螺栓母浇注并嵌入在盆体的顶部和底部，并呈均匀分布。

图 1-38 所示为某型单相盆式绝缘子。图 1-38（a）所示的盆式绝缘子两侧气室连通，俗称通盆子。图 1-38（b）所示的盆式绝缘子两侧气室不连通，俗称死盆子。

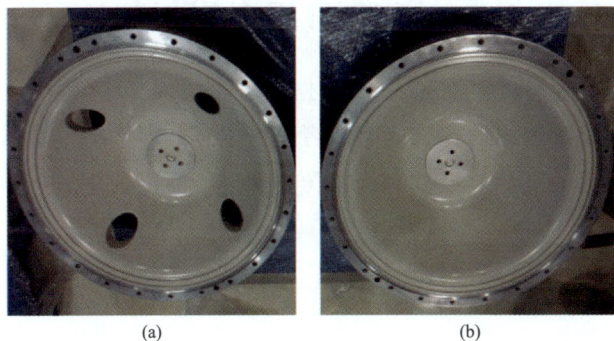

(a)   (b)

图 1-38   盆式绝缘子图示

(a) 某单相通盆子；(b) 某单相死盆子

由于 GIS 内部大量使用了盆式绝缘子，而盆式绝缘子表面的电场分布对异物非常敏感，因此交接试验和投运中的 GIS 出现盆式绝缘子表面闪络的情况较为常见。

1.2.11   波纹管

波纹管主要包括金属波纹管、波纹膨胀节等，金属波纹管主要应用于补偿管热胀冷缩导致的管变形、减振、吸收母线安装误差、基础沉降变形等场合。GIS 的波纹管是一种波纹补偿器，用于 GIS 母线，吸收管型母线的热胀冷缩及不均匀沉降，安装时用于调整安装误差，能进行规定范围内的轴向补偿及径向补偿，或者两者同时补偿。图 1-39（a）所示为某单相 GIS 母线连通用波纹管的结构示意图；图 1-39（b）所示为某三相 GIS 母线连接用波纹管的内部实际结构图。

由于波纹管为金属焊接结构，有大量的波纹面，因此这些位置容易吸附异物，从而导致设备放电。另外，焊接完成后，会对焊接面进行打磨处理，如果处理不充分，可能有金属异物残留在表面，也容易发生放电。图 1-40 所示为某波纹管异物放电烧穿实物图。

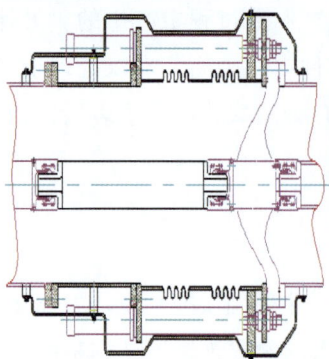

(a)　　　　　　　　　(b)

图 1-39　母线波纹管结构示意图　　　　　图 1-40　波纹管异物放电
(a) 单相波纹管内部结构示意图；(b) 三相波纹管内部实际结构图　　　　烧穿图示

1.3　GIS 常用金属材料

GIS 中大量应用了金属材料，这些金属材料及其表面电镀材料在运动摩擦或者碰撞过程中产生的金属碎屑是导致 GIS 内部闪络或者绝缘子表面闪络的主要诱发因素。本节内容对 GIS 内部的几种典型金属材料及其表面镀覆材料进行简要阐述。

1.3.1　铝合金

1. 导体零件

母线内的导体、隔离开关、断路器的主导电回路基本上都采用牌号为 6063 或者 6A02 等材料，近年来，也有采用 6082 等导电性能较好、机械性能良好的材料。图 1-41 所示为 GIS 内部某铝合金导体外观图。

2. 壳体零件

壳体包含铸造壳体（也成筒体）和焊接壳体。一般铸造铝合金壳体采用的铝合金牌号为 ZL101A 或者 ZL104（铜含量较多、硬度高，但质地脆，目前应用较少），或者采用 5053 等板材卷焊而成。图 1-42 所示为某型 GIS 母线外壳实物图。

图 1-41　某铝合金机加工导体零件　　　图 1-42　某 110kV GIS 母线外壳实物图（铝合金）

3. 其他对强度要求较高的零件

GIS 的充气阀座（三通阀、四通阀等）早期采用铜材，但由于铜材较软，现场使用中经常容易将螺纹损坏导致无法拧紧或者无法拆卸，故后来改成了高强度铝型材机加工而成。目前在运的 GIS，其阀座多数采用 2A12 等 2000 系的铝型材。由于 2000 系的铝合金耐腐蚀性能较差，现场设备投运一段时间后便会发生漏气等质量问题，因此最新的要求为更换阀座材料、不允许再使用 2000 系高强度铝合金作为阀座等外露零件的基材。

目前，多数主流生产厂家响应国家电网有限公司的要求，已经开始将四通阀等阀座材质更改为 5000 系的铝合金型材，表面阳极氧化后涂漆，提高其防腐蚀能力，如图 1-43 所示。

4. 屏蔽罩等零件

GIS 内部绝缘净距较小，为了均匀局部的电场强度，其内部大量使用了金属屏蔽零件。除了少部分采用铜和钢材作为屏蔽罩零件外，GIS 内部绝大多数屏蔽罩均采用 1000 系的铝合金，多数是牌号为 1060 的铝合金。因为屏蔽罩外表面的形状一般为多个圆弧过渡的连接，对金属材料的可塑性要求特别高，而 1000 系的铝合金有非常好的可塑性，一般采用数控旋压技术即可以制造出所需形状的屏蔽罩。图 1-44 所示为 GIS 内部常见的铝合金屏蔽罩外观图。图 1-45 所示为 GIS 内部常见屏蔽罩位置示意图。

图 1-43 GIS 充气及密度表校验用三通阀阀座

图 1-44 GIS 内部的铝合金屏蔽罩外观

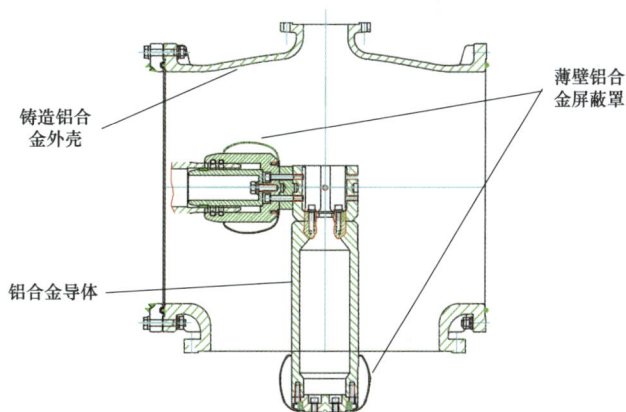

图 1-45 某 GIS 用 L 型母线内部屏蔽罩示意图

1.3.2　铜合金

铜合金是现代电力工业中广泛应用的关键材料之一，因为铜合金具有很高的导电性（GIS 内部应用的铜合金，其额定电流载流能力约是同导电面积铝合金的两倍）和电热性能、耐磨性能和耐腐蚀性能以及良好的塑性。青铜、黄铜以及其他铜合金同时还具有良好的机械力学性能，因此在 GIS 设计制造中，甚至是整个高压电器领域内都有非常广泛的应用。

GIS 内部用到铜及铜合金的零件大概分为以下几类。

1. 导电触点

GIS 内部的断路器、隔离开关、接地开关等均会涉及铜合金触点。由于触点部位受限于接触面积，其总电阻（接触电阻与体电阻的和）较大，用铜合金作触点能有效地减小电阻，降低 GIS 发热，减小体积。

对于出线套管内的导体，当其需要与 GIS 母线导体进行电气连接时，也会用到铜触点，但一经安装到位，正常情况下不会再有插拔磨损。而对于断路器和隔离开关主触点，在分合闸的过程中触点需要滑动摩擦，这时选用的铜合金一般表面还需要较厚的镀银层。

此类的触点按照结构形式，有梅花触指、弹簧触点、表带触点等，其中触点弹簧触指、表带触指如图 1-46 所示。

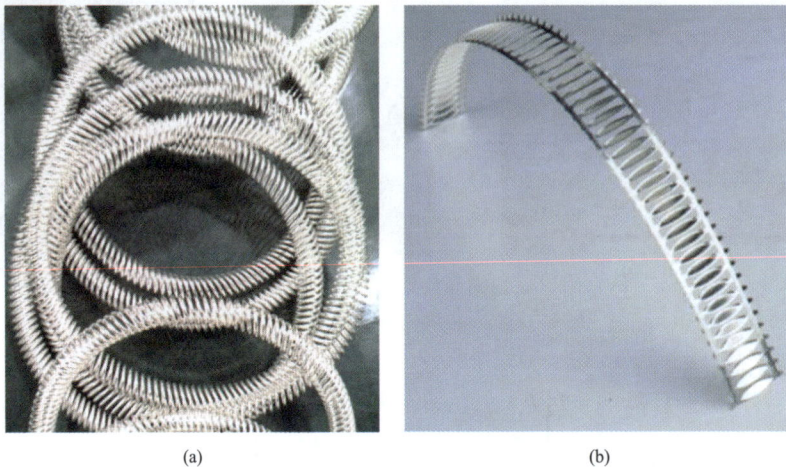

图 1-46　触点弹簧触指、表带触指

(a) 弹簧触指；(b) 表带触指

2. 导体

随着 GIS 的额定电流的增大，以往多数铝合金的 GIS 内部导体和导电零件无法满足使用要求，此时，将导体的材质从铝合金更改为铜合金，既可以提高 GIS 的额定电流，又不致使 GIS 体积过大。以锌作为主要合金元素的铜合金通常称为黄铜。单纯的铜锌二元合金称为普通黄铜，在铜锌合金的基础上加入少量的其他元素（主要是锰、铝、铁、硅、铅、锡、镍等）所构成的多元黄铜称为特殊黄铜。图 1-47 所示为某型 GIS 内部用铜合金导电触指零件的毛坯。

1.3.3 钢

在 GIS 壳体的内、外部分别有一些零件选用碳钢或者不锈钢来制造，因为这些零件不需要有导电的功能，但是对力学性能（抗拉强度等）有很高的要求。

在 GIS 内部，尤其是高速运动的或者传递力矩较大的花键轴、连杆等，一定要采用高强度碳钢。这些碳钢有普通的 45 号钢，有 40Cr，有 42CrMo 等。例如，图 1-48 所示的断路器灭弧室分合闸拉杆。图 1-48 所示为某绝缘拉杆金属接头与金属拉杆连接位置实物图。金属拉杆采用 45 号钢。

图 1-47 断路器用梅花
触指零件毛坯

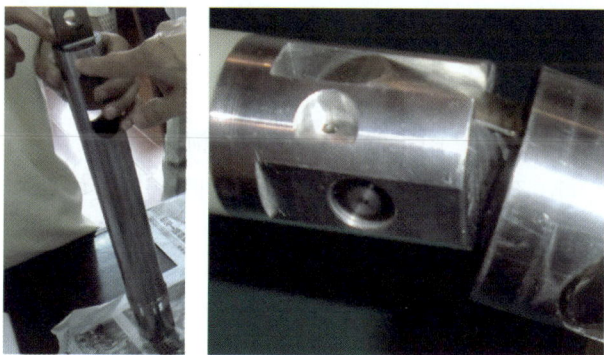

对于隔离开关或者三工位开关而言，虽然分合闸速度要求不高，但是传动的力矩比较大。这个时候如果选用铝型材来传递力矩，则由于材料抗拉强度不高，容易损坏连杆或者承担转动力矩传递功能的花键轴。

因此，对于隔离开关而言，传递力矩的绝缘拉杆两端金属嵌件的材料一般选用高强度碳钢。采用拨叉结构传递力矩的隔离开关，一般也采用镀彩锌碳钢。图 1-49 所示为某 GIS 隔离开关传动位置所用的碳钢拨叉零件。

(a)   (b)

图 1-48 绝缘拉杆金属
（a）拉杆金属接头；（b）金属拉杆连接位置

图 1-49 某 GIS 用隔离开关
传动机构拨叉零件

1.3.4 金属表面镀层

金属表面的处理方法有多种，采用电镀或其他化学覆盖层进行工件防护处理是常用高压电器设备的零件工艺处理方法。

电镀是一种在工件表面通过电沉积生成金属覆盖层，使之获得防腐、装饰及某些特殊性能的工艺方法。电镀包含镀银、镀锡、镀锌、镀铬、镀铜、镀镍或多层镀合金。

1. 镀银

镀银层除具有良好的导电性、导热性以及较好的降低摩擦作用外，还能最大限度地减小带电体相互接触时的接触电阻。因此，它被广泛应用于 GIS 的静接触或滑动接触零件的导电部位，如导电杆、触点等导电零件。根据接触形式的不同，镀银厚度会有所差异。对于静接触面，一般镀银厚度为 $6\sim8\mu m$；对于滑动接触表面，特别是有机械寿命要求的滑动接触表面，其镀银厚度较厚，如图 1-50 所示。图 1-50（a）所示为铜导体镀银，静接触；图 1-50（b）所示为铝导体镀银，滑动接触。

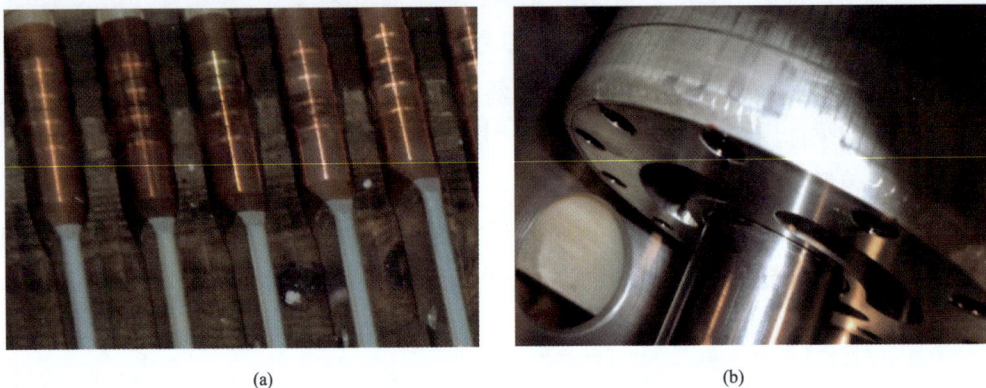

(a)　　　　　　　　　　　　(b)

图 1-50　铜导体表面及灭弧室内部零件镀银

（a）某型高压开关用铜导体表面镀银；（b）某型开关内部铝导体表面镀银

图 1-51 所示为 GIS 内部常见的滑动接触结构，图 1-51（a）所示为梅花触指结构，外圈弹簧起到收紧触指片的作用；图 1-51（b）所示为滑动铝合金导体，铝管表面镀银。

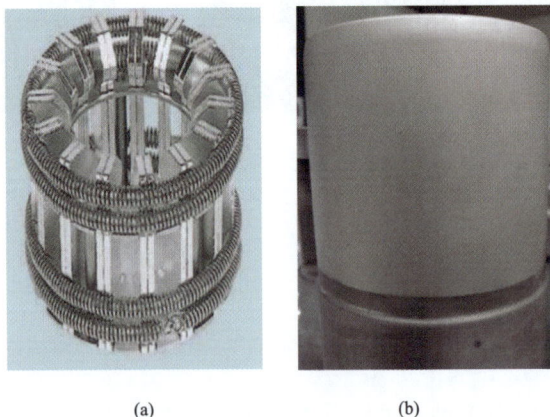

(a)　　　　　　　　　(b)

图 1-51　导电触头镀银后的外观

（a）梅花触指；（b）GIS内部导体表面镀银

2. 镀彩锌

GIS 不同的模块中有大量的标准件采用了镀彩锌的方式提高其耐腐蚀性。图 1-52 所示为镀彩锌的标准紧固件以及操动机构辅助开关传动用镀彩锌钢制零件。

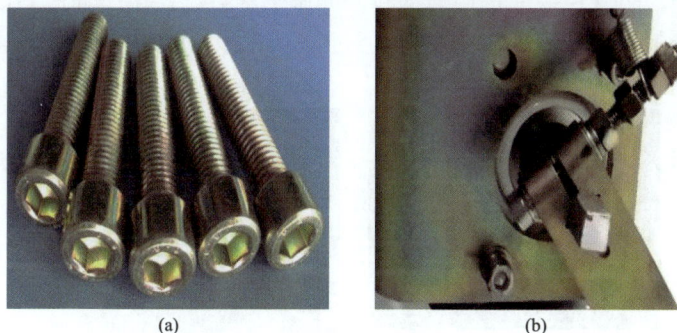

(a)　　　　　　　　　　　　(b)

图 1-52　GIS 所使用的镀彩锌标准件

（a）镀彩锌的标准紧固件；（b）操动机构辅助开关传动用镀彩锌零件

3. 镀锡

镀锡层在空气中不易发生化学反应，对潮湿水溶性盐的溶液和弱酸具有相当好的抗腐蚀性能，也不易被含硫的化合物侵蚀而发暗。镀锡分酸性镀锡和碱性镀锡，一般铜件采用碱性镀锡，铝件采用酸性镀锡。图 1-53 所示为铜接线端子、铜排或者铝排表面镀锡实物图。

4. 其他电镀方式

为了增加轴销等零件表面的耐磨性，一般会对其表面进行镀铬，是为了在提高耐磨性的同时，提高防锈能力。另外，对于铝合金型材，大量使用硬质阳极氧化的工艺，以增加其表面耐磨性和防锈能力。除了以上这些材料，电镀还有镀铜、镀白银等多种方式，都是为了提高导电性能、防锈能力和美观度，此处不再详细赘述。

为了进一步改善屏蔽罩表面电场分布，降低放电概率，部分 GIS 厂家还会对屏蔽罩表面喷涂一层绝缘漆，如图 1-54 所示。

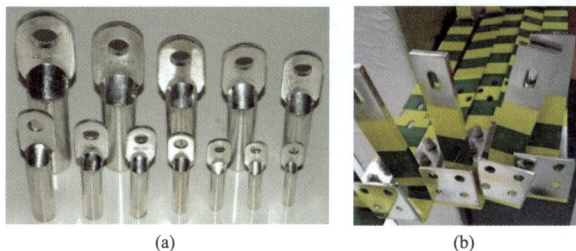

(a)　　　　　　　(b)

图 1-53　接线端子及接地排表面镀锡

（a）接线端子；（b）接地铜排

图 1-54　GIS 内部某屏蔽罩表面
喷漆提高绝缘性能

1.3.5　其他金属材料

GIS 将几乎所有电力元件均封装在壳体内部，导体与壳体之间采用 SF_6 气体作为绝缘介质，一旦内部发生故障而系统没有及时将故障切除，就有可能导致内部气体压力过高，而危及其他设备及运维人员的安全。为了解决这个问题，GIS一般都会在每个气室或者关键气室安装防爆片，当内部压力过高时，防爆片自动裂开，将高压气体释放，以保护设备和运维人员的安全。防爆片一般选用薄钢板，冲压十字裂纹，用于释放GIS内部过高压力的气体，如图1-55所示。

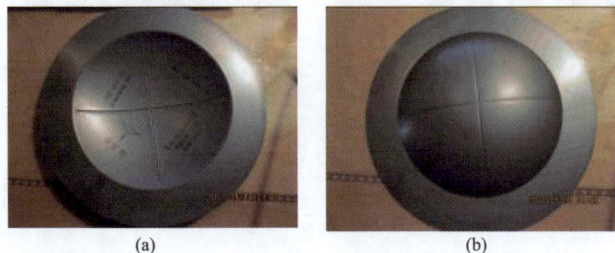

(a) (b)

图1-55 防爆片实物图

(a) 防爆片（泄压阀）靠近 SF$_6$ 气体一侧；(b) 防爆片靠近空气一侧

另外，对于断路器而言，由于开断过程中产生的电弧等离子体温度非常高，弧心温度约为30000K，而电弧外围温度也达到3000K左右，所以断路器弧触点必须选用耐高温烧蚀的材料，否则其电气寿命会非常有限。实际应用中，一般选用铜钨触点，触点前端为铜钨合金，一般有铜钨80、铜钨75等。钨含量越高，其耐烧蚀性能越好，但更易脆断。因此，选用铜钨合金用作弧触点时，要综合考虑。常见的铜钨触点如图1-56所示：

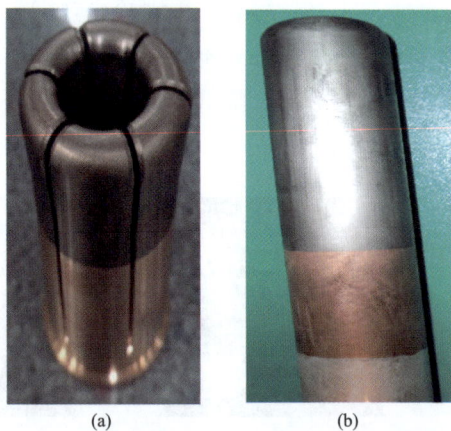

(a) (b)

图1-56 动、静弧触点铜钨段与铬青铜段

(a) 高压断路器动弧触点；(b) 高压断路器静弧触点

1.4 GIS常用非金属材料

GIS内部除了金属材料，还有大量用于绝缘及支撑作用的非金属材料，下面对这些材

料进行简要介绍。

1.4.1 环氧树脂

GIS 母线用于支撑内部导体的绝缘子按照形状一般可分为绝缘棒和盆式绝缘子两种类型，但其均为环氧浇注而成。环氧树脂的绝缘性能好，力学性能也很优良，但有一定的脆性。浇注过程中工艺控制不善导致的内部应力或者是现场安装时作用在环氧绝缘子上面的应力都有可能导致其产生裂纹进而放电，或者直接碎裂漏气。图 1-57 所示为某型三相共筒 GIS 母线所用的三相导体之间的环氧支撑绝缘子。

图 1-57　GIS 内部用于支撑三相导体的环氧浇注绝缘子

1.4.2 聚四氟乙烯

GIS 断路器内部用于在开断过程中限制电弧扩散，并且在电流过零点附近形成超音速气流用于吹灭电弧的喷口（从结构上称为 Laval 喷口），一般选用聚四氟乙烯和一定比例的填料制成。不同的填料有不同的优缺点，但选择过程中必须要综合喷口在烧蚀过程中从产气的量（研究发现，喷口烧蚀产生的气体混合物可以帮助熄灭电弧）以及喷口材料耐烧蚀的能力进行考量。

从目前来看，一般选用的填料包括氮化硼、三氧化二铝和二硫化钼。添加氮化硼和三氧化二铝的喷口一般呈现白色，如图 1-58（b）所示；添加了二硫化钼的喷口，一般呈现深蓝色，如图 1-58（a）所示。

1.4.3 其他材料

1. 绝缘筒、绝缘拉杆

GIS 用断路器内部还有用于支撑灭弧室的绝缘筒以及操作灭弧室分合闸的绝缘拉杆，一般有凯夫拉材料，环氧玻璃布管、棒材作为绝缘筒和绝缘拉杆，也有采用环氧浇注绝缘筒。

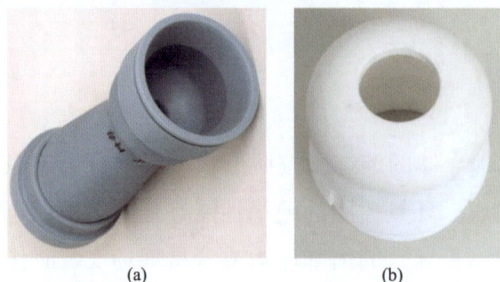

图 1-58　各种类型的高压 SF₆ 断路器喷口

（a）添加了二硫化钼的断路器 PTFE 喷口；（b）添加了氮化硼的断路器 PTFE 喷口

2. 吸附剂

GIS 内部充有高压 SF₆ 气体，为了保持内部气体干燥（微水含量满足技术要求），会在每个气室都安装有一定量的吸附剂，也有的成为分子筛。吸附剂的多少与气室内部的 SF₆ 气体量有关。固定吸附剂的吸附剂罩要求选用强度较高的材料，防止吸附剂罩破裂造成设备内部异物，国内曾多次出现塑料吸附剂罩破裂，吸附剂漏到 GIS 内部而导致的放电故障，如图 1-59 所示。

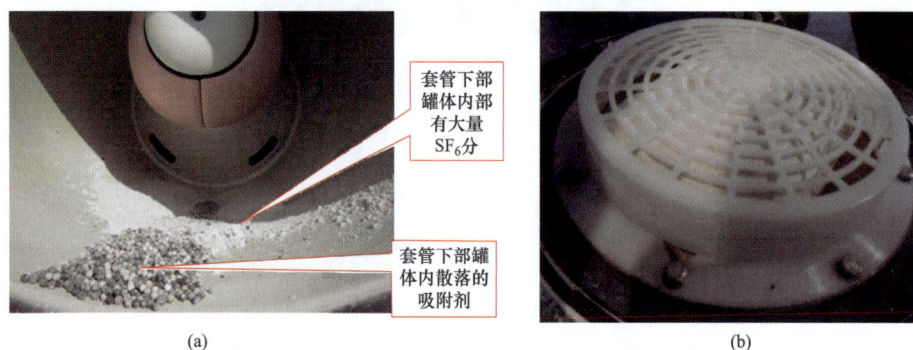

图 1-59　GIS 内部吸附剂罩损坏后散落的吸附剂引起放电

（a）故障后散落在 GIS 内部的分子筛（吸附剂）；（b）塑料吸附剂罩

常见的吸附剂有 $0.7CaO \cdot 0.3Na_2O \cdot Al_2O_3 \cdot 2SiO_2 \cdot NH_2O$、$Na_2O \cdot Al_2O_3 \cdot 2SiO_2 \cdot 9/2H_2O$ 等，吸附剂本身除了吸收气体中的水分以外，还可以吸收内部开断或者放电产生的 SO_2 等 SF₆ 分解气体，导致放电现象发生后，气室内部 SO_2、H_2S 等气体组分含量会随着时间逐渐下降。

不同气室的吸附剂安装部位不同，常见的安装位置如图 1-60 所示。

GIS 气室内使用吸附剂时，可以最有效地确保气室内部的湿气和 SF₆ 分解物长期保持在极低的含量。另外，吸附剂的使用寿命较长，在封闭的气体隔室内可以保证使用 30 年，如果打开气室进行维护，则需要更换吸附剂。

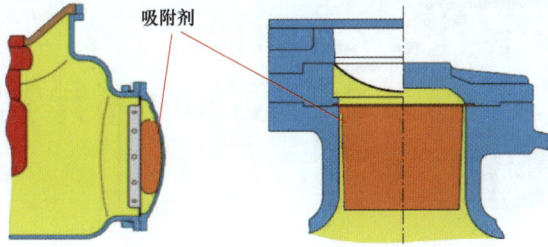

图 1-60　GIS 气室内部吸附剂安装位置示例

第2章
GIS内部异物

2.1 GIS内部异物概述

异物是指除对象物品以外，混入原料或产品里的物质。GIS内部异物就是相对于GIS本体（如外壳、导体、绝缘件等）以外的物质或材料。

GIS是气体绝缘金属封闭开关设备，设备内部清洁程度无法在外观直接感知，而GIS内部异物的产生可能发生于设备制造过程、厂内装配过程、设备运输过程、现场安装过程及GIS运行过程的任何环节中。在GIS制造过程中，由于设备导杆插接部位或断路器、隔离开关、接地开关、合闸电阻辅助开关等运动部件在多次磨合后未清理彻底，绝缘件与法兰缝隙未清理干净，GIS内部外壳进行涂防腐等环节工艺把控不严，以及吸附剂罩结构设计不合理和吸附剂颗粒脱落等因素都会在GIS内留下异物；在厂内装配过程中，运动部件装配不良、磨合试验后清理不彻底都会产生金属异物，如弧触点缝隙、安装孔、屏蔽罩内部有粉尘、金属异物等；运输或运行过程中振动也会将部分隐匿的金属异物震落；安装过程产生异物的因素有以下几种。

（1）清理不彻底。设备在现场完成对接、内部清理及吸附剂更换时，由于现场施工环境较差导致内部清理不彻底或在清理封盖过程中带入异物粉尘。

（2）充SF_6气体时，未按照工艺管控措施进行，如气瓶放倒充气、充气前未对充气管接头及充气口进行清理等，会有在充气环节将异物带入气室内部的可能。

（3）交叉施工等原因未对设备内部充分检查、工具等遗留在罐体内部也会引入异物。

GIS中的异物微粒在电压作用下获得电荷并发生移动，当电压达到一定值时，这些微粒所受的电场力、重力、粘滞阻力等合力使得异物颗粒在接地外壳和高压导体之间跳动，在跳动过程中未接触高压导体时发生局部放电。微粒的运动特性取决于微粒的材料、形状等因素，且由于GIS罐体内部颗粒部位不同，受力情况不仅受到GIS径向电场力作用，同时也会受到轴向电场力作用，使得异物微粒逐步靠近盆式绝缘子等绝缘部件，引发电场畸变，造成设备内部绝缘件表面闪络故障。由异物引起的GIS故障如图2-1～图2-3所示。

截至2018年底，对某电力公司近五年组合电器故障情况进行统计分析，363kV及以上组合电器设备投运时间不足五年的故障次数为44次，占全部故障80%，故障主要原因为异物引起绝缘击穿放电的为32次，占比72.7%。故障次数的总体趋势随投运年限的增加而逐渐减少，体现出在组合电器生产过程中，出厂前分装及总装和现场交接过程中对组合电器内部清理不到位，在组合电器投入初期运行后，异物在机械振动及电场作用下，逐渐暴露出来导致放电故障。按投运年限组合电器故障跳闸次数及占比如图2-4所示。

图 2-1　异物导致绝缘子表面电场畸变闪络

图 2-2　GIS隔离开关脱落异物导致闪络故障

图 2-3　GIS内部异物引发盆式绝缘子故障

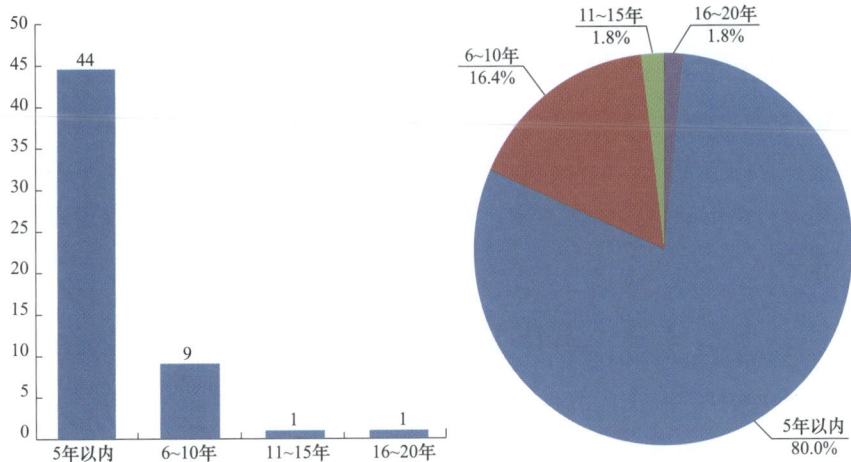

图 2-4　按投运年限组合电器故障跳闸次数及占比

　　对特高压 GIS 故障情况进行统计,按故障原因统计,其中异物引发击穿放电共计 8 次,占故障总次数比例为 50.0%,故障率为 0.22 次/(百间隔·年);绝缘件内部缺陷引起击穿放电共计 5 次,占故障总次数比例为 31.3%,故障率为 0.14 次/(百间隔·年);合闸电阻分闸卡涩未到位烧毁、断路器静弧触点松动、导体安装工艺不良发热烧熔引起击穿放电各 1 次,分别占故障总次数比例为 6.3%,故障率为 0.03 次/(百间隔·年),特高压组合电器故障原因具体分布如图 2-5 所示。

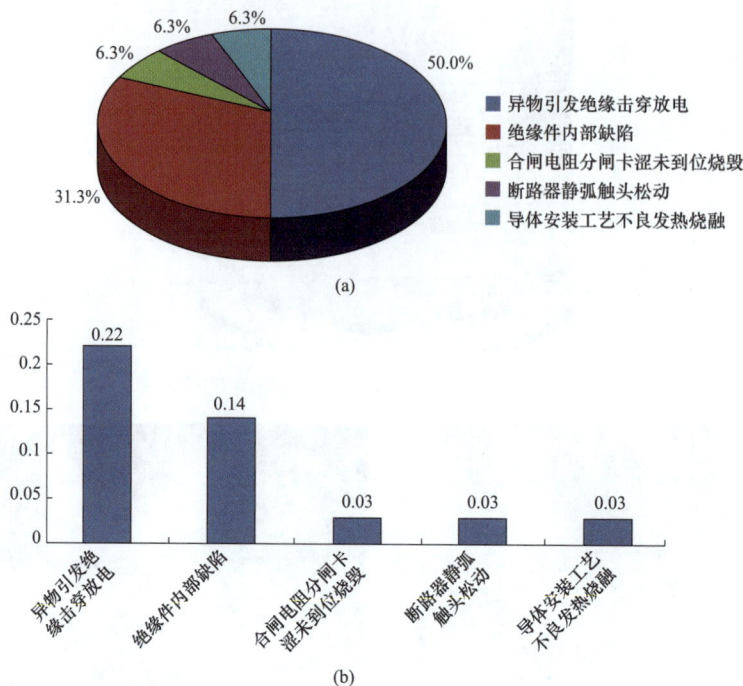

(a)

(b)

图 2-5　特高压组合电器故障原因分布

(a) 各故障原因占比；(b) 各故障原因故障率

　　根据上述统计分析，特高压组合电器绝缘件（绝缘拉杆、盆式绝缘子、支撑绝缘子）问题故障占比最高，达 81.3%，故障率为 0.36 次/(百间隔·年)。故障主要表现在两方面：一是特高压组合电器工厂装配及现场安装管控不到位，同时壳体内部清理不到位，导致异物留存在隐蔽部位，设备投运行后在电场和机械振动作用下，异物运动掉落绝缘件表面，引起沿面或气隙放电；二是特高压组合电器绝缘件检测手段、检测水平不足及管理不到位，批次绝缘件内部缺陷检出率不高，导致长期带电运行后易出现绝缘件局部放电，最终导致绝缘击穿。

2.2　GIS 内部异物产生原因

　　从发生过程来看，GIS 内部异物可以分为厂内生产过程中引入的异物、现场安装对接过程中引入的异物以及设备运行过程中产生的异物。如果 GIS 盆式绝缘子现场交接试验发生了放电现象，而放电盆式绝缘子所在的位置不是现场对界面，并且气室为厂内装配后现场整体对接，则异物一般为生产制造商在工厂内部把控不严进入。

　　在 GIS 的生产装配过程中，异物产生的原因主要如下：

　　（1）异物随人员进入洁净车间，继而在安装过程中进入 GIS。这些异物可能是头发丝、外部塑料异物、金属碎屑等。

　　（2）洁净车间除尘设备失效，导致灰尘进入车间，继而进入 GIS。GIS 生产车间一般都有风淋门，对进入的人和物进行除尘。但如果控制不严，便可能导致尘土进入。

（3）GIS 内部的金属零件，在进入装配洁净车间之前，都要进行超声波清洗，干燥等过程。如果过程控制不严，可能导致未经清洗或者清洗不彻底的零部件将异物带入 GIS 内部。

（4）零件结构复杂，部分机加工过程中产生的异物，如电流互感器、断路器屏蔽罩等部件缝隙在清洗、清理过程中不够彻底，从而导致异物进入 GIS。但在设备本体及电动力振动下，长时间运行后异物可能运动至电场敏感部位，导致放电，如图 2-6 所示。

图 2-6　断路器合闸电阻屏蔽罩内部异物

（5）浇注环氧绝缘件过程中，如果填料内部有杂物或者在浇注过程中混入了杂物，这些金属或者非金属的异物就会留存在盆式绝缘子或者其他环氧浇注的绝缘子内部，对 GIS 的安全运行产生负面影响。

（6）GIS 结构件在焊接过程中操作不当，或在喷漆过程中施工工艺把控不严格，导致焊缝交汇处或壳体与漆面出现气孔缺陷，在现场气体抽真空过程中，在压力差作用下使得缺陷处漆皮开始鼓包，产品运行后表层脱落导致设备击穿，如图 2-7 所示。

在 GIS 的现场安装过程中，异物产生的原因如下：

（1）GIS 现场安装清理不彻底，如在现场完成螺栓紧固、部件对接、内部清理及吸附剂更换时，由于现场施工环境较差导致内部清理不彻底或在清理封盖过程中带入异物粉尘，如图 2-8 所示。

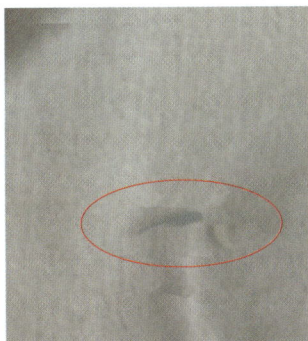

图 2-7　GIS 壳体部位脱落的漆皮异物

图 2-8　安装过程清理不彻底导致胶粒进入罐体

（2）充 SF_6 气体时，未按照工艺管控措施进行，如气瓶放倒充气、充气前未对充气管接头及充气口进行清理等，会在充气环节将异物带入气室内部，当 GIS 气室充气口距离绝缘子较近时容易引发绝缘子表面闪络故障，如图 2-9 所示。

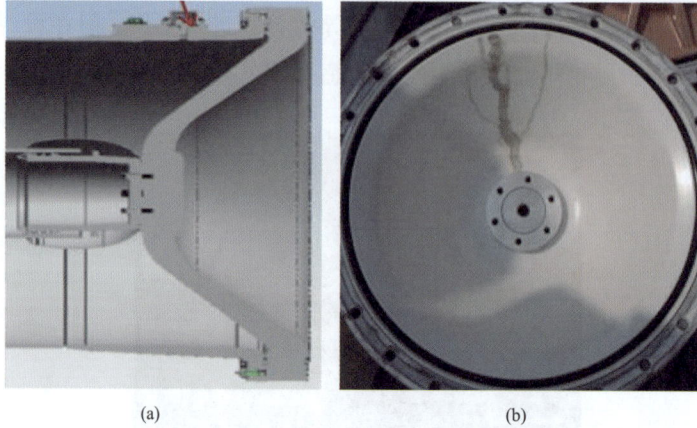

（a）

（b）

图 2-9　盆式绝缘子表面异物放电通道

（a）盆式绝缘子结构；（b）盆子放电通道

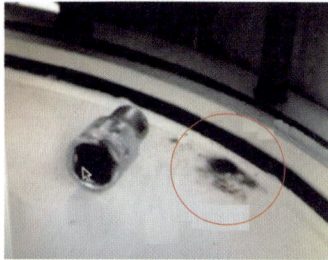

图 2-10　GIS 内部遗留纸巾

（3）安装人员现场安装过程中人为引入外部异物，并在设备充气前未对设备内部充分检查，导致工器具等遗留在罐体内部，在现场交接试验或运行过程中导致击穿故障，如图 2-10 所示。

在 GIS 运行过程中，异物产生的主要原因为断路器、隔离开关、接地开关等运动部件摩擦，一般为金属碎屑，它们在电场力作用下发生跳动造成电场畸变引发设备故障，设备隔离开关部位金属碎屑如图 2-11 和图 2-12 所示。

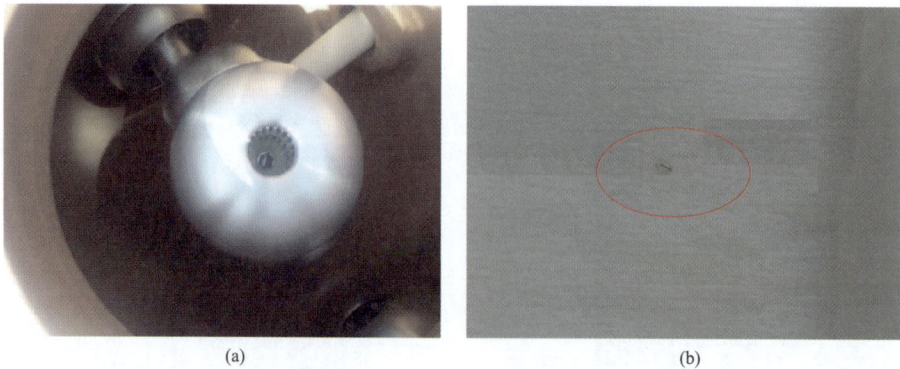

（a）

（b）

图 2-11　某 252kV GIS 隔离开关底部金属碎屑

（a）异物部位；（b）异物部位金属碎屑

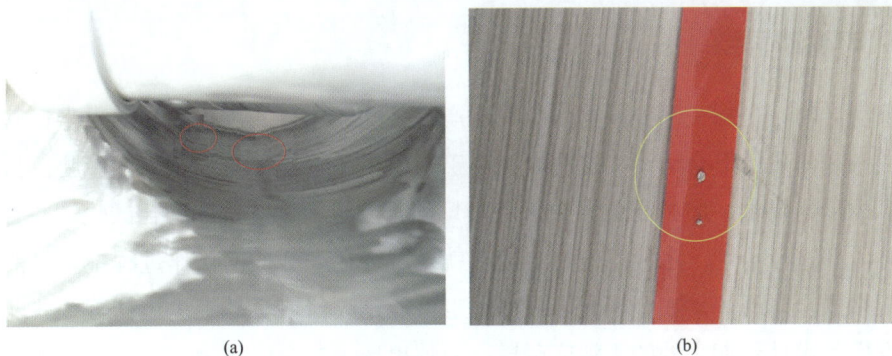

图 2-12　某 126kV GIS 三工位隔离开关底部金属碎屑

（a）异物部位；（b）异物部位金属碎屑

2.3　GIS 内部异物分类

　　从 GIS 内部异物基本特性可以看出，不同类型的异物在 GIS 罐体内部表现出的特征不同，对设备安全运行的影响方式也不同，而异物颗粒本身重量较小，受电场力等因素作用时可以在罐体内部发生跳动，较大的异物在罐体内部固定不动，一般表现为尖端放电或悬浮电位放电特征，因此本书将 GIS 内部异物分为固定异物与可跳动异物。

2.3.1　固定异物

　　固定异物，是指在 GIS 罐体内部区别于设备本体结构件的物品，一般为设备内部体积较大金属粒子，遗留在设备内部的工具、物品，设备表面沾染的污秽杂质以及导体或壳体表面尖角毛刺，该类异物固定在罐体内部某一个特定的位置，异物本身不能在 GIS 内部运动，但对电场畸变影响较大，导致运行时候出现较为严重的局部放电，如图 2-13 和图 2-14 所示。

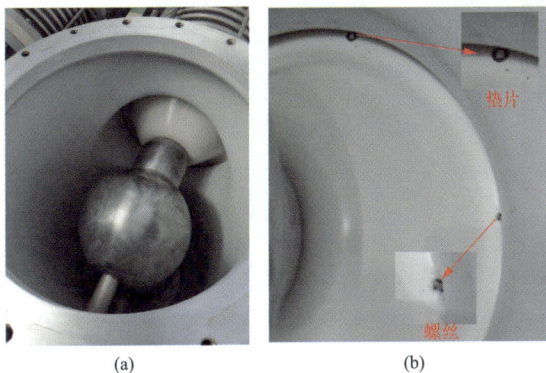

图 2-13　GIS 隔离开关盆式绝缘子
内沿螺丝及垫片异物

（a）异物部位；（b）异物部位金属碎屑

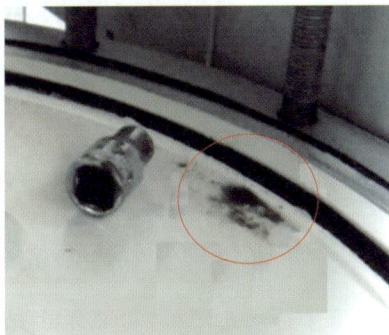

图 2-14　GIS 内部盆式绝缘子
边沿遗留套筒扳手

2.3.2　可跳动异物

可跳动异物，是指一部分异物颗粒在生产、装配、运行的过程中暴露出来，其本身在电场力或振动的条件下会运动，这些异物对于 GIS 的安全运行有着很大的威胁。目前国家电网反事故措施要求 GIS 内部的开关设备出厂前都要进行 200 次的磨合试验，磨合完成后要对壳体内部进行清理。之所以进行清理，就是因为在 200 次的操作过程中，可能存在一些磨损下来的金属屑掉落在金属壳体内部；也可能是喷口或者是绝缘拉杆等一些非金属零件之间发生了设计预期之外的干涉或碰撞，导致出现了非金属异物。

收集近年来 GIS 内部异物颗粒解体实物，可以看出 GIS 内部可跳动异物不仅仅包含金属部件摩擦产生的金属碎屑，还存在漆皮、塑料材质等其他类型异物颗粒，且部分颗粒直径较小（部分颗粒仅为 0.5mm），并且设备内部颗粒大小、颜色、材质、部位不同，如图 2-15～图 2-18 所示。

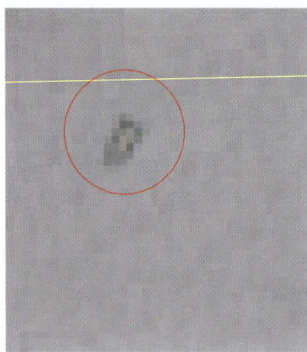

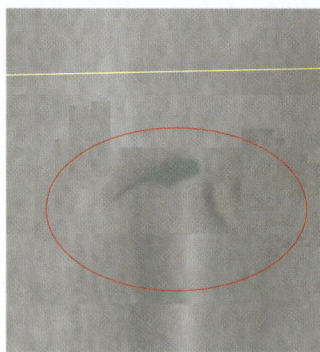

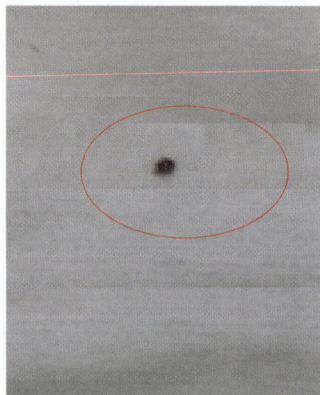

图 2-15　GIS 内部金属碎屑颗粒　　图 2-16　GIS 内部漆皮颗粒

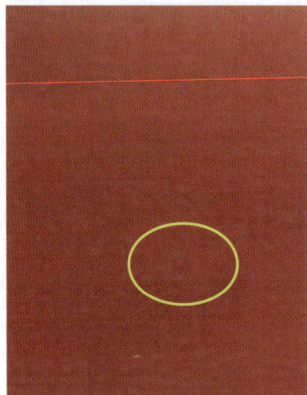

图 2-17　GIS 内部塑料小球颗粒　　图 2-18　GIS 内部胶状颗粒

2.4　GIS 内部异物基本特性

异物是 GIS 中最常见的缺陷，异物导致停电占非计划停电的比例达 49%。其中，GIS 内部固定异物由于在罐体内部造成电场严重畸变，在设备投运前试验阶段一般难以通过交流耐压试验检验；而可跳动自由颗粒在运行过程中会在罐体内部自由运动是 GIS 的一个重大安全隐患，不仅是因为颗粒可以运动到高电场区域内或附着在绝缘子上，而且在运动过程中，颗粒可能对电极产生微弱的放电，该放电可能引起绝缘的完全击穿。这些可跳动颗粒包括线形、片状、球形及粉末等不同形状，其主要来源有在生产和组装过程中的机械磨损，在运输过程中的机械振动，以及在运行过程中的开关动作等。为提高 GIS 内金属颗粒检测的有效性，减少金属颗粒的危害，开展交流 GIS 内金属颗粒在不同运动状态下的局部放电特征研究，对实现 GIS 内金属颗粒的准确判断具有重要的现实意义和研究价值。

2.4.1   力学特性分析

异物颗粒在 GIS 罐体内电极间运动，主要受到库伦力、电镜像力、介电泳力、重力、摩擦力、气体浮力和黏滞力作用。由于其他作用力较小，因此一般仅考虑受到重力、电荷力以及气体粘滞力等力的综合作用发生运动，简化示意图如图 2-19 所示。其中 F_q 为电荷力，G 为颗粒重力，F_{visc} 为气体粘滞力，库伦力大于重力时微粒会在 SF_6 气体中浮起并在电极表面跳动。

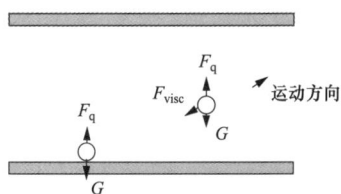

图 2-19   异物颗粒在罐体受力情况简化示意图

若微粒处于悬浮状态还未发生放电，则可以认为微粒所带电荷量为前一次与电极碰撞获得的电荷量。当微粒静止于电场间时比较容易获得电荷，并且当丝状颗粒平行于电场方向时则获得更多电荷，当电荷积累到一定程度，库伦力足以克服重力时微粒开始运动，当颗粒离开电极表面时，会在金属电极下端对称地出现一个镜像电荷。

当微粒与电极之间的场强足以发生电晕放电时，微粒会因为放电而导致原先获得电荷的损耗。同样地，在飞行中，如果微粒端部的场强足够大，则也会发生放电并丢失一部分电荷。以上两类情况都会减小库伦力并影响颗粒的飞行轨迹。相比而言，端部圆滑的微粒，放电概率会比较小。

当微粒重新回到电极上时能保留一部分能量而在此反弹，其能量是增大还是减小取决于微粒下落到地电极时的相位。图 2-20 所示简单分析了微粒的受力变化及其对微粒飞行的影响。

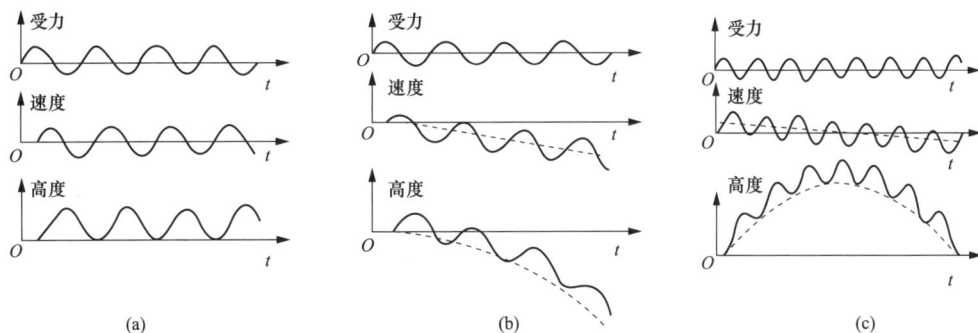

图 2-20   微粒在不同条件下的受力、运动速度以及飞行高度示意图
(a) 无重力；(b) 有重力；(c) 从一个金属平面上起跳

图 2-20（a）所示是假设微粒只受库伦力而没有重力的影响，可以看到库伦力随着施加电压有一个正弦周期的变化，微粒速度、跳动高度分别滞后 90° 和 180°，如果微粒初始速度为零，则一个周期后微粒重新回到原来的位置。图 2-20（b）所示则为微粒加上了重力因素，从而微粒多了一个向下的力。最后，如图 2-20（c）所示，假设微粒以初始速度为零从一个金属电极上起跳，由前面分析可知，当库伦力小于重力时，微粒不会运动，而当施加电压足够大时，微粒会在金属平面上跳起，其轨迹如图 2-20（c）所示，在每个周期的前 1/4 工频周期内获得的机械能决定了微粒的起跳高度，从 0°～90°虽然颗粒受力小，但一直在增大且保持很长的一段时间，因此能维持微粒在数周期内不落到电极表面，而获得较长的飞行时间。

当然，以上的分析只是基于假设微粒初始速度为零的简单情况，具体试验中，由于微粒一般都是从前一次降落反弹获得一定的机械能而再次起跳，同时飞行中有时会因为放电而丢失部分电荷，这些都会对微粒的飞行轨迹产生影响。由于此类情况比较复杂，为进一步分析设备内部不同形状的特性，下面分别对线性颗粒、片状颗粒和球形颗粒受力情况进行分析。

1. 线性颗粒受力分析

微粒的运动行为是其影响 GIS 绝缘强度的主要方式，而微粒的运动特性由其受力情况决定。本书将以同轴圆柱结构模拟 GIS 结构，分别对不同形状颗粒的力学特性进行分析。分析过程中忽略绝缘子对颗粒运动的影响，相应同轴圆柱结构电极系统如图 2-21 所示。

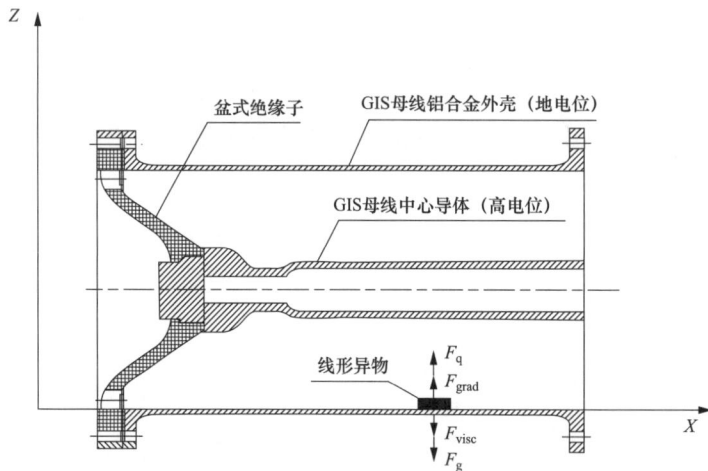

图 2-21 同轴结构腔体内线性颗粒受力模型

图 2-21 中高压导体上施加工频交流电压 $u(t)$，则同轴结构腔体内电场强度 $E(t)$ 可表示为

$$E(t) = \frac{U_0 \sin(100\pi t)}{(D-z)\ln(R_0/r_0)} \tag{2-1}$$

式中　U_0——工频电压峰值，V；

　　　R_0——同轴结构腔体外壳内径，m；

　　　r_0——为高压导体半径，m；

　　　D——GIS 腔体内径，m；

　　　z——距离金属外壳内壁的高度，m。

线形微粒平躺和竖立时的带电量 q_1、q_2 分别可以表示为

$$q_1 = -2\pi\varepsilon_0 aLE(t) \tag{2-2}$$

$$q_2 = -\frac{\pi\varepsilon_0 L^2 E(t)}{\ln(2L/a)-1} \tag{2-3}$$

式中　q_1——颗粒平躺时的带电量，C；

　　　q_2——颗粒竖立时的带电量，C；

　　　ε_0——真空介电常数，8.85×10^{-12}F/m；

　　　a——线形颗粒半径，m；

　　　L——线形颗粒长度，m。

导电微粒受到的库仑力 F_q 可以表示为

$$F_q = -kqE(t) \tag{2-4}$$

式中　q——颗粒所带正极或负极性电荷，C；

　　　k——镜像电荷引起的修正系数。

当微粒距电极较远时 $k=1$，微粒与电极接触或与同极性电极接近时 $k=0.832$。颗粒在稍不均匀电场中所受静电力还包括电场梯度力。在同轴结构腔体中站立状态的线形颗粒的电场梯度力 F_{grad} 指向高压导体方向，a 为颗粒半径，L 为颗粒长度，设 $\dfrac{2a}{L}=r$，有

$$F_{grad} = \frac{\pi\varepsilon_0 u^2 L^3}{12\ln^2(R_0/r_0)(D-z)^3}(1-r^2)\cdot\frac{\dfrac{3}{2}\dfrac{r^4+1}{\sqrt{1-r^2}}\ln\left[\dfrac{1+\sqrt{1-r^2}}{1-\sqrt{1-r^2}}\right]}{\dfrac{1}{2}\ln\left[\dfrac{1+\sqrt{1-r^2}}{1-\sqrt{1-r^2}}\right]-\sqrt{1-r^2}} \tag{2-5}$$

金属颗粒在腔体中运动时微粒受到空气粘滞力的作用，其方向与金属颗粒运动方向相反。线形颗粒受到的粘滞阻力可以表示 F_{visc} 为

$$F_{visc} = \frac{1}{2}\rho_g v^2 C_D S \tag{2-6}$$

式中　v——颗粒运动速度，m/s；

　　　S——颗粒横截面积，m^2；

　　　ρ_g——气体密度；

　　　C_D——阻力系数。

线形颗粒所受重力 F_g 为

$$F_g = \pi a^2 \rho_m g \tag{2-7}$$

式中　ρ_m——线形颗粒的密度。

当线形颗粒所受的库仑力和电场梯度力大于颗粒的重力时，颗粒满足跳动起始条件，此时颗粒开始站立并在腔体外壳上跳动，此时有

$$F_{grad} + F_{q1} \geqslant F_g \tag{2-8}$$

线形颗粒在同轴结构腔体内站立并跳动，其运动方程式可表示为

$$m\frac{d^2 z}{dt^2} = F_{q2} + F_{grad} - F_g - F_{visc} \tag{2-9}$$

由式（2-8）可知，当线形颗粒的库仑力大于颗粒的重力时颗粒开始跳动，由于颗粒平躺时颗粒的电场梯度力较小，可以忽略不计，此时当颗粒的库仑力大于重力时，颗粒开始起举。U_0 设置为额定运行电压峰值时可模拟实际 GIS 在运行电压下的电场结构。此时线形颗粒起举起始条件为

$$\frac{K\varepsilon_0 L U_0^2}{D^2 \ln^2(R_0/r_0)} = WLT\rho_m g \tag{2-10}$$

式中　ρ_m——线形颗粒的密度，其中铝颗粒 $\rho_{Al} = 2700\text{kg/m}^3$、铜颗粒 $\rho_{Cu} = 8500\text{kg/m}^3$、银颗粒 $\rho_{Ag} = 10500\text{kg/m}^3$；

　　　　W——片状颗粒宽度，m；

　　　　L——线形颗粒长度，m；

　　　　T——片状颗粒厚度。

由式（2-10）可以计算得到铝、铜、银材质的线形颗粒在 GIS 运行电压下满足起举的起始条件。通过对颗粒的受力分析得到在运行电压下平躺线形颗粒起跳的定量条件，并初步获得线形颗粒的起举电压由颗粒的半径决之，且随着线形颗粒材质密度的增加，颗粒的起举电压增大。

2. 片状颗粒受力分析

在实际 GIS 生产安装过程中，由于碰撞摩擦和开关动作均为导体对导体的硬摩擦，因此可能会在 GIS 腔体内产生较薄的片状颗粒。为此我们计算了运行电压下平躺片状颗粒满足起举的起始条件，并对比分析了不同尺寸片状颗粒的带电量以及颗粒所受的库仑力，获得了颗粒尺寸对片状颗粒带电量和所受库仑力的影响规律；对比了在相同电压下片状颗粒及线形颗粒的带电量和所受的库仑力的大小，揭示了片状颗粒易于跳动的原因，并在实验室中采用高速相机对片状颗粒的运动轨迹进行拍摄，对比分析了片状颗粒和线形颗粒的运动行为。

此处主要分析 GIS 母线部位且远离绝缘子处片状颗粒的受力情况，由于颗粒距离绝缘子较远，因此绝缘子对颗粒的影响忽略不计。同轴圆柱结构电极系统如图 2-22 所示。

高压导体上施加工频交流电压 $u(t)$，则同轴结构腔体内电场强度 $E(t)$ 可表示为

$$E(t) = \frac{U_0 \sin(100\pi t)}{(D-z)\ln(R_0/r_0)} \tag{2-11}$$

式中　U_0——工频电压峰值，V；

　　　　R_0——同轴结构腔体外壳内径，m；

r_0——为高压导体半径，m；

D——GIS 腔体内径，m；

z——距离金属外壳内壁的高度，m。

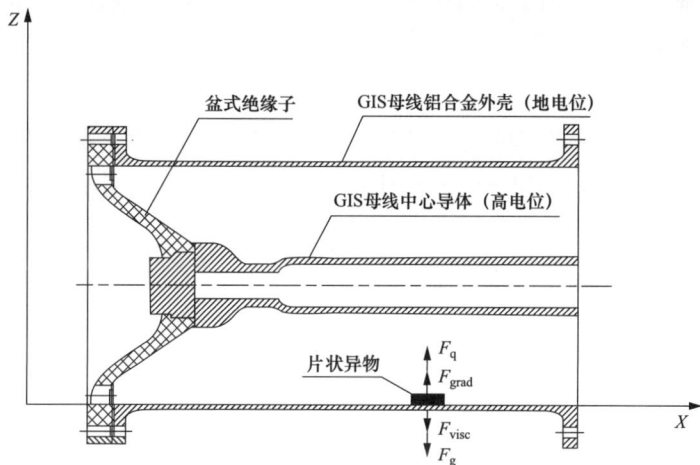

图 2-22　片状颗粒受力分析

片状颗粒平躺时的带电量 q 可以表示为

$$q = -\varepsilon_0 WLE(t) \tag{2-12}$$

式中　q——颗粒平躺时的带电量，C；

　　　ε_0——真空介电常数，$8.85 \times 10^{-12}\,\mathrm{F/m}$。

导电微粒受到的库仑力 F_q 可以表示为

$$F_q = -kqE(t) \tag{2-13}$$

式中　q——颗粒所带正极或负极性电荷，C；

　　　k——镜像电荷引起的修正系数。

当微粒距电极较远时，$k=1$，微粒与电极接触或与同极性电极接近时，$k=0.832$。片状颗粒所受重力 F_g 为

$$F_g = WLT\rho'_m g \tag{2-14}$$

式中　ρ'_m——片状颗粒的密度。

当片状颗粒所受的库仑力和电场梯度力大于颗粒的重力时，颗粒满足跳动起始条件，此时颗粒开始在腔体外壳上跳动，此时有

$$F_{grad} + F_{q1} \geqslant F_g \tag{2-15}$$

式中　F_{grad}——片状颗粒的电场梯度力。

由于片状颗粒平躺时颗粒的电场梯度力较小，可忽略不计，此时当颗粒的库仑力大于重力时，颗粒开始起举。U_0 设置为运行交流电压峰值时可模拟实际 GIS 在运行电压下的电场结构。此时片状颗粒起举起始条件为

$$\frac{K\varepsilon_0 LU_0^2}{D^2 \ln^2(R_0/r_0)} = WLT\rho'_m g \tag{2-16}$$

式中 ρ'_m——线形颗粒的密度,其中铝颗粒$\rho_{Al}=2700kg/m^3$、铜颗粒$\rho_{Cu}=8500kg/m^3$、银

颗粒$\rho_{Ag}=10500kg/m^3$。

由式(2-16)可以计算得到铝、铜、银材质的片状颗粒在 GIS 运行电压下满足起举的起始条件。在同轴结构腔体内平躺的片状颗粒起举初始条件只与颗粒的厚度有关,而与颗粒的长度及宽度无关。

3. 球形颗粒受力分析

此处主要分析 GIS 母线部位且远离绝缘子处球形颗粒的受力情况,由于颗粒距离绝缘子较远,因此绝缘子对颗粒的影响忽略不计。同轴圆柱结构电极系统如图 2-23 所示。

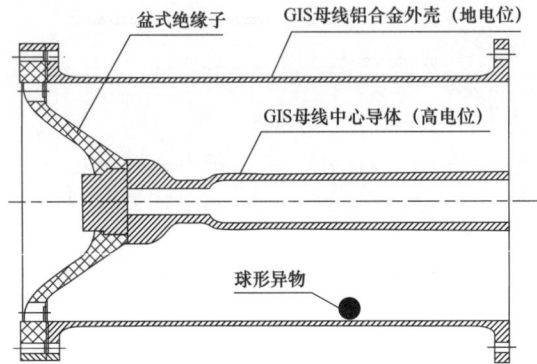

图 2-23   球形颗粒受力分析

微粒的运动行为是其影响 GIS 绝缘强度的主要方式,而微粒的运动特性由其受力情况决定。高压导体上施加工频交流电压U_0,则同轴结构腔体内电场强度可表示为

$$E(t)=\frac{U_0\sin(100\pi t)}{(D-z)\ln(R_0/r_0)} \qquad (2-17)$$

式中 U_0——工频电压峰值,V;

R_0——同轴结构腔体外壳内径,m;

r_0——为高压导体半径,m;

D——GIS 腔体内径,m;

z——距离金属外壳内壁的高度,m。

在交流电压下电极上球形颗粒的带电量$q_\pm$为

$$q_\pm=\pm 2\pi^3\varepsilon_0\varepsilon_s E_0 a^2/3 \qquad (2-18)$$

式中 ε_0——真空介电常数,$8.85\times10^{-12}F/m$;

a——球形颗粒半径,m;

E_0——电场强度,V/m;

ε_s——介质介电常数,F/m。

导电微粒受到的库仑力F_q可以表示为

$$F_q=kq_\pm E_0 \qquad (2-19)$$

式中　$q_\pm$——颗粒所带正极或负极性电荷，C；

　　　k——镜像电荷引起的修正系数。

当微粒距电极较远时 $k=1$，微粒与电极接触或与同极性电极接近时 $k=0.832$。颗粒起举后在悬浮状态的受力类型及受力方向见表 2-1。

表 2-1　　　　　　　　　　　　　球形颗粒受力情况

受力类型	受力方向	受力幅值
库仑力	$-\theta(q_\pm V>0)$； $+\theta(q_\pm V<0)$	$F_q=k\,|\,q_\pm E_{r\theta}\,|$
电场梯度力	$-r$	$F_{grad}=2\pi^3\varepsilon_0\varepsilon_s\,|\,\nabla E_{r\theta}^2\,|$
重力	$-z$	$F_g=(4/3)\pi a^3 g(\rho_\rho-\rho_s)$
阻力	与运动方向相反	$F_{visc}=6\pi\eta a v$

满足球形颗粒起举的电场 E_L 为

$$E_L=\sqrt{\frac{2a(\rho_\rho-\rho_s)(g-\beta)}{0.832\pi^2\varepsilon_0\varepsilon_s}} \tag{2-20}$$

交流电压下，与电极表面保持接触的微粒受库仑力 F_q 的方向不随电压极性的改变而改变，其幅值随电场强度而改变。同时，电场梯度力也不随电压极性的改变而改变方向，F_{grad} 的方向为电场梯度方向，即电场增大的方向。因此，放置在电极表面微粒的受力情况与在直流电压下类似，从而球型微粒在直流和交流电压下均会出现沿接地电极表面向高场强区域的滚动。

2.4.2　电场仿真分析

1. 固定异物电场仿真分析

GIS 内部固定异物对电场畸变影响的主要表现为设备内部异物黏附在高电位或地电位部件，形成尖端，而处于高电位部位屏蔽罩等部件对尖端尤为敏感，下面以 GIS 内部隔离开关屏蔽罩部位异物形成尖端为例进行电场仿真分析。

按 GIS 内部设计场强要求，SF_6 气体绝缘极限为 25kV/mm，图 2-24 所示为隔离开关屏蔽罩表面异物电场仿真模型。为了说明异物在屏蔽罩表面对电场的影响，在高电位电极表面直立一根长度 8mm，直径 1.5mm，末端 R0.75mm 的细丝，以此为条件实施电场模拟。如图 2-25 所示。

按设备绝缘水平加载电压如图 2-26 所示。电场仿真结果如图 2-27 所示。高压侧屏蔽处电场分布发生较大的畸变，其场强最大部位位于异物尖端部位，达 48.4054kV/mm，远超出了设计场强限值。由此可见，固定异物形成的尖端对设备正常运行构成严重的威胁。

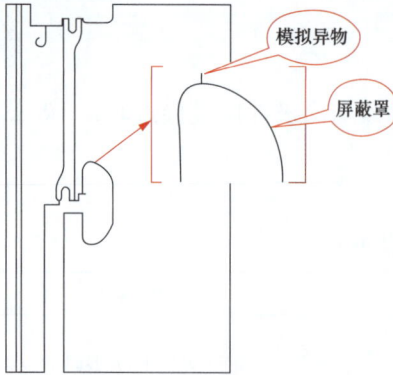

图 2-24　隔离开关屏蔽罩表面异物电场仿真模型

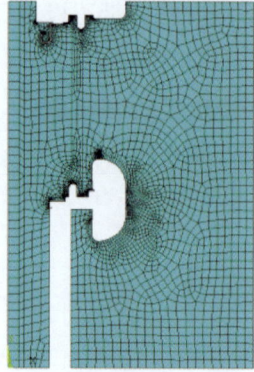

图 2-25　采用电场仿真软件进行网格划分

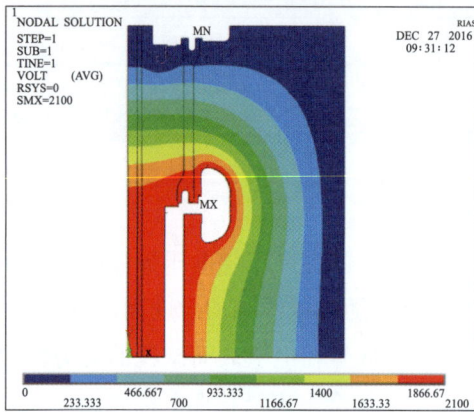

图 2-26　对仿真模型加载电压

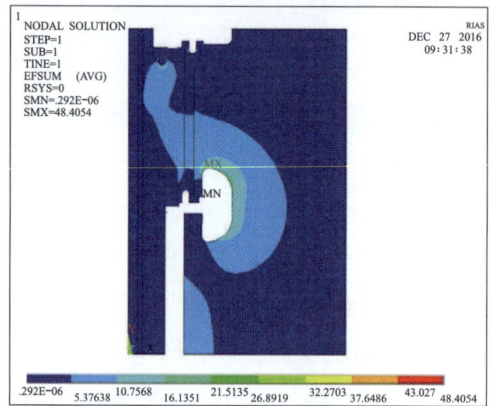

图 2-27　电场仿真结果场强最大为 48.4054kV/mm

2. 可跳动颗粒电场仿真分析

可跳动异物颗粒一般为所谓的"自由"微粒，指的是其本身存在着比较复杂的运动过程，这是相对之前的固定微粒而言的。但是，在对其引起的电场畸变进行仿真研究时，很难模拟其动态的运动过程，所以本章只选取"自由"微粒处在电场中某些固定位置时的特定情况进行仿真研究。根据已知的研究结果，自由微粒在运动中会带有一定的电荷，所以在进行电场仿真的时候，也需考虑到电荷的作用，这包括了电荷的量和极性等方面的内容。在某些情况下，自由微粒所带的电荷对局部放电的发展甚至间隙的击穿有着非常重要的作用。为了与实验的结果相对照，此处的自由微粒形状选择了球形，其他形状的微粒在实际中应该也存在，并且在处于某些敏感区域（如靠近高压电极）时可能有不同的电场分布甚至不一样的放电模式存在，这就需要对模型或者实验进行进一步的优化设计。

基于上述几点，本章进行了对球形自由金属微粒在平板电极间不同位置时电场畸变的仿真研究。为了与实验模型的结构相对应，在仿真中，平板电极的间距设为 10mm，金属球的直径为 2mm，施加电压为 15kV。具体的仿真模型如图 2-28 所示。

自由金属微粒对电场的畸变影响只在其周围的小空间里才有比较显著的体现，而且仿

真中的金属微粒不存在向其他位置运动的问
题，因此对于其他位置的电场分布，在仿真中
可以给予较少的关注。基于以上原因，仿真模
型中并未设置有机玻璃管、尼龙拉杆等部件，
这样也可以使仿真模型在运算速度和计算精确
度方面得到更好的统一。图 2-28 所示的仿真
模型中，钢球并未与上下极板接触，是仿真中
所设置的情况之一。需要注意的是，此时上下
极板间的平均电场强度为 $E_{\mathrm{mean}} = U/d = 15$，
单位 kV/cm。

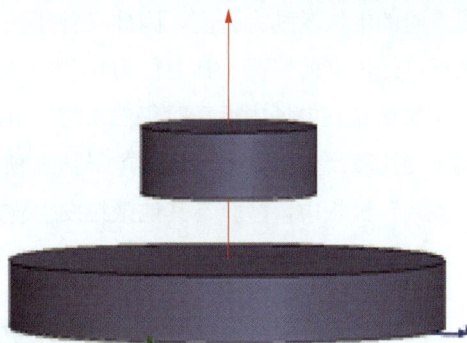

图 2-28 自由金属微粒仿真
模型示意图

落在接地电极上的自由金属微粒在没有起跳的情况下应该与接地电极具有同样的电
位，即地电位，此时金属微粒并未带电，但它对周围空间的电场已经可以造成一定程度的
畸变，典型的电场畸变如图 2-29 所示。

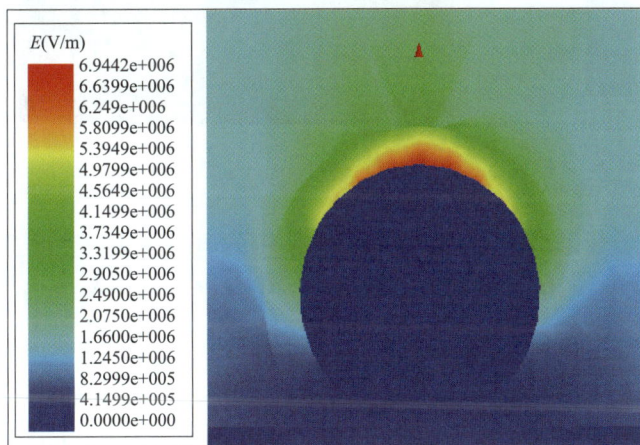

图 2-29 金属微粒在地电极上的电场分布

对比固定金属微粒对电场所造成的电场畸变，可以发现三者具有一定的相似性，这种
电场分布情况的相似是可以预计的。金属微粒在接地时，在物理特性方面与接地电极上的
金属突起缺陷并无二致，因此也会在顶端部分有场强极大值的出现。如果金属微粒的顶端
曲率足够大，则在一定的施加电压下也能够导致电晕放电的发生。对于此时的设置情况，
电场最大值为 (6.94e+6)V/m，即相当于 69.4kV/cm。

当金属微粒由于受到的电场力大于重力而离开下极板后，会在两极板之间跳动，当其在
靠近极板的时候，会对间隙的击穿电压有较大的影响，因此本节内容对微粒处于离极板较近
的关键位置时所引起的电场畸变进行了仿真研究。具体的设置为微粒离开下极板，与下极板
的距离为 1mm。考虑到金属微粒在跳动时会有几种不同的带电情况，而金属微粒所带电荷会
对电场的畸变产生不同的影响，因此在对微粒处于此位置时的电场分布情况的计算中，仿真
了下列三种情况下微粒对电场造成的畸变：①不带电；②微粒带有有一定量的电荷（由于仿

真设置时的电压激励为直流，因此又分了正负两种极性）；③微粒由于某种原因可能与地电极之间已经击穿的情况，其电位为0V。下面分别对上述情况进行讨论分析。

金属微粒在电场中运动时仍然未带有电荷的原因有很多，包括微粒在跳起后由于周围的电场畸变比较严重而发生电晕放电导致其所带电荷"丢失"，带电微粒与极板发生碰撞使电荷"流入"极板中，微粒与其他微粒发生碰撞导致电荷中和（在只有单个微粒时，不存在这种情况）等。在金属微粒不带电的情况下，金属微粒周围典型的电场分布如图2-30所示。

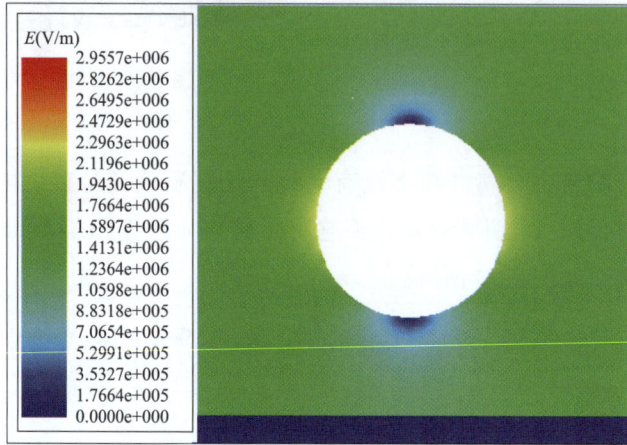

图2-30　微粒距下极板1mm（不带电）

由图2-30可以看到，此种情况下金属微粒周围的电场畸变并不严重。上下极板间的场强最大值出现在极板的边缘处（图中未显示）。金属微粒周围的电场最大值出现在金属微粒穿过球心的水平面上（图示的金属微粒与图2-29具有同样的视角，均为穿过微粒球心的竖直剖面图），而且该场强最大值的绝对值并不大，仅为（2.10e+6）V/m左右，即21.0kV/cm。金属微粒上下的电场强度甚至比较小，只有约（3.00e+5）V/m，即3.0kV/cm，这一数值仅为极板间平均场强的1/5。由此可以推测，本身不带电的金属微粒很难引起局部放电，因为这种微粒既不存在下落后与极板的电荷交换，也没有可能引起周围空间内的气体电离，无法满足起始放电的条件。

金属带电的情形下，对于仿真模型中的情形而言，可以得出微粒若刚好在峰值处跳起，则其带电量为（2.75e-10）C，即275pC。将上述带电量作为激励加入仿真模型中，得出的电场分布如图2-31和图2-32所示。

图2-31与图2-32分别是金属微粒带有正电荷和负电荷时其周围的电场分布图。从电场分布的形式上看，两者极为对称。带有正电荷的微粒周围电场强度最大值出现在微粒的正下方，而带有负电荷的微粒周围电场强度最大值出现在了微粒的正上方。其原因是所施加的电压激励为正极性，而激励源位于微粒的上方，因此就有了这样的方向性差别。我们还注意到，带正电荷的微粒下方的场强最大值达到78.1kV/cm，而带负电荷的微粒上方的场强最大值为65.9kV/cm，这意味着与激励源极性相同的微粒与电极之间的电场畸变

更为严重。对于图 2-31 和图 2-32 所示的情形而言，如果某些形状的微粒有比较尖锐的尖角，则可能有更大的电场强度值出现，但是这些尖角也使微粒在运动过程中发生电晕放电的可能性大增，这也有可能使微粒带电量减少，从而不容易达到比较高的位置。

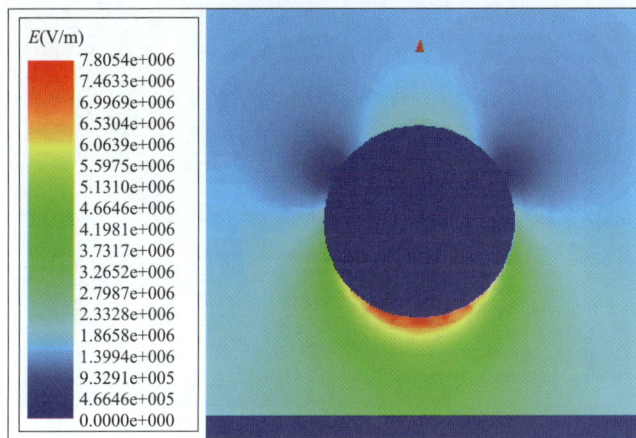

图 2-31　微粒距下极板 1mm，带正电荷

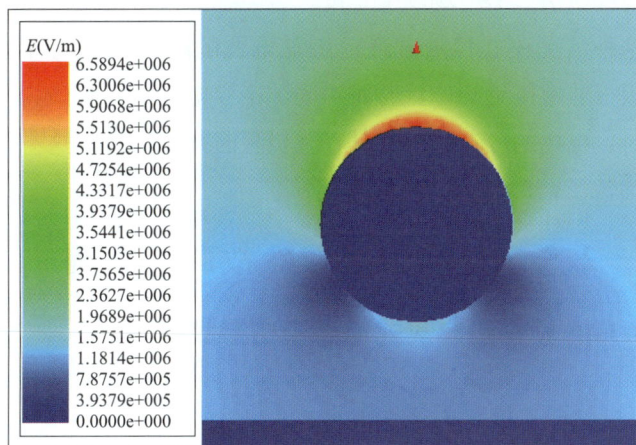

图 2-32　微粒距下极板 1mm，带负电荷

在这样的情形下，图 2-31 所示的情况很容易发生气体放电，又由于微粒与极板的距离非常近，因此气体放电发展成为击穿的可能性也存在。这就意味着，带电的金属微粒与下极板在有机械方面的接触之前就已经可能发生电荷上的交换。这样也就有可能发生这种情形：金属微粒虽然仍然在两极板之间的空间运动中，但是其电位已经与地电位持平（如果是在接近高压电极处运动，那么就是微粒在此瞬间电位突然升高至高压）。如此就得到了微粒在此位置时的第三种情形，如图 2-33 所示。

图 2-33 所示的情形与金属突起很相似，只是此"金属突起"的构成为上半部分的金属微粒球体和下半部分的气体放电通道。此时，电场畸变的程度很大，微粒上端的场强最大值达到 78.7kV/cm。如果是非球体的金属微粒物，如椭球、长条、圆柱等，在一定条

件下，由于与极板的"提前"电荷交换而导致图 2-33 所示的情形出现时，可能引起的电场畸变程度可能会更深。

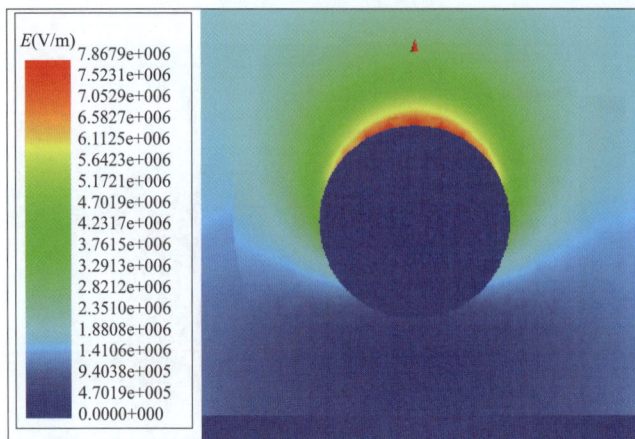

图 2-33　微粒距下极板 1mm，与下极板"提前"击穿

对比以上三种情况所引起的电场畸变程度，微粒在与极板提前击穿时所引起的电场畸变程度最大，而且这种情况还要伴随着微粒所处电位的瞬时抬升或者下降。因此可以认为，微粒在处于与极板非常接近的位置时将对间隙击穿电压的影响最为严重。当微粒运动到上极板相应位置时，电场的分布情况与其在下极板时基本一致，这主要是由于实验仿真模型两极板之间为均匀场。

2.5　异物引起 GIS 故障的案例

2.5.1　某 126kV GIS 异物引起盆式绝缘子击穿故障

1. 概述

（1）事件简述。2018 年 2 月 2 日 11 时 44 分，某 330kV 变电站 110kV Ⅰ A 母母线差动保护动作，110kV 吴光三三线 111、1 号主变压器 101、同关线 120、母联 100 Ⅰ、分段 100 Ⅲ 断路器跳闸。

（2）设备概况。某 330kV 变电站 110kV GIS 型号为 ZF7A-126，为西安西电开关电气有限公司 2016 年 5 月生产，2016 年 8 月 24 日投运，额定电压 126kV，额定电流 3150A，额定短时耐受电流 40kA。

2. 故障情况

（1）保护装置检查。根据事件列表、故障波形及保护动作情况分析，11ms 时 Ⅰ A 母 A 相差动动作，42ms 时 Ⅰ A 母 B 相差动动作，59ms 时 Ⅰ A 母 C 相差动动作，60ms 时故障电流消失。分析结果：110kV Ⅰ A 母母线 A 相、B 相、C 相先后发生接地故障，110kV Ⅰ A/ Ⅱ A 母母差保护正确动作，如图 2-34 所示。

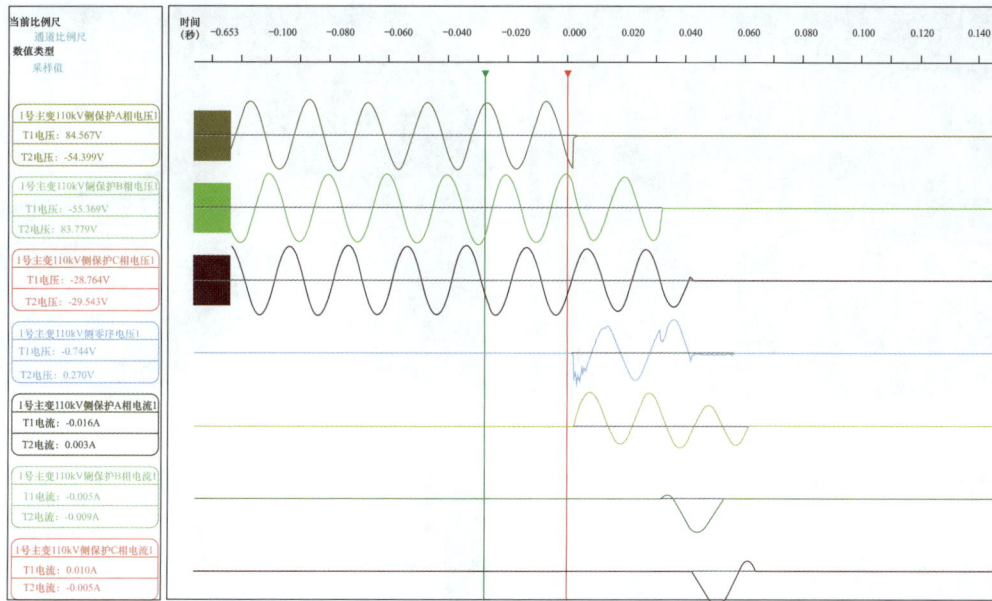

图 2-34　110kV ⅠA 母线电压及主变压器 110kV 侧电流

（2）现场检查情况。

1）现场对 110kV GIS ⅠA 母设备区外观检查，未发现任何异常。

2）对 110kV GIS ⅠA 母 17 个气室测试分解产物，ⅠA 母 GM11 气室氟化氢、二氧化硫均超警示值（氟化氢：$20\mu l/l$，二氧化硫：$2020\mu l/l$），其他气室未见异常。判断ⅠA 母 GM11 气室内部存在放电故障。

（3）GM11 气室现场开盖检查。现场打开气室手孔盖，气室内部存在大量白色粉末，气室中的两个通盆式绝缘子表面存在树枝状放电痕迹，换相导体及其筒内壁有放电灼伤痕迹，如图 2-35 和图 2-36 所示。

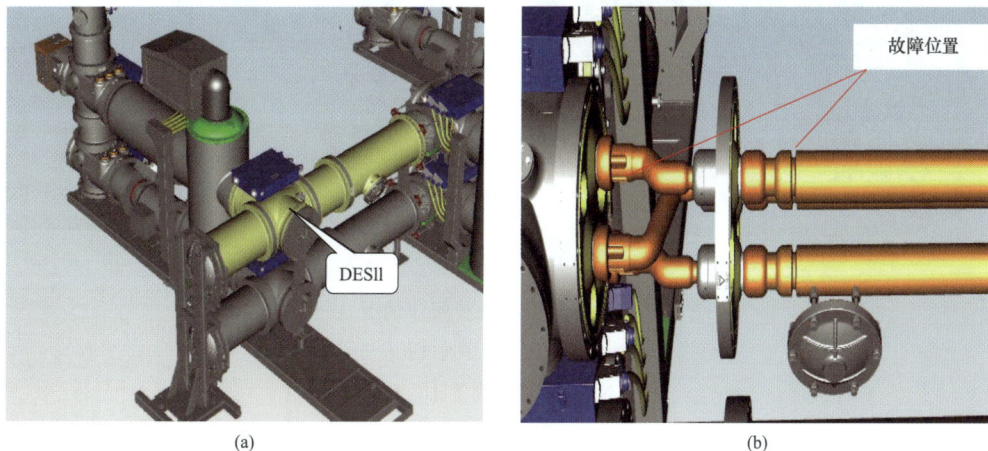

(a)

(b)

图 2-35　故障位置示意

（a）故障部位；（b）故障气室

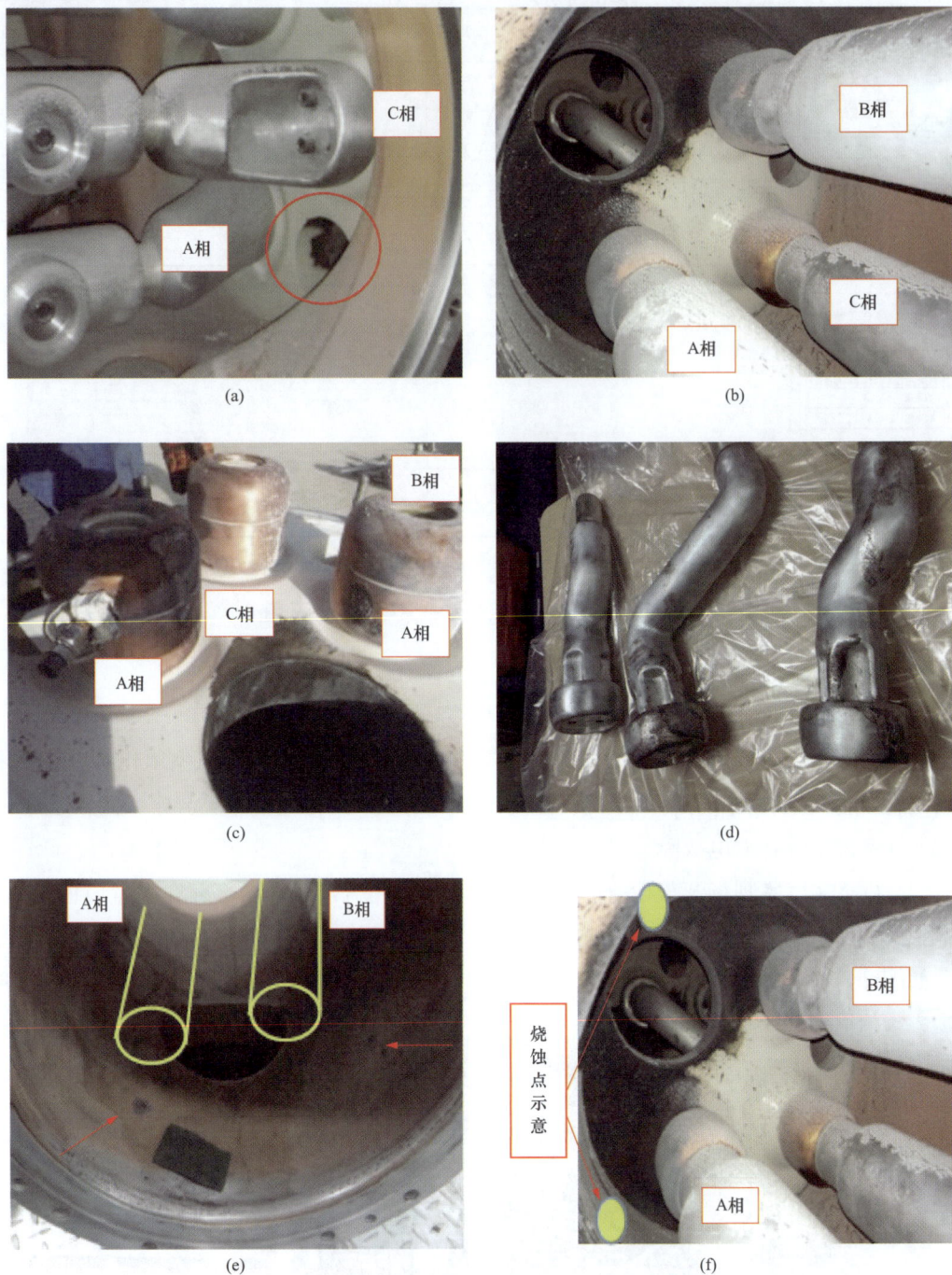

图 2-36　故障部位示意及解体情况（一）

（a）DES11 短筒侧盆式绝缘子通气孔位置有黑色；

（b）通过长过渡母线筒手孔看短筒侧；

（c）换相导体筒内壁表面灼伤；

（d）短筒内另一侧盆式绝缘子（靠近长筒侧）触点；

（e）长母线过渡筒内壁两处烧蚀点；

（f）长筒内部与烧蚀点对应的 A 相、B 相触点；

(g)   (h)

图 2-36　故障部位示意及解体情况（二）

（g）触点情况（长过渡母线筒内部）；（h）母线长导体端部情况

3. 返厂解体检查情况

2 月 28 日，对故障盆式绝缘子解体检查，具体情况如下。

（1）外观检查。对返厂解体检查盆式绝缘子及部件进行检查，未找到明显的放点通道，如图 2-37 所示。

(a)   (b)

图 2-37　盆式绝缘子外观检查

（a）返厂盆式绝缘子及短母线筒；（b）A、B相盆式绝缘子嵌件触点灼烧痕迹

（2）盆式绝缘子清理、打磨。清理盆式绝缘子表面放电痕迹，未在盆式绝缘子表面发现明显脱落、裂纹情况，如图 2-38 所示。

（3）X 射线探伤试验。X 射线探伤试验未发现盆式绝缘子有任何微小气泡或裂纹，试验结果正常。

（4）工频耐压及局部放电试验。对气室抽真空，注气至气室压力为 0.4MPa，对其进行工频耐压及局部放电试验，A、B、C 相均通过 230kV/min，A、B、C 相局部放电值均小于 3pC，如图 2-39 所示。

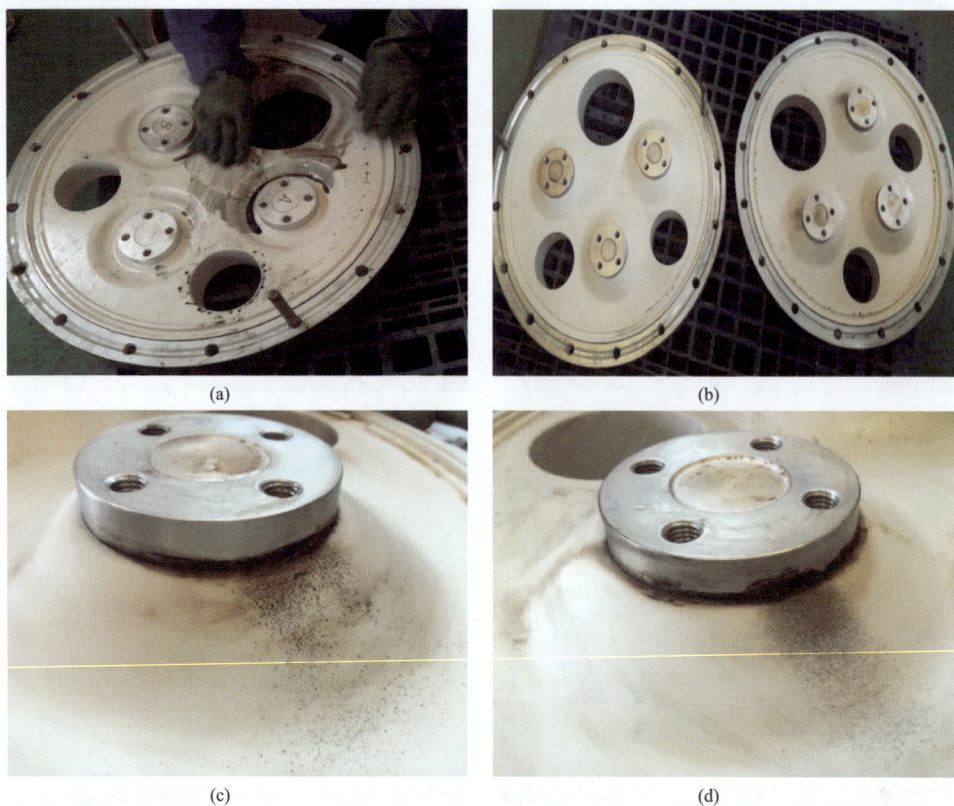

图 2-38　盆式绝缘子清理及打磨

（a）盆式绝缘子表面清理；（b）清理后盆式绝缘子一侧；（c）清理后 A 相表面微小喷溅烧蚀点；

（d）清理后 B 相表面微小喷溅烧蚀点

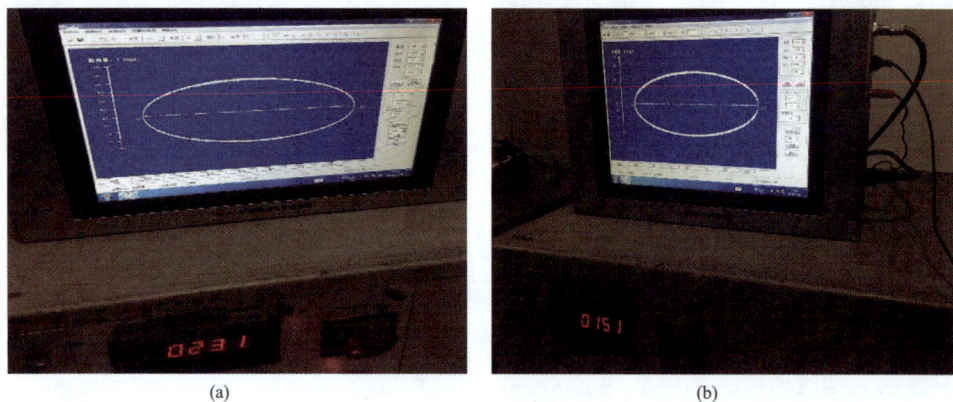

图 2-39　工频耐压及局部放电试验

（a）工频耐压 230kV/min；（b）在 151kV 电压下局部放电试验

4. 故障原因分析

（1）放电路径分析。根据解体检查，长母线筒内 A、B 相故障电流闪络击穿至壳体内壁，引发绝缘故障如图 2-40 所示。

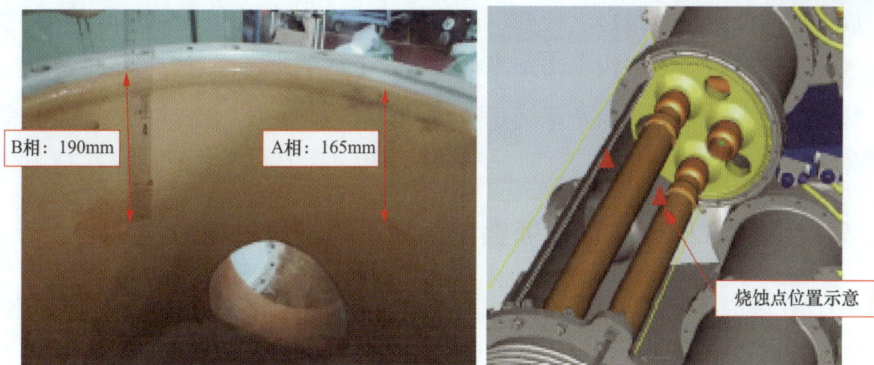

图 2-40　壳体内壁对应烧蚀点示意图

（2）放电过程分析。根据故障录波图显示：故障时首先为 A 相接地，随后发展为 B 相、C 相接地。根据解体检查情况判断，故障起始点为长母线筒内 A 相导体端头位置对壳体放电，致使壳体内壁对应位置出现烧蚀点，A 相故障电流沿触点表面至盆式绝缘子嵌件根部，嵌件根部位置出现烧蚀，使盆式绝缘子附近表面出现众多微小喷溅烧蚀点。A 相发生对地短路后，故障生成的污染物随后引起该盆式绝缘子 B 相导体端部位置气隙击穿对壳体放电，壳体出现另一处烧蚀点，出现了与 A 相类似故障现象。故障生成物继续通过通气盆式绝缘子孔进入短筒气室，污染短筒气室及盆式绝缘子表面，造成该盆式绝缘子另一侧 A、B 相触点对壳体放电，对应短筒内壁出现灼烧熏黑痕迹，同时母线短筒另一侧盆式绝缘子 A 相、C 相对壳体击穿放电。至此，GM11 气室内部相继出现 A 相、B 相、C 相接地故障，至保护动作，故障持续时间 60ms，如图 2-41 所示。

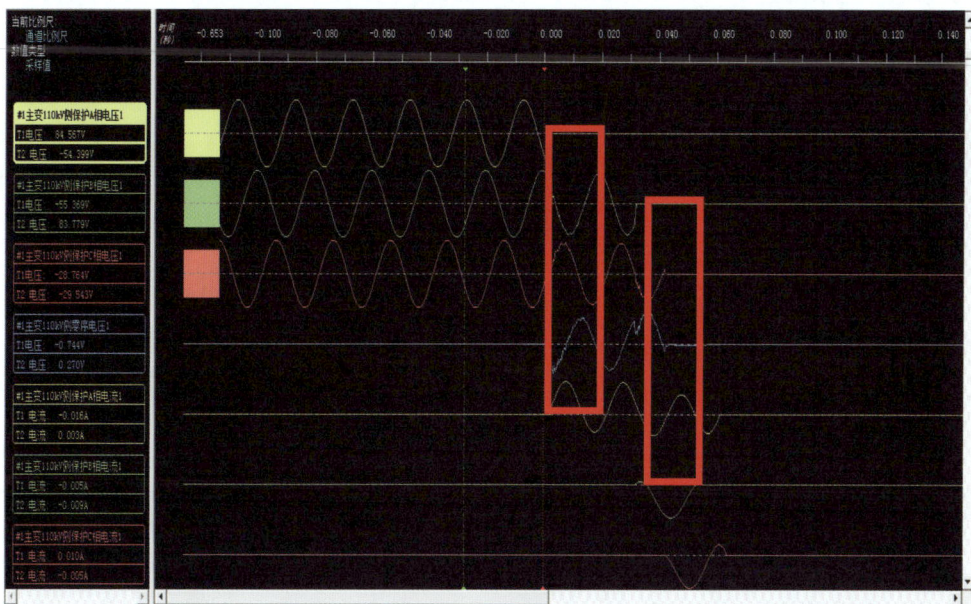

图 2-41　故障录波图

（3）放电原因分析。通过以上检查、试验分析，本次故障应为现场安装内部清理过程中，由于现场施工环境原因或内部清理不彻底，致电场不敏感区域存在粉尘颗粒，运行过程中粉尘颗粒迁徙移动，破坏设备绝缘水平，引发导体对壳体闪络放电，最终导致本次母线绝缘故障。

2.5.2　某换流电站 800kV 罐式断路器异物引起击穿故障

7月31日，某换流站第二大组滤波器7622断路器B相发生屏蔽罩对罐体内壁放电，导致第二大组滤波器退出运行，对该断路器进行了现场检查、返厂解体和7622断路器A、C相现场检查，现将故障和解体检查情况总结如下。

1. 故障情况

7月31日，该换流站输送功率由3000MW升至3400MW转换过程中，换流站第二大组交流滤波器自动投入运行1min后，7622断路器B相发生内部故障，引起第二大组交流滤波器保护母差保护动作，第二大组滤波器退出运行，站内第一、第三大组交流滤波器自动投入，直流送出未受到影响。

7622断路器为某公司生产的LW13-800型罐式断路器，2016年1月出厂，2017年6月投运。截至目前该断路器操作次数109次，故障切除次数0次。

2. 7622断路器B相现场检查和返厂解体情况

8月2日在换流站现场进行了断路器开罐检查，8月17日在设备生产公司进行了故障断路器解体分析。

检查后发现：故障断路器靠交流滤波器一侧断口的静触点屏蔽罩对外壳放电，放电点有连续贯通放电痕迹，最终在外壳底部形成绿色块状物体。故障断路器合闸电阻表面有一处裂纹，罐体内部有电弧放电产生的白色粉末。合闸电阻固定螺孔和动触点侧屏蔽罩固定螺孔发现黑色金属屑。如图2-42所示。

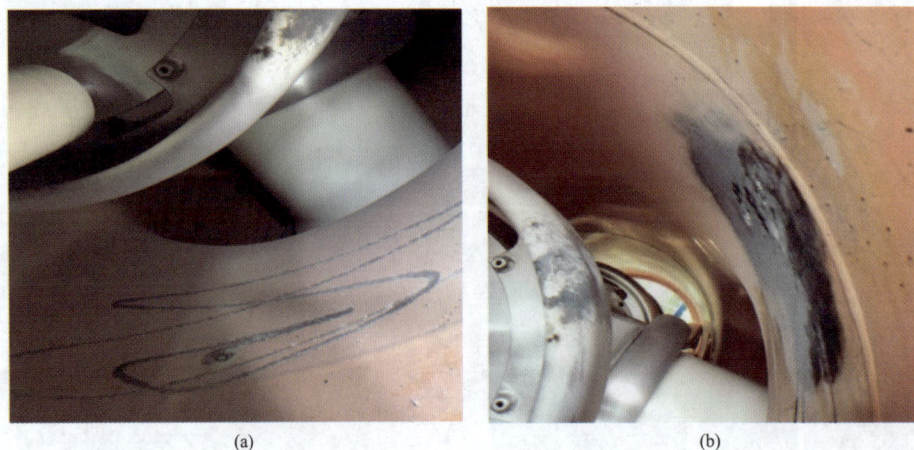

(a)　　　　　　　　　　　　(b)

图 2-42　断路器开盖检查（一）

（a）外壳放电通道；（b）断路器外壳烧蚀；

图 2-42　断路器开盖检查（二）

（c）断路器外壳底部绿色块状物体；（d）屏蔽罩固定螺孔黑色金属屑

3. 7622 断路器 A、C 相现场检查情况

8 月 24 至 25 日，对换流站 7622 断路器 A、C 相进行了现场开盖检查，发现屏蔽罩内均存在异物堆积现象，A 相断路器合闸电阻有轻微破损，C 相断路器触点安装法兰有 2 片金属碎屑附着，进一步验证了罐体内异物引起内部放电的分析结论。图 2-43 所示为 7622 断路器 A、C 相现场内检情况。

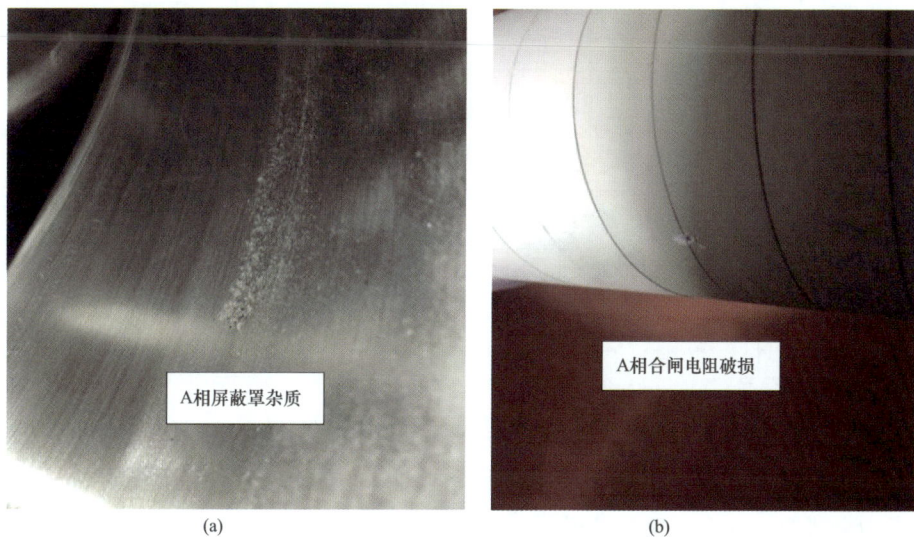

图 2-43　7622 断路器 A 相、C 相开盖检查（一）

（a）A 相屏蔽罩杂质；（b）A 相合闸电阻破损；

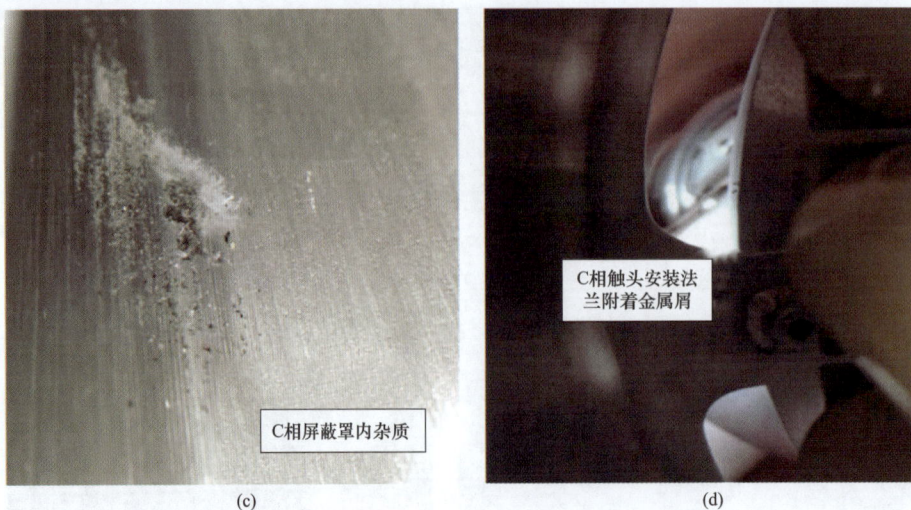

图 2-43 7622 断路器 A 相、C 相开盖检查（二）

(c) C 相屏蔽罩内杂质；(d) C 相法兰处附着金属屑

4. 原因分析

对比换流站 2017 年 12 月 24 日的 7641 断路器 C 相故障现象，两次故障都是在合闸后罐内 SF$_6$ 气体存在气流波动时发生的，如图 2-44 所示。2017 年故障为合闸后 2min，本次故障为合闸后 50s。两次故障均为云灰屏蔽罩对罐体放电。断路器动作次数相对较多，故障电流较大：上次为 187 次，本次为 109 次；上次故障电流为 20.3kA，本次为 23.46kA。

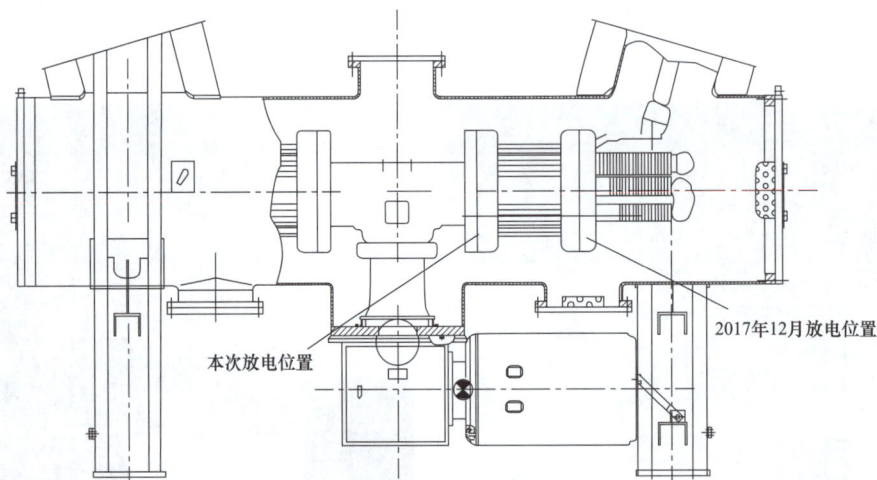

图 2-44 断路器内部异物引起放电位置

8 月 20 日，委托中科院兰州物理化学研究所对绿色放电遗留物进行成分分析，确定其主要元素为金属铝。综合两次故障现象，根据解体检查及分析情况，最终认定本次放电的原因是由于断路器内部装配等环节产生异物，在后续清理过程中未被彻底清理，因断路器合闸后触点动作震动、罐内气体波动等原因作用，由于异物迁移导致电场畸变，引起屏蔽罩对罐体放电。

2.5.3 某330kV变电站异物引起HGIS断路器内部击穿故障

1. 故障概况

2017 年 10 月 15 日 19 时 57 分 7 秒，某 330kV 变电站板方 Ⅱ 线线路第一套线路保护 CSC-103A 和第二套线路保护 WXH-803A 纵联差动保护 A 相动作出口跳开 3321、3320 断路器。同时，330kVI 母第一套母差和第二套母差动作出口（A 相故障）跳开 3321 断路器。一次故障电流为 17600A，B、C 相二次电流约为 0.03A。10 月 15 日 21 时 5 分检测 3321 断路器 A 相灭弧室分解产物测试异常，其中 SO_2 为 81.3ppm，H_2S 为 0，CO 为 4.8ppm，HF 为 0，确定故障点位于 3321 断路器 A 相罐体内部。

2. 现场初步检查分析

2017 年 10 月 16 日 15 时 10 分，对某 330kV 变电站 3321 断路器 A 相进行开盖检查，断路器外观整体结构及内部灭弧室装配如图 2-45 所示。断路器为单断口 363kV 罐式断路器，灭弧室机构采用直线方式布置。现场打开断路器非机构侧盖板，发现断路器罐体内部存在放电分解的白色粉尘，并且机构侧发现黑色放电灼烧痕迹，具体如图 2-46 所示。

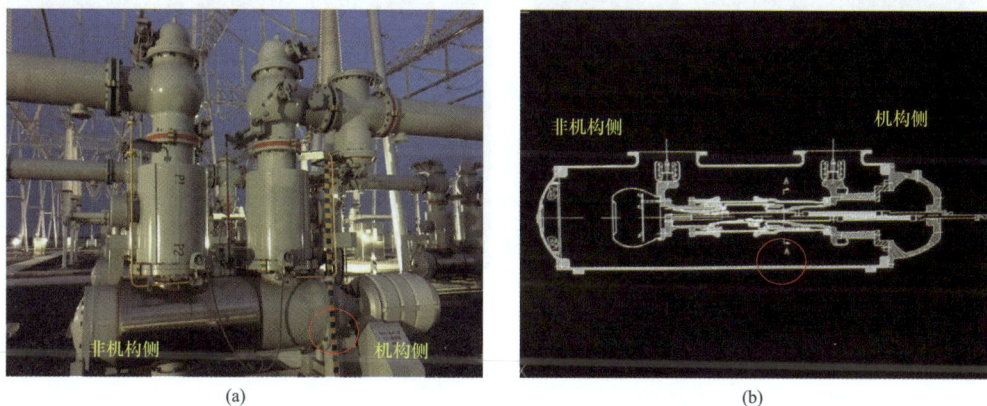

(a)　　　　　　　　　　　　　　　(b)

图 2-45　断路器外观整体结构及内部灭弧室装配图

（a）断路器整体外观图；（b）灭弧室装配图

(a)　　　　　　　　　　　　　　　(b)

图 2-46　断路器开盖检查内部放电粉末

（a）断路器内部白色放电粉末；（b）断路器机构侧存在黑色灼烧痕迹

为进一步分析断路器内部产生故障的原因，采用 GIS 内部检查并采用清理机器人进入罐体内部进行检查，检查结果如图 2-47 所示。

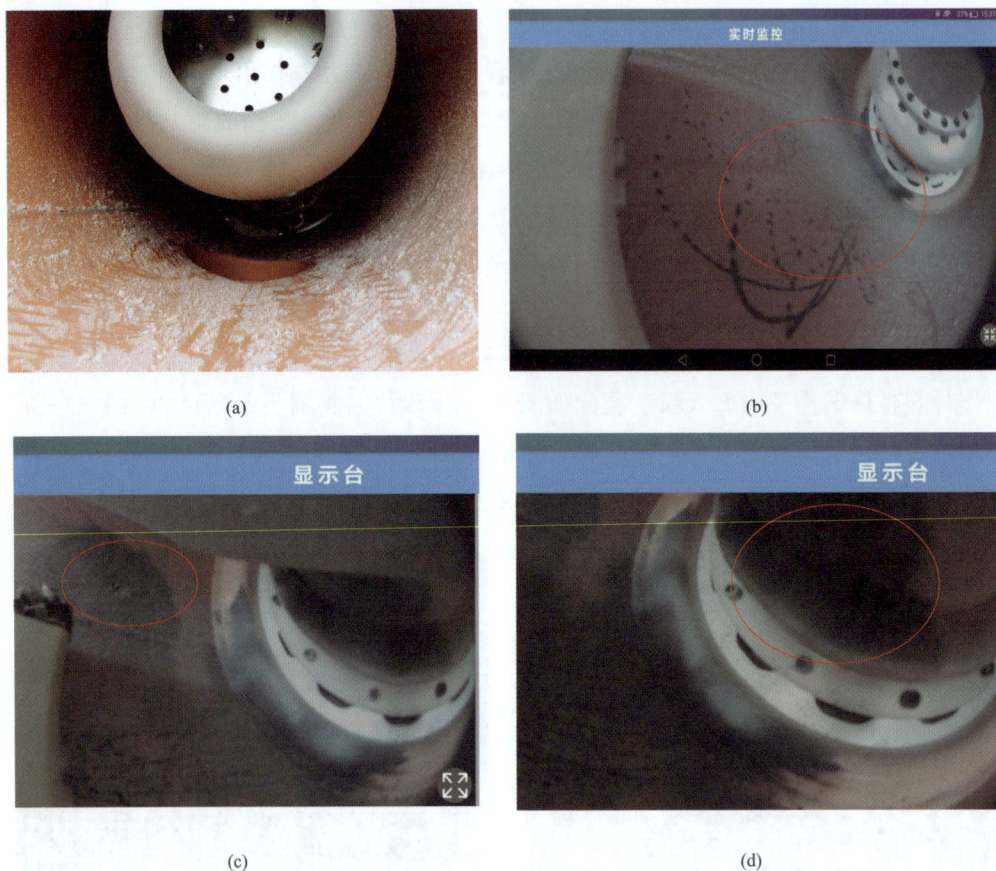

图 2-47　机器人进入罐体内部检查结果

(a) 机器人在设备内部检查；(b) 罐体底部存在黑色灼烧痕迹；(c) 断路器机构侧底部凹坑；(d) 绝缘支撑表面黑色灼烧痕迹

由于某 330kV 变电站 3321 断路器 A 相灭弧室分解产物测试 SO_2 为 81.3ppm，CO 为 4.8ppm，H_2S 为 0，HF 为 0，故障发生后 1h 即完成气体检测，SO_2 含量超标、CO 含量较少，结合以上开盖检查结果分析，断路器内部放电原因非直接与固体绝缘支撑件及绝缘拉杆材料有关；罐体底部凹坑周围存在黑色灼烧痕迹，并且凹坑部位上端为机构侧即动触点侧屏蔽罩，疑似故障产生原因为罐体底部存在异物造成电场畸变，在屏蔽罩壳体部位与屏蔽罩之间形成放电通道，放电电弧灼烧绝缘支撑件表面导致黑色碳化痕迹并产生少量 CO，初步分析故障放电产生部位如图 2-48 所示。

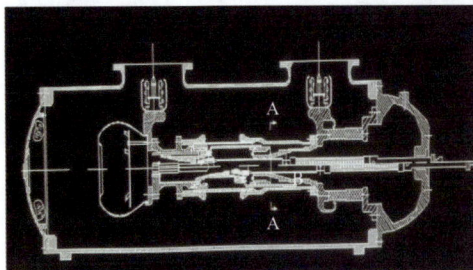

图 2-48　故障产生部位初步分析结果

2.5.4 某 330kV 变电站异物引起 HGIS 断路器内部闪络故障

1. 故障概述

（1）事件简述。2018 年 4 月 25 日 1 时 36 分，某 330kV 变电站 3310 断路器第三次合闸对 1 号主变压器充电，断路器合闸 3min 后，1 号主变压器双套保护、330kV Ⅱ母双套保护，3310、3322 断路器跳闸。通过对保护录波记录进行调取分析，现初步分析为 3310 断路器 A 相存在故障。为不影响该 330kV 变电站后续投运工作，采取将投运方案中所涉及 3310 断路器相关内容全部跳过的方法。

（2）设备概况。某 330kV 变电站 3310 断路器 2017 年 1 月生产，额定电压 363kV，额定电流 4000A，额定短路开断电流 50kA。断路器为单断口 363kV 罐式断路器，灭弧室机构采用直线方式布置，断路器外观整体结构及内部灭弧室装配如图 2-49 所示。

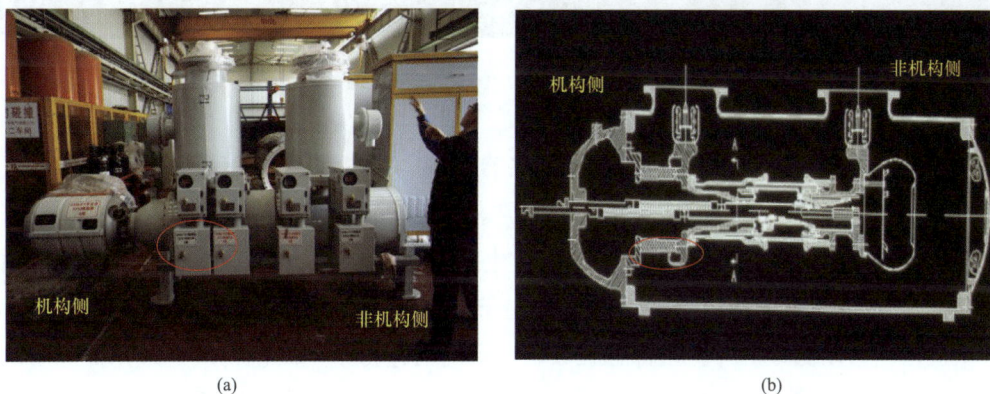

(a)   (b)

图 2-49 断路器外观整体结构及内部灭弧室装配图
(a) 断路器外观图；(b) 灭弧室装配图

（3）故障情况。该 330kV 变电站 1 号主变第一套保护差动速断保护动作和第二套保护差动速断，纵联差动保护动作；Ⅱ母线第一套保护差动保护动作和第二套保护差动保护动作 3310 断路器 A 相动作；3310 断路器保护第一套、第二套保护三相跟跳保护动作。一次故障电流为 3150A 左右。4 月 25 日 3 时 50 分检测 3310 断路器 A 相灭弧室分解产物测试异常，其中 SO_2 含量为 11.61μL/L，CO 含量为 2.1μL/L，HF、H_2S 含量为 0，气体湿度为 54.2μL/L，纯度为 99.99%。分解物含量较高，存在高能量放电，但 CO 含量较低，且水分、纯度正常。初步怀疑 3310 断路器气室 A 相内部发生故障放电；需停电检查确认具体放电原因。故障录波图及检测放电位置如图 2-50 和图 2-51 所示。

2. 返厂解体检查情况

5 月 2～3 日，在设备生产公司进行 3310 断路器 A 相解体检查，分析事故原因。具体情况如下。

（1）断路器解体前检查情况。3310 断路器 A 相返厂后整体情况无异常，设备外观、壳体等没有碰撞及损坏痕迹，为保留故障断路器的初始状态，返厂形态为断路器气室单

元，包含断路器、电流互感器、隔离开关结构，如图 2-52 所示。

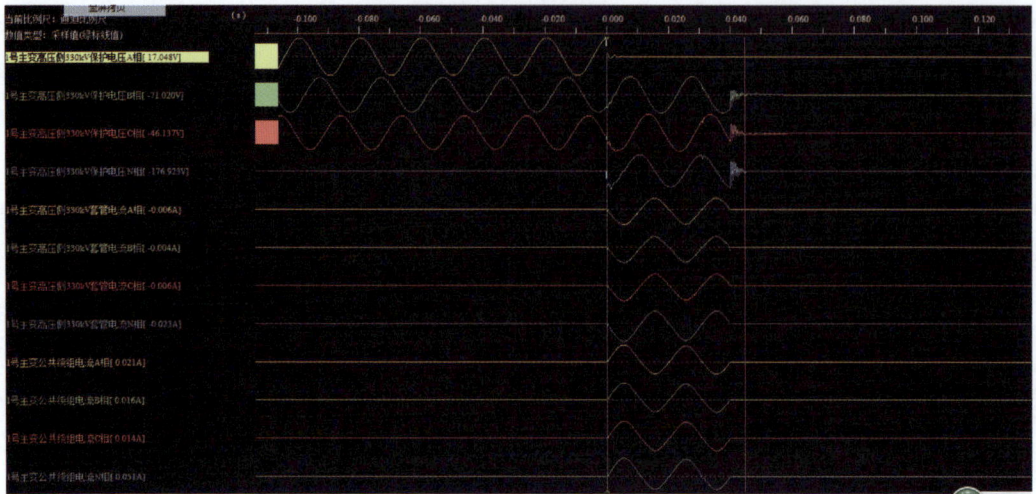

图 2-50　故障录波图

（2）断路器解体检查情况。对 3310 断路器 A 相逐步拆除电流互感器、操动机构、罐体等部件。电流互感器内、操动机构未见异常。拆除电流互感器，TA 对接法兰口检查断路器内部：静侧零部件表面有少量灰白色放电生成物质附着，零部件表面无电弧烧蚀痕迹；动侧绝缘筒下部局部表面碳化，绝缘筒上部有黑色物质附着，如图 2-53 所示。

从机构侧（动侧）拆开，内部存在放电分解的白色粉尘，黑色物质；罐体拆除后动侧绝缘筒有明显黑色烧灼碳化痕迹，灭弧室机构侧底部法兰为参考物，垂直正下方为起始角（绝缘筒偏一侧约 30°～90°）可见明显的黑色放电碳化痕迹，而动侧屏蔽罩和机构侧底座在 30°～60°存在明显放电灼伤，烧蚀坑痕迹；罐体底部存在黑色喷溅物、放电过热脱色痕迹，但无明显放电灼伤痕迹，表面有少量黑色喷溅物，用擦拭纸可擦除。灭弧室其他部位：动侧支持件表面有少量黑色物质附着，动静侧间绝缘支持筒、静侧部位无明显异常。屏蔽罩与法兰之间的间距，符合图纸要求（175mm）。检查绝缘筒内壁及绝缘拉杆沿面，绝缘筒内部目视无缺陷；绝缘拉杆表面光滑无缺陷，绝缘拉杆接头无异常，如图 2-54 所示。

（3）灭弧室拆解检查。对灭弧室进一步拆解，绝缘筒拆下后，机构侧底座及动侧屏蔽罩均有烧灼痕迹。绝缘筒上动侧屏蔽罩对应位置有电弧烧蚀痕迹，烧蚀程度严重，绝缘筒下部钢制法兰表面有喷溅的铝液凝固后形成的颗粒状突起物，主要集中于两处，具体如图 2-55 所示。

绝缘筒表面进行擦拭处理后，表面有细微的碳化（类似于砂纸），应为电弧放电在绝缘筒表面形成，未发现有放电通道，但在动侧屏蔽罩固定螺丝孔处发现大量金属碎屑，如图 2-56 所示。

第2串　　　　　　　第1串

放电位置

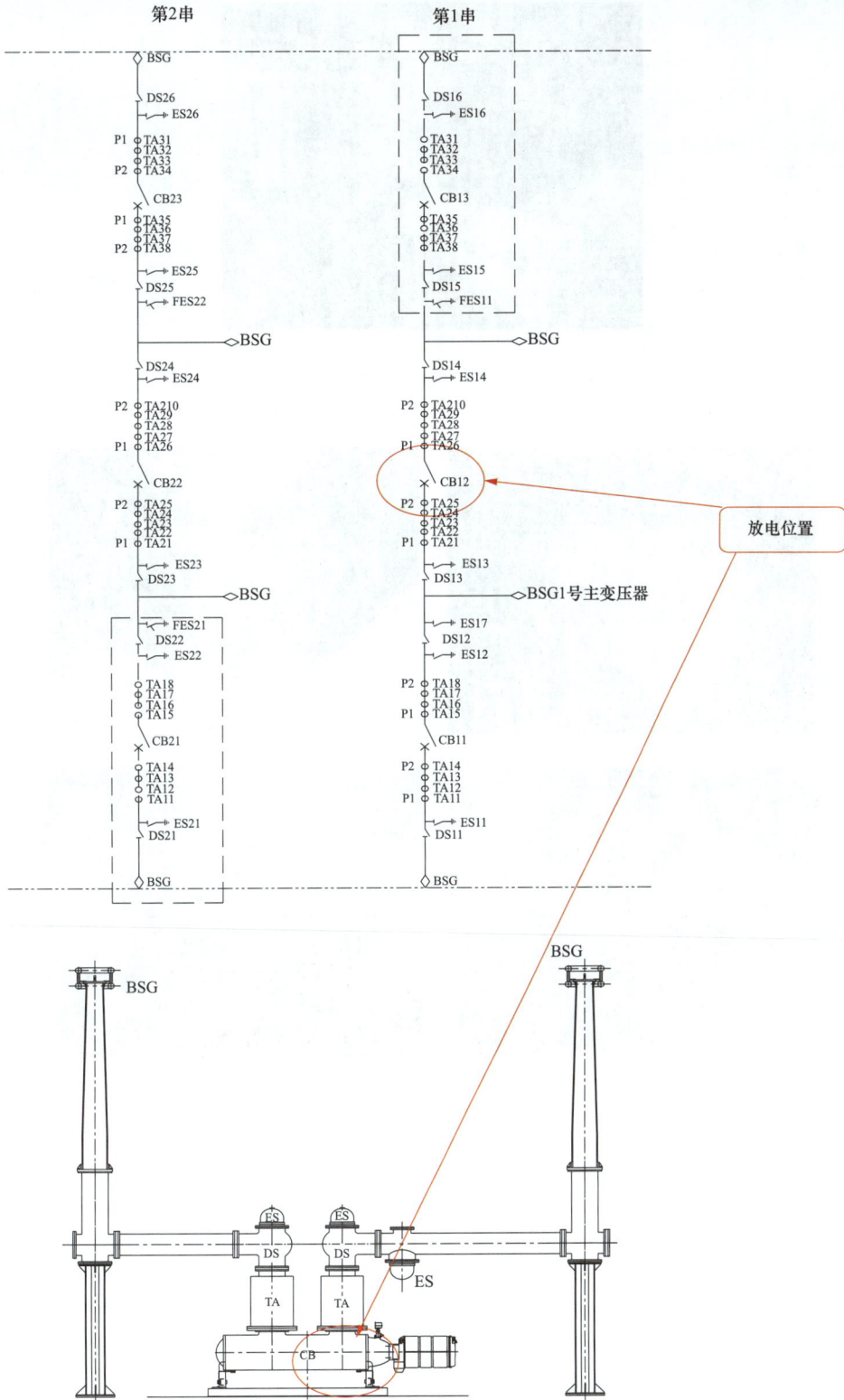

图 2-51　放电位置

图 2-52　解体前情况

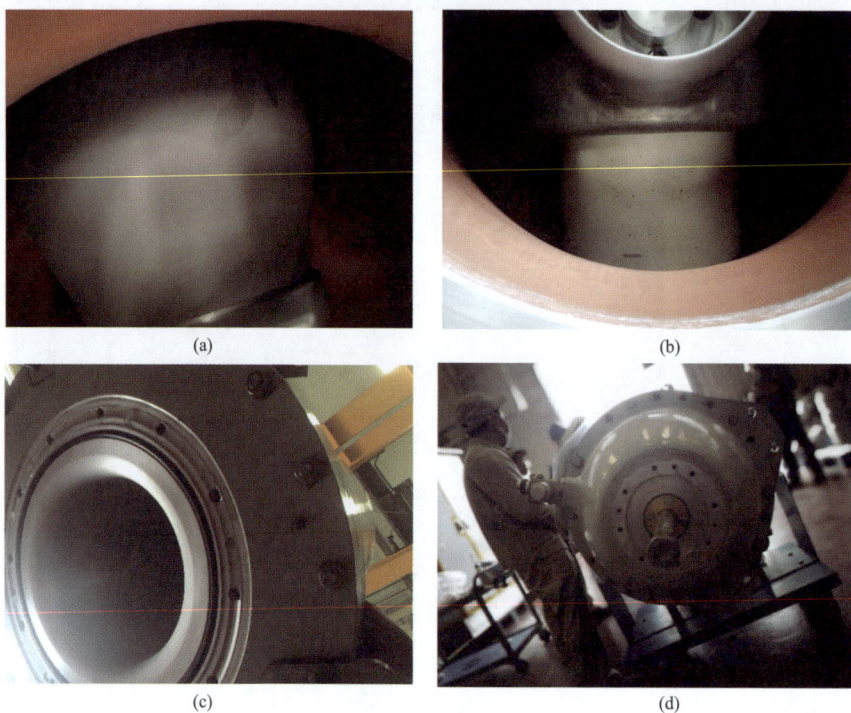

(a)　　　　　　　　　　　　　(b)

(c)　　　　　　　　　　　　　(d)

图 2-53　电流互感器和操动机构拆除

（a）静侧零部件表面有少量灰白色放电生成物质，无电弧烧蚀痕迹；

（b）动侧绝缘筒下部局部表面碳化，绝缘筒上部有黑色物质；

（c）机构侧电流互感器内部无异常；（d）操动机构拆除未见异常

对绝缘筒分别进行交流耐压、局部放电、X 射线探伤试验，现场见证未发现异常。

依据上述解体检查及试验情况来看，绝缘筒表面无放电通道，细微的黑色碳化痕迹为放电电弧灼烧绝缘筒表面所致，故障原因应与绝缘筒无直接关系。

罐体底部无烧灼坑迹，周围存在黑色喷溅痕迹；电弧灼烧部位绝缘筒上端为机构侧即动侧屏蔽罩，另一端为绝缘筒机构侧钢制法兰底座。从电弧起始位置可知在高电位动侧屏蔽罩部位与低电位机构侧底座之间形成气隙放电通道，绝缘筒沿面受热碳化，故障放电产生部位如图 2-57 所示。故障原因疑似为由于动侧屏蔽罩异物导致电场畸变所致。引起气隙放电的原因主要有两点：①零部件的制造、装配产生的偏移或尖角毛刺；②气室内部异物。

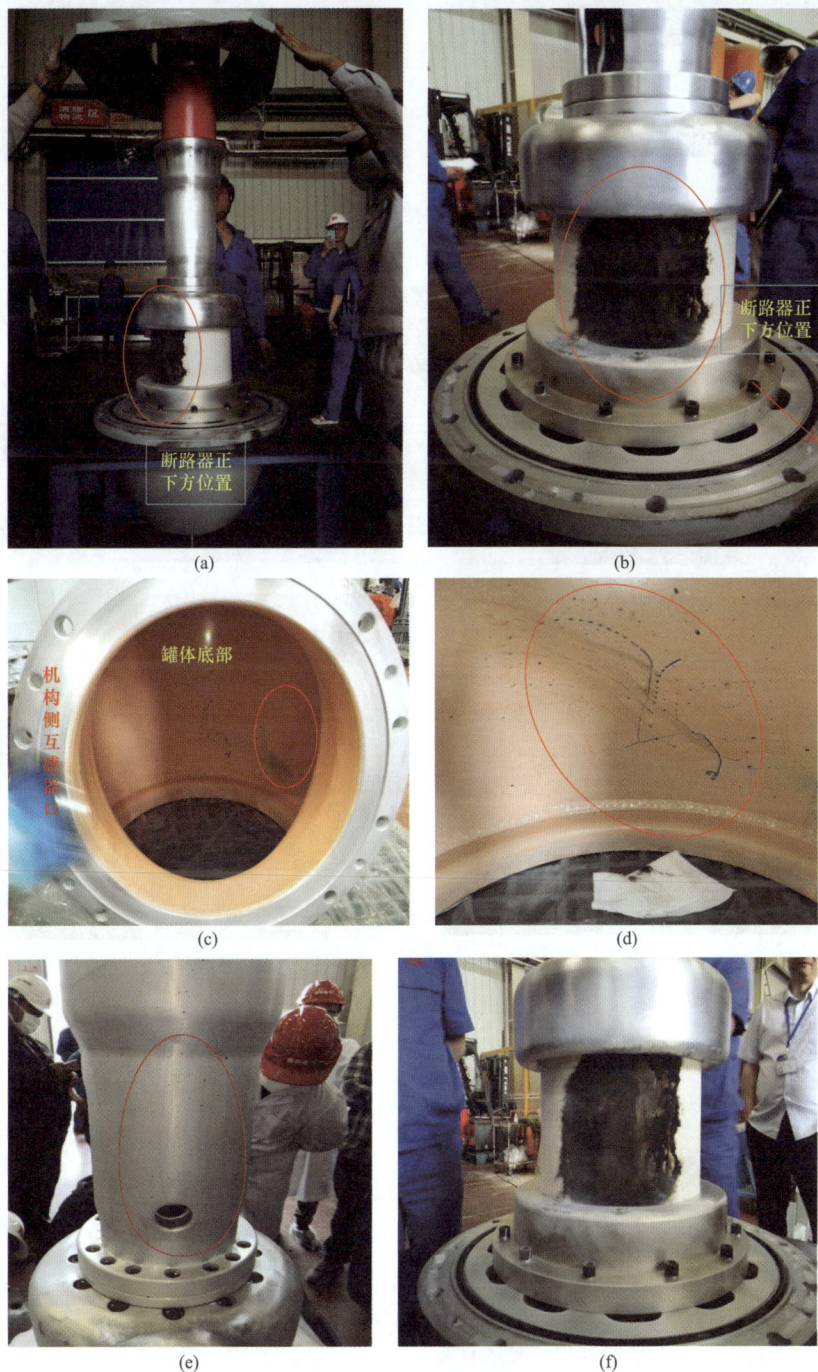

(a)

(b)

(c)

(d)

(e)

(f)

图 2-54 断路器内部灼烧情况（一）

（a）灭弧室整体情况；（b）机构侧绝缘筒灼烧痕迹；（c）互感器方向查看罐体底部痕迹；（d）罐体底部存在黑色喷溅物痕迹；（e）检查灭弧室动侧支持件表面有少量黑色物质；（f）屏蔽罩与法兰之间的间距为 175mm；

(g)

(h)

图 2-54　断路器内部灼烧情况（二）

（g）绝缘筒内壁无异物放电痕迹；（h）绝缘拉杆表面光滑无缺陷

(a)

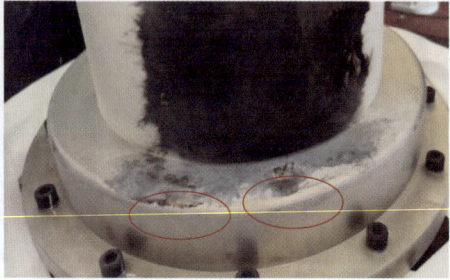

(b)

(c)

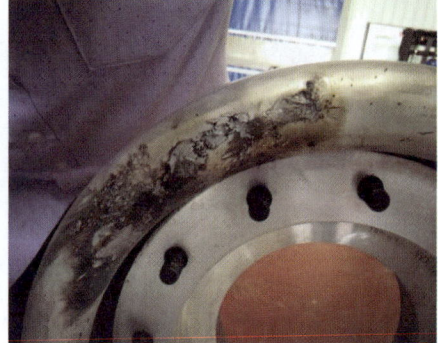

(d)

图 2-55　机构侧底座、屏蔽罩情况

（a）动侧屏蔽罩绝缘筒放电痕迹；（b）机构侧底座灼伤痕迹；（c）动侧屏蔽罩烧伤痕迹 1；（d）动侧屏蔽罩烧伤痕迹 2

(a)

(b)

图 2-56　绝缘筒情况（一）

（a）擦拭前绝缘筒放电痕迹；（b）绝缘筒表面碳化痕迹；

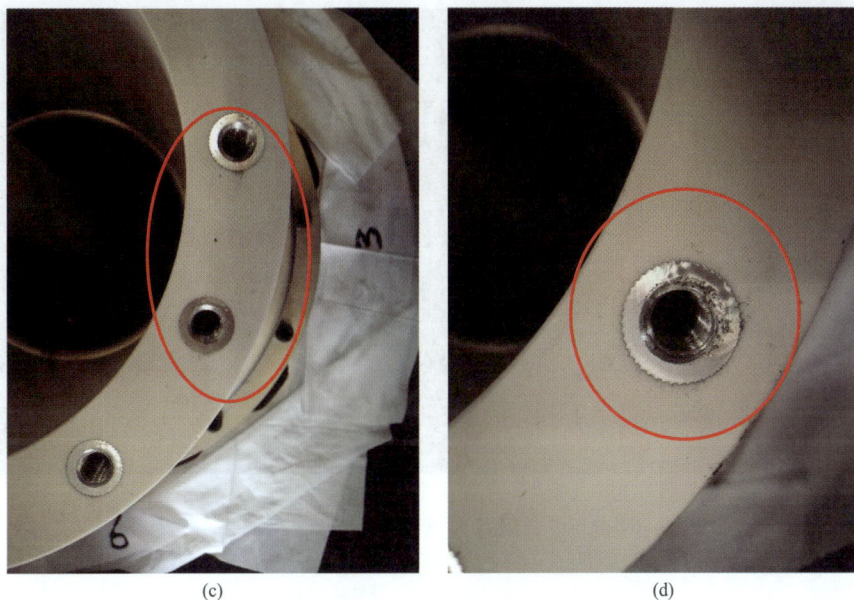

图 2-56　绝缘筒情况（二）

（c）动侧屏蔽罩固定螺孔处金属碎屑 1；（d）动侧屏蔽罩固定螺孔处金属碎屑 2

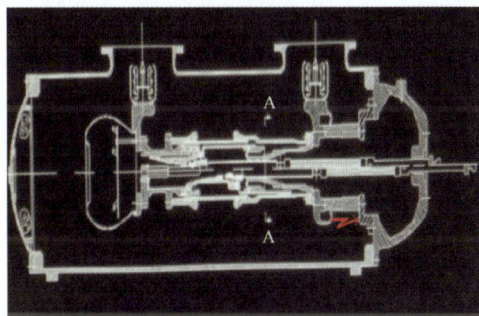

图 2-57　故障产生部位分析结果

2.5.5　某换流站 800kV GIS 隔离开关内部脱落异物引发故障

1. 故障情况

2016 年 12 月 5 日 15：44，某换流站 OWS 监控后台报"母线高抗短引线保护柜 1n 保护装置动作信号出现""母线高抗短引线保护柜 2n 保护装置动作信号出现"，75C3 断路器三相跳开，75C3DK、75C4DK 母线高抗退出运行（75C1、75C2 断路器在冷备用状态），故障电流 30kA，持续时间 88ms。现场提供故障录波图如图 2-58 所示。

对相关 GIS 气室气体成分进行检测：75C4DK1-A 相隔离开关 SO_2 浓度为 144.2μL/L，H_2S 浓度为 191.2μL/L，浓度超标。其余气室 SO_2 浓度和 H_2S 浓度均未超标。判断 75C4DK1-A 相隔离开关气室闪络放电。75C4DK1-A 相隔离开关位置如图 2-59 所示。

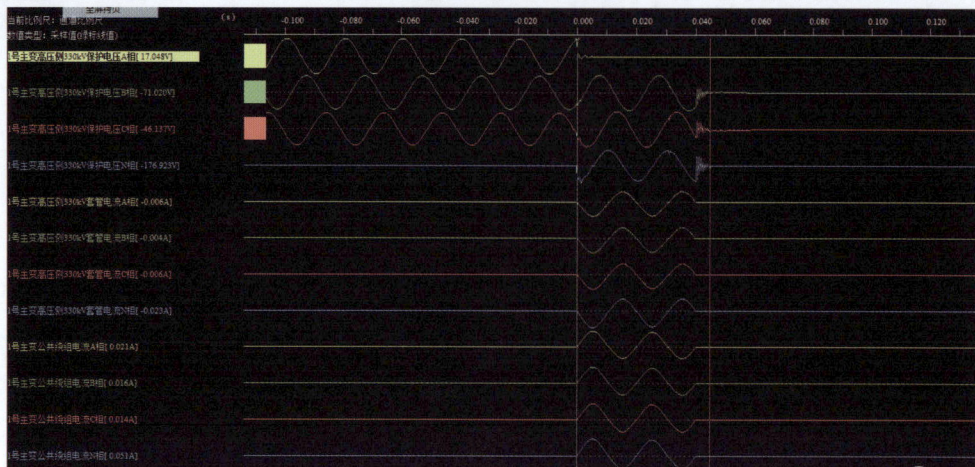

图 2-58　母线高抗故障录波装置录波图

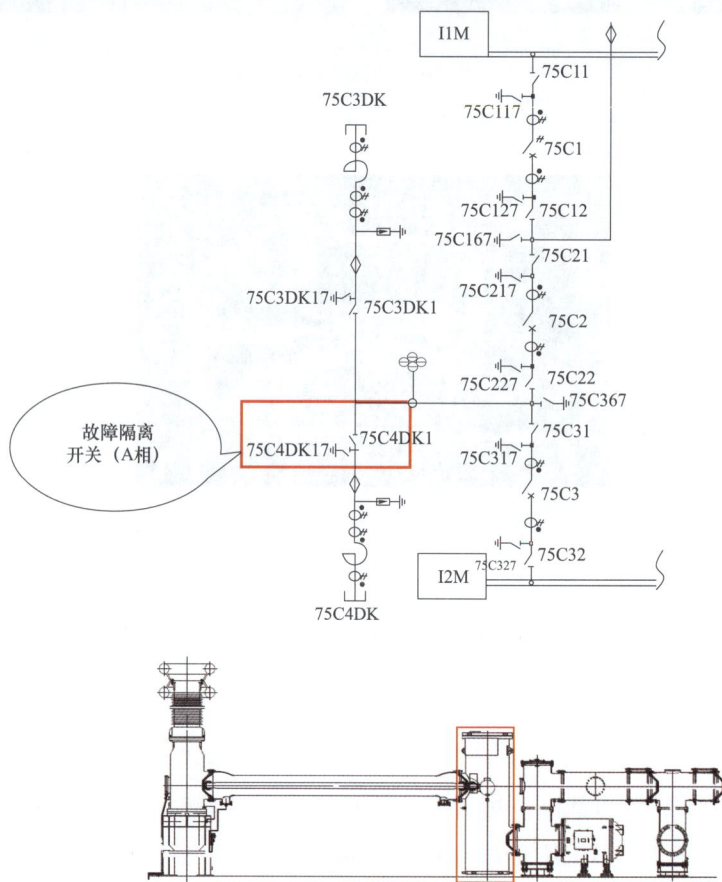

图 2-59　故障隔离开关位置

2. 现场检查情况

为初步确认故障点位置，在现场将故障隔离开关高低位盆式绝缘子分别拆下检查，低位盆式绝缘子的凸面、凹面均未发现任何损坏；高位盆式绝缘子凸面（隔离开关气室侧）

发现有异物黏附，疑似是其他部位的放电飞溅物，如图 2-60 和图 2-61 所示。

图 2-60　高位盆式绝缘子（凸面）

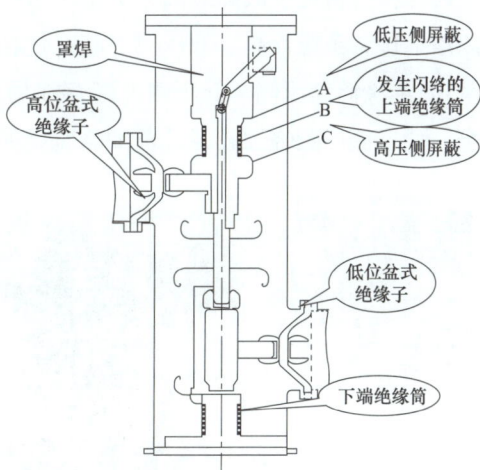

图 2-61　隔离开关示意图

　　盆式绝缘子拆除后，现场查看气室内部情况：发现隔离开关上端绝缘筒（对地）存在沿面闪络的痕迹和分解物。隔离开关筒壁对应的表面附着较多的放电分解物（白色粉末）以及少量伴随电弧发生的飞溅物。高位盆式绝缘子凸面有少量飞溅物附着；其余绝缘件表面均未见异常，如图 2-62 和图 2-63 所示。

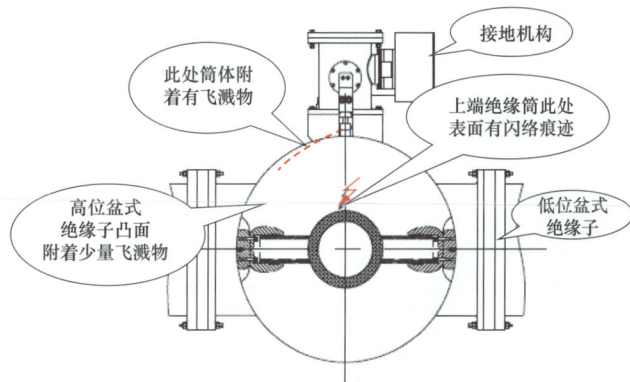

图 2-62　从横截面观察闪络部位示意图

图 2-63　上端绝缘筒表面闪络痕迹

3. 返厂解体情况

（1）检查情况。故障隔离开关于 12 月 22 日在厂内拆解，发现上部绝缘筒表面有大面积闪络痕迹，绝缘筒高、低压侧屏蔽有烧蚀，拆解情况总结如下。

1）绝缘筒高压侧与低压侧屏蔽存在局部烧蚀痕迹，高压侧屏蔽烧蚀较重且烧蚀范围略窄，低压侧屏蔽烧蚀较轻且范围略宽，如图 2-64 所示。

图 2-64　绝缘筒高压、低压侧屏蔽烧蚀情况

图 2-65　绝缘筒表面闪络痕迹

2）绝缘筒表面闪络面积（痕迹）约占绝缘筒外圆柱面积一半左右。高电位侧略窄，低电位侧略宽，如图 2-65 所示。

3）绝缘筒外圆柱表面存在大面积黑色碳化痕迹，但无可视放电通道。

4）绝缘筒内壁无放电痕迹。

5）检查绝缘盆子、绝缘拉杆均未发现异常。

6）罩焊装 8♯取样点位置局部（面积 10mm×10mm）漆层消失，且该局部表面黏附有疑似结晶物（待详细分析），颜色发白，如图 2-66 所示。

7）隔离开关筒体内有大量白色分解物（粉状物）。

8）放电部位对应的筒体内壁有放电飞溅物。

9）安装螺栓均未发现松动等异常现象。

（2）取样分析情况。将来自故障隔离开关内部烧蚀物、放电分解物、罩焊装白色疑似结晶物等 10 个部位的异物进行取样分析，取样位置如图 2-67 所示。

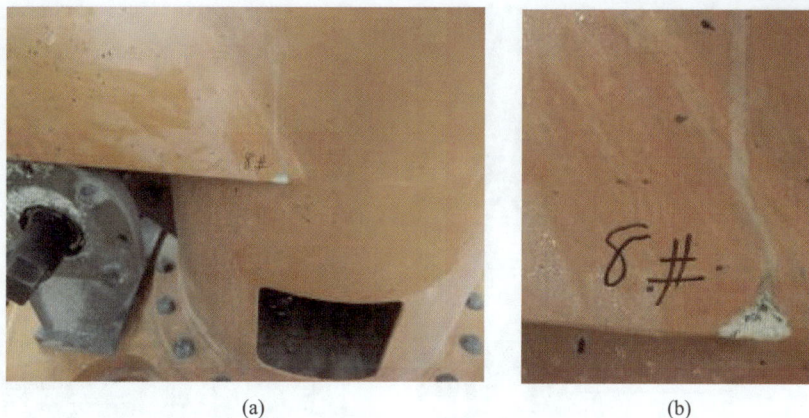

(a)   (b)

图 2-66　罩焊装 8♯取样点位置

（a）取样点整体图；（b）取样点放大图

图 2-67　各取样点位置示意图

C、F、O、Al、Fe、Si、Zn 为隔离开关中 SF_6 气体、绝缘筒受电弧作用后形成的氟化物、硫化物、氧化铝等粉尘，P、Na 元素与罩焊装磷化层以及清洗剂材料成分相符（磷化层成分为磷酸二氢锌、磷酸等，清洗剂成分为磷酸钠等），罩焊装在清洗剂除油后进行磷化，清洗剂应无残留，但分析显示 Na 元素占比例较大，属非正常现象，如图 2-68 所示。

根据以上成分分析结果显示，除 8♯取样物显示出非正常元素（P、Na）外，其他取样物成分均未发现异常。8♯取样位置位于放电位置上方，处于罩焊装三角焊缝位置，出现了白色疑似结晶体及漆层脱落等异常现象，如图 2-69 所示。

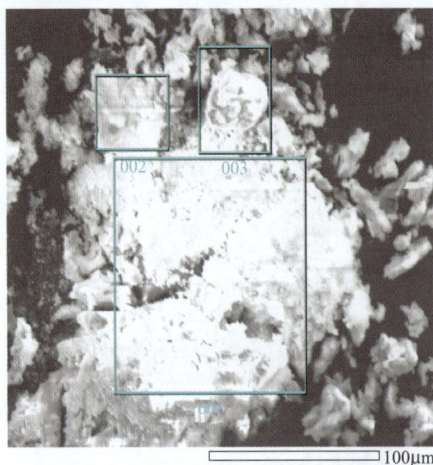

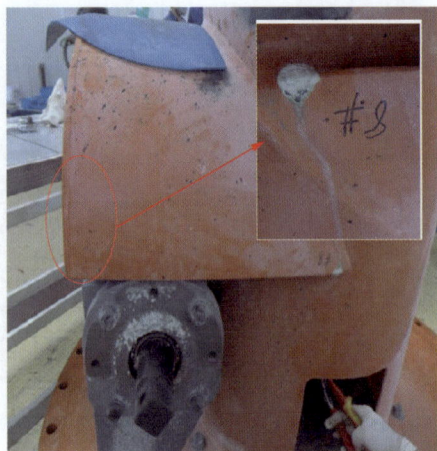

Mass &												
	C	O	F	Na	Mg	Al	Si	P	S	Fe	Zn	Total
001	8.13	1.49	60.55	6.08	0.58	14.06	3.67		0.44	2.75	2.26	100.00
002	18.60	7.40	48.02	0.98	0.38	7.28	0.94	1.03	1.02	7.64	6.71	100.00
003	11.20	3.91	53.17	8.41		4.97	5.01	0.44	0.87	6.30	5.71	100.00

图 2-68　8♯取样物（罩焊装起皮漆层及白色疑似结晶体）

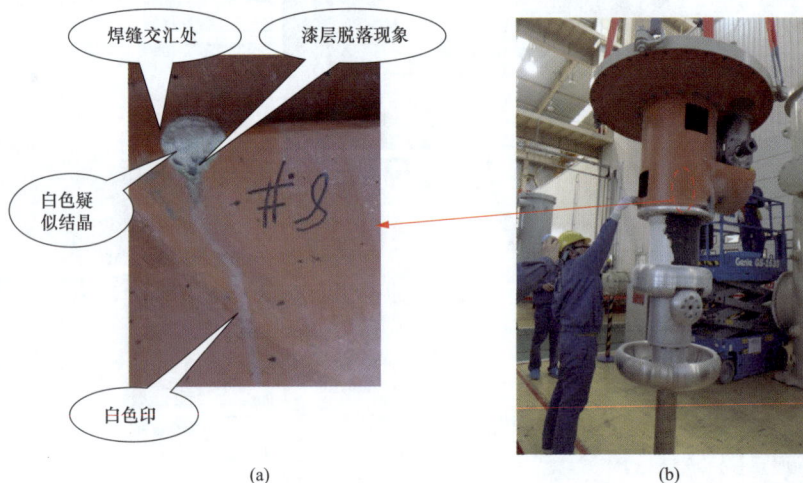

图 2-69　8♯取样位置描述

（a）取样点局部图；（b）8♯取样点所在位置

1）剥离白色疑似结晶体。剥离白色疑似结晶体，罩焊装焊缝表面的磷化层露出，未发现腐蚀。清理干净后对焊缝表面进行着色探伤，可发现着色剂有渗透现象，判断此处焊缝存在焊接缺陷，如图 2-70 所示。

2）对焊缝进行打磨，可发现内部存在明显的气孔缺陷，如图 2-71 所示。

4. 故障原因分析

（1）本次故障的原因为异物导致高压屏蔽对低压屏蔽击穿放电，气隙放电过程殃及绝缘筒外表面。通过对 8♯取样位置的检查分析，确定导致本次击穿故障的异物来源于罩焊装处的脱落漆层。

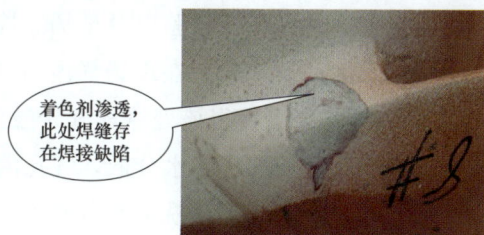

着色剂渗透，
此处焊缝存
在焊接缺陷

图 2-70　打磨后进行着色探伤

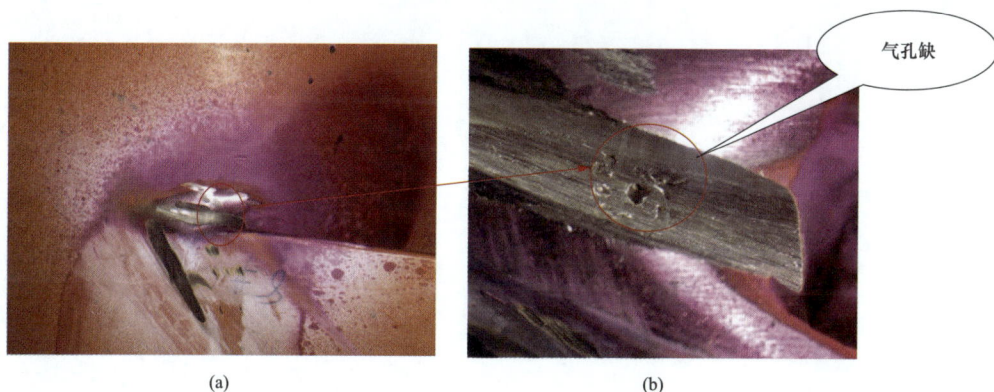

气孔缺

(a) 　　　　　　　　　　　　　　　　(b)

图 2-71　继续打磨后发现的气孔缺陷

(a) 缺陷部位；(b) 缺陷部位放大发现气孔

（2）该隔离开关罩焊装是由主筒体与半圆弧形板焊接而成的。半圆弧形板由板材滚圆加工后切割相贯线形成，该位置是焊接的收弧或起弧位置，同时也是两侧焊缝的交汇部，焊接作业存在一定难度，如操作不当，可能形成焊接气孔缺陷。推测此罩焊装在焊接过程中操作不当，焊缝交汇处出现气孔缺陷，厂内对该罩焊装进行着色探伤检查时，因焊缝缺陷较小，未引起检查人员注意，导致该罩焊装下转至下道工序，如图 2-72 所示。

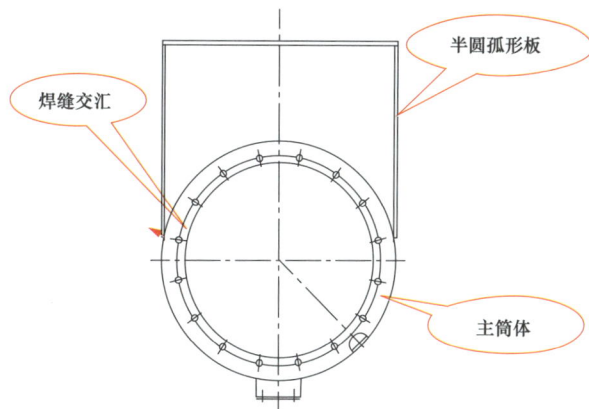

半圆弧形板

焊缝交汇

主筒体

图 2-72　罩焊装焊接示意图

（3）根据 8♯取样物成分检测结果显示含 P、Na 元素的情况，推测可能是罩焊装在磷化前使用除油清洗剂（含磷化钠）进行浸泡清洗时，清洗剂通过焊缝缺陷处渗入焊缝内部

气孔内。之后转至涂漆工序、装配工序。在厂内装配、试验以及现场点检过程中，因此处已完成涂漆，外观无异常，因此未能目视发现。隔离开关在现场气体抽真空过程中，气室内为负压，焊缝气孔内部为正压，在压力差作用下使得该处漆皮开始鼓包。产品运行后，通流使得隔离开关气室内温度升高，而且气室内 SF_6 气体水分低，气孔内残留清洗剂水分高，水分压力差使得残留清洗剂开始向外渗出。渗出后清洗剂水分蒸发，残留结晶盐及白色印记。随着白色结晶形成漆层起皮，直至脱落。

3.1 超声波局部放电检测技术

3.1.1 超声波局部放电检测技术概述

超声波检测法是一种利用声信号检测 GIS 设备内部局部放电的方法。由于局部放电往往伴随分子微粒的碰撞，使周围气体压力突变，形成强大"振源"而产生超声波脉冲，能够传播至腔体外，因此不需要事先将超声波传感器放置于 GIS 内部，这样既避免了使 GIS 制造和安装流程变得复杂，也不会对 GIS 设备的工作运行造成障碍。超声波检测法的优点是超声波脉冲的频率覆盖可达 20～200kHz，只要通过信号辨识方法滤除噪声，不容易混杂其他电磁干扰信号。超声波检测法的缺点是声信号在空气和绝缘子中传播会有较大的衰减，如果 GIS 内局部放电信号比较小，则其所产生的超声波信号幅值也会比较小，当到达超声波传感器处时可能不能达到其能检测的最低幅值。经过长期的研究，基本确认该检测方法对金属微粒及"尖突"缺陷引起的局部放电较为敏感，只是难以发现绝缘子缺陷引起的局部放电，但结合设备结构沿固体传播路径有时可以检测出超声波信号。

3.1.2 超声波局部放电检测技术基本原理

1. 超声波信号物理特性

（1）声波的运动。声音以机械波的形式在介质中传播。当声波从一种媒介传播到另一种具有不同密度或弹性的媒介时，就会发生反射和折射现象。当两种媒介声阻抗相差很大时，只有小部分垂直入射波可以穿过界面，其余全部被反射回原来的媒介中。声波以一定角度倾斜入射时，会产生折射现象。与其他所有的波一样，声波在遇到拐角或障碍物时也会发生衍射现象。当波长与障碍物尺寸相差不大或远大于障碍物尺寸时，衍射效果非常明显；但是当波长远小于障碍物尺寸时，几乎不会发生衍射现象。

（2）声波的阻抗和强度。声波在气体中的传播速度是由状态方程决定的，液体速度是由该液体的弹性决定的，固体则是由胡克定律决定的。对于平面波，声的压强和颗粒速度的比被称为声阻抗，也被称为介质特征阻抗。声阻抗和电阻抗类似，当压强和速度异相的时候也可以是复数。声波强度是指单位时间内通过介质的声波能量，其单位为 W/m^2，在实际应用中，声波强度也常用分贝（dB）来度量。

（3）声波的传播和衰减。声波在媒质中传播会产生衰减，导致衰减的原因有很多，如波的扩散、反射和热传导等。在气体和液体中，波的扩散是衰减的主要原因；而在固体中分子的撞击把声能转变为热能散失是衰减的主要原因。理论上，若媒介本身是均匀无损耗

的，则声压与声源距离成反比，声强与声源距离的平方成反比。声波在复合媒质中传播时，在不同媒质的界面上会产生反射，声波穿透媒质后变弱。当声波从一种媒质传播到声特性阻抗不匹配的另一种媒质时会有很大的界面衰减。两种媒质的声特性阻抗相差越大，造成的衰减就越大。声波在传播中的衰减还与声波的频率有关，频率越高衰减越大。在空气中声波的衰减约正比于频率的二次方和一次方的差；在液体中声波的衰减约正比于频率的二次方；而在固体中声波的衰减约正比于频率。纵波在不同材料中传播时的衰减情况见表 3-1。

表 3-1   超声波在不同介质中的传播速度和衰减情况

介质	测量频率（kHz）	纵波速度（m/s）	衰减（dB/m）
空气	50	343	0.98
SF_6	40	133	26.0
矿物油	—	1400	—
油纸	—	1420	—
铝	10000	6300	9.0
铜	10000	4700	—
钢	10000	6000	21.5
环氧树脂	—	2400～2900	

大部分气体对声波的吸收作用非常小，但是对于在某些条件下的某些气体，如 SF_6，吸收作用对于能量的衰减意义重大。吸收作用与频率的平方成正比，并与静压力成反比。在空气中，吸收作用主要由空气的湿度来决定。

2. 超声波信号分析

目前，电力设备超声波局部放电信号诊断分析主要采用 AIA 系列局部放电检测仪，当其内部存在异常微粒放电时，主要通过检查图谱的连续模式、相位模式以及飞行时间，对颗粒的位置、大小、起跳高度进行诊断。

（1）连续模式。连续检测模式是局部放电超声波检测法应用较为广泛的一种检测模式。该模式主要用于快速获取被测设备信号特征，具有显示直观、响应速度快的特点，因此超声波局部放电带电检测的巡检过程主要采用该种模式，相应的连续检测模式图谱如图 3-1 所示。

根据图 3-1 可知连续检测模式的检测参数通常包括被测信号在一个工频周期内的有效值、周期峰值以及被测信号 50Hz（频率成分 1）、100Hz（频率成分 2）的频率相关性，通过不同参数值的大小组合可以初步判断被测设备是否存在异常局部放电以及可能的放电类型。

（2）相位模式。由于局部放电信号的产生与工频电场具有相关性，因此可以将工频电压作为参考量，通过观察被测信号的发生相位是否具有聚集效应来判断被测信号是否因设备内部放电引起。当连续检测模式中频率成分 1 或频率成分 2 较大时，可以进行相位模式，对信号的相位分布进行检测，相应的相位检测图谱如图 3-2 所示。

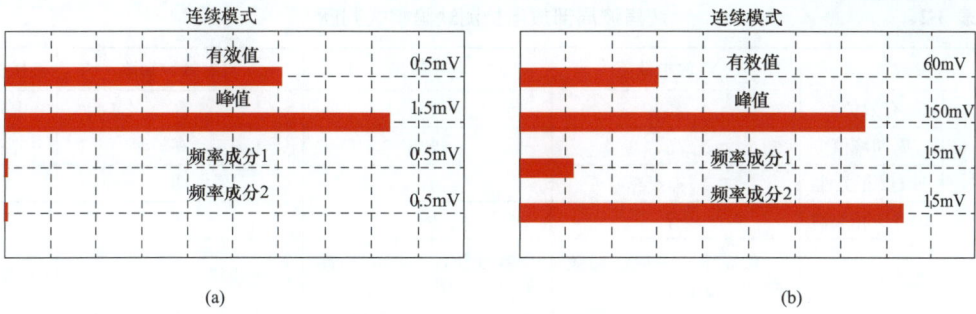

(a)   (b)

图 3-1　超声波连续模式图谱

（a）跳动颗粒连续模式图谱；（b）固定颗粒连续模式图谱

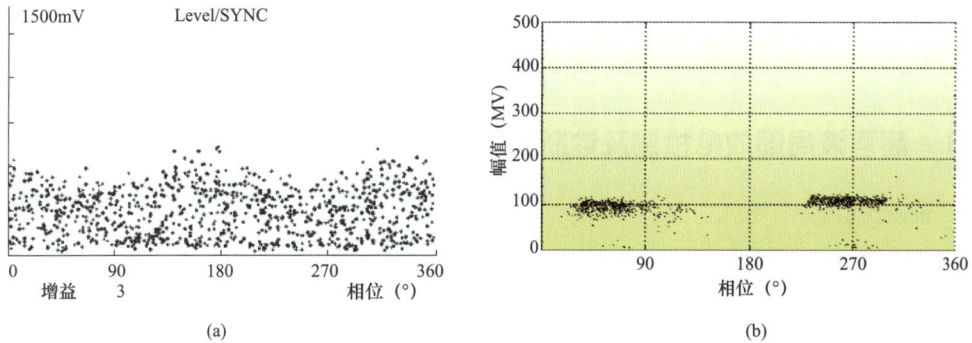

(a)   (b)

图 3-2　超声波相位模式图谱

（a）跳动颗粒相位图谱；（b）固定颗粒相位图谱

　　该模式主要用于进一步确认异常信号的相位信息，以便判断异常信号是否与工频电压存在相关性，进而判断异常信号是否为放电信号以及潜在的放电类型。

　　（3）飞行时间。当通过连续模式、相位模式判断设备内部疑似缺陷为自由颗粒缺陷时，应通过飞行图谱进行诊断分析，排除外界振动干扰信号，给出缺陷的起跳程度，以便进行缺陷的危险程度划分。相应的脉冲模式检测图谱如图 3-3 所示。

　　该模式主要用于对自由微粒缺陷的进一步确认。微粒每碰撞壳体一次，就发射一个宽带瞬态声脉冲，它在壳体内来回传播。这种颗粒的声信号是颗粒端部的局部放电和颗粒碰撞壳体的混合信号。脉冲模式可以记录微粒每次碰撞壳体时的时间和产生的脉冲幅值，并以"飞行图"的形式显示出来。

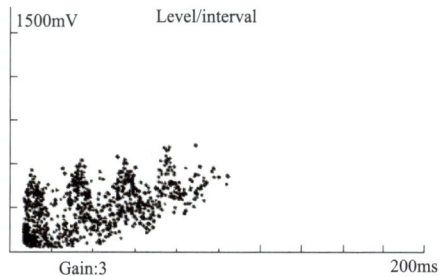

图 3-3　超声波飞行图谱

　　除上述连续检测模式、相位检测模式以及飞行检测模式外，常用的检测模式还包括时域波形检测模式、特征指数模式等，各模式下对应的缺陷判断依据参考表 3-2。

表 3-2　超声波局部放电检测缺陷模式判断

参数		悬浮放电缺陷	电晕缺陷	自有颗粒缺陷	机械振动
续检测模式	有效值	高	较高	高	高
	周期峰值	高	较高	高	高
	50Hz 相关性	有	有	弱	无
	100Hz 相关性	有	弱	弱	无
相位检测模式		有规律，一周波两簇信号，幅值相当	有规律，一周波一簇大信号一簇小信号	无规律	有规律
时域波形检测模式		有规律，存在周期性脉冲信号	有规律，存在周期性脉冲信号	有规律，存在周期不等的脉冲信号	无
飞行检测模式		无规律	无规律	三角驼峰形状	无
特征指数检测模式		有规律，波峰位于整数征值处，且特征指数1＞特征指数2	有规律，波峰位于整数征值处，且特征指数2＞特征指数1	无规律，波峰位于整数处，且特征指数2＞特征指数1	无

3.1.3　超声波局部放电检测及诊断方法

1. 检测方法

（1）操作流程。目前，超声波局部放电带电检测设备有 PDS-T90 局部放电检测仪、EC4000P 局部放电巡检仪以及 AIA 系列超声波局部放电检测仪。尽管采用的设备不同，但其检测方法、检测流程遵循 Q/GDW 11059.1《气体绝缘金属封闭开关设备局部放电带电测试技术现场应用导则　第1部分：超声波法》的原则，超声波局部放电带电检测遵循图 3-4 所示的基本流程。

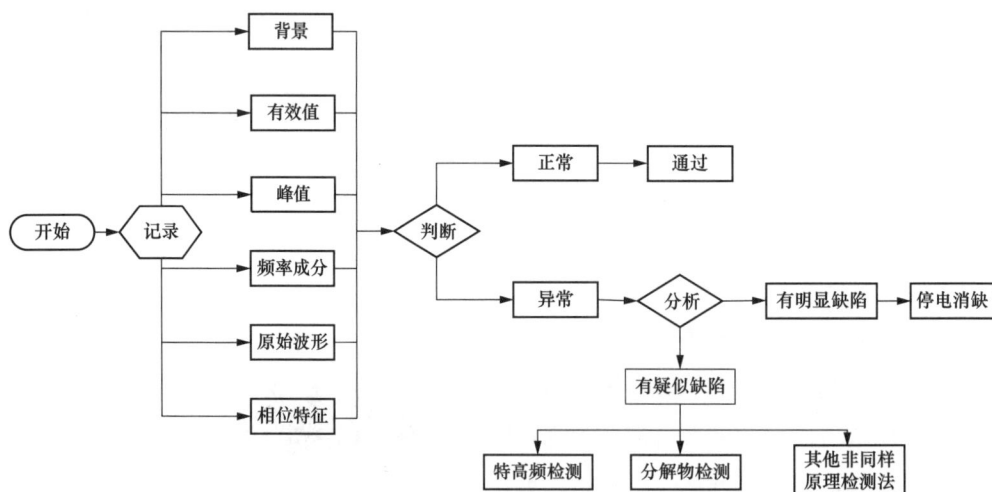

图 3-4　超声波局部放电检测基本流程

在检测开始前，通过对背景信号和检测点超声波信号有效值、峰值、频率相关性、相位及原始波形的测定，判断是否正常。如果有异常信号，则进一步分析确认所检测的设备是否存在明显缺陷，确定缺陷的原因和位置；对于疑似缺陷、间歇性或不稳定的异常信号，可以利用其他不同检测手段进行辅助检测或者采用间歇性局部放电系统进行跟踪分析。

超声波局部放电检测工作流程如图 3-5 所示，超声波局部放电带电检测一般包括检测前的准备、检测点选择、背景检测、信号普测、初步定位、信号详测、信号确诊及分析报告等环节。

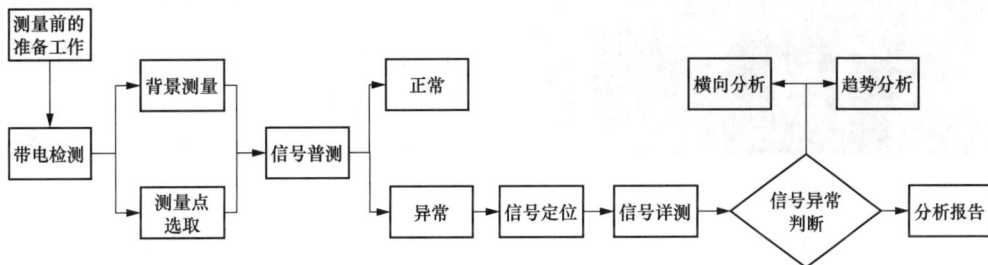

图 3-5　超声波局部放电检测工作流程

1）检测前的准备工作。检测前应检查仪器的完备性，设定仪器的试验参数，确保仪器的内部电池电量充足，确认超声硅脂等部件齐全以及传感器性能良好。

2）检测点的选择：根据不同电力设备的内部结构，确定各个检测点。由于超声波信号衰减较快，因此在检测时两个检测点之间的距离不宜大于 3m。

3）背景检测：检测现场空间干扰较小时将传感器置于空气中，仪器所测得的数值即为背景值；检测现场空间干扰较大时将传感器置于待测设备基座上，仪器所测得的数值即为背景值；而在信号确诊和准确定位时宜将传感器置于临近的正常设备上，仪器所测得的数值即为背景值。

4）信号普测：将超声波传感器平稳地放在设备外壳的各检测点上，待信号稳定后，观察信号情况 10s 以上。检测中要避免传感器的抖动，避免测试人员的衣物、信号电缆和其他物体与待测电力设备的外壳接触或摩擦。在检测过程中，如果观察到表 3-3 中的一些间歇性没有规律的异常信号，即可以判断为疑似缺陷。

表 3-3　　　　　　　　　　　　超声波局部放电检测疑似缺陷判断依据

判断依据	背景	测试数据
周期峰值/有效值	M 值	间歇性闪烁
50Hz 相关性	无	无或间歇性闪烁
100Hz 相关性	无	无或间歇性闪烁
时域波形	无	偶尔有异常脉冲
相位	无	无或有
特征指数	无规律	整数特征指数有尖峰，但不明显

5）信号定位：超声波法局部放电定位有幅值定位和时差定位两种方法。幅值定位是根据超声波信号的衰减特性，利用峰值或有效值的大小定位；时差定位是根据超声波信号到达传感器的时差，通过联立球面方程或双曲面方程组计算空间坐标，进行精确定位。在实际应用中，幅值方法主要用来初步定位，时差定位用于精确定位。

图 3-6　外置局部放电传感器固定方式

6）信号详测：在发现有可疑超声波信号的部位后，应进行定位并对该部位进行详细检测，此工作必须使用传感器固定装置，必要时增加测点检测，相应的固定方法如图 3-6 所示。详测时应记录并存储信号时间分辨率与电源周波频率相当的超声波信号时域波形，以便于准确分析。

7）信号异常处理与分析：在电力设备检测到超声波局部放电信号异常时，应进行短期的在线监测或其他方法的检测，如特高频检测、绝缘介质电/热分解的成分分析、温度检测、X 射线成像检测等手段，并加以综合分析。

（2）不同设备超声波局部放电检测。GIS 内部发生局部放电时，伴随有超声波信号的产生。通过在 GIS 外部安装超声波传感器，接收 GIS 内部放电产生的超声波信号，可以间接判断 GIS 是否有放电现象。该方法的检测频率一般在 100kHz 范围内，对 SF_6 气体中的颗粒跳动、尖端放电、悬浮电位、异物和连接不良比较灵敏，但对于绝缘件内部空隙、裂缝等缺陷灵敏度较低。

2. 诊断方法

（1）异常检测。局部放电是很复杂的物理现象，用单一表征参数很难全面描述，所以在诊断中应尽量对各种放电谱图进行全面分析，以减少误判。超声波局部放电缺陷诊断的主要依据是信号水平、频率相关性、相位分布和特征指数，同时也可以参考时域波形。超声波异常信号分析宜采用典型波形的比较法、横向分析法和趋势分析法。典型波形比较法是综合考虑现场干扰因素后，获得真正代表设备内部异常的超声波信号与典型波形图库进行比较；横向分析法即将疑似缺陷部位的信号和设备相邻区域信号或其他相别相同部位信号进行比较，确定是否有明显异常信号；趋势分析法将疑似缺陷部位的信号与历史数据相比较，查看是否有明显的增长发展趋势。异常信号分析时应综合考虑工况因素的影响。

（2）判断依据。正常情况下的判断依据。背景和检测点所测超声波信号的周期峰值、有效值、50Hz 相关性、100Hz 相关性、相位分布、特征指数分布及时域波形的差异，满足表 3-4 的所有标准即为正常，任何一项参数不满足均可判定为异常。

表 3-4　　　　　　　　　　超声波局部放电检测异常判断依据

判断依据	背景	测试数据
周期峰值/有效值	M 值	$\Delta M < 10\%$
50Hz 相关性	无	无
100Hz 相关性	无	无
相位分布	无规律	无规律
特征指数分布	无规律	无规律
时域波形	无异常脉冲	无无异常脉冲

根据背景和检测点所测超声波信号的周期峰值、有效值、50Hz 相关性、100Hz 相关性、相位分布、特征指数及时域波形的差异，几种不同缺陷类型的判断标准见表 3-2，相应的判断流程如图 3-7 所示。

（3）缺陷诊断。当被测设备内部存在自由金属微粒缺陷时，在高压电场作用下，金属微粒因携带电荷会受到电动力的作用，当电动力大于重力时，金属微粒即会在设备内部移动或跳动。但是，与悬浮电位缺陷、电晕缺陷不同的是，自由金属微粒产生的超声波信号主要由运动过程中与设备外壳的碰撞引起，而与放电关联较小，如图 3-8 所示。

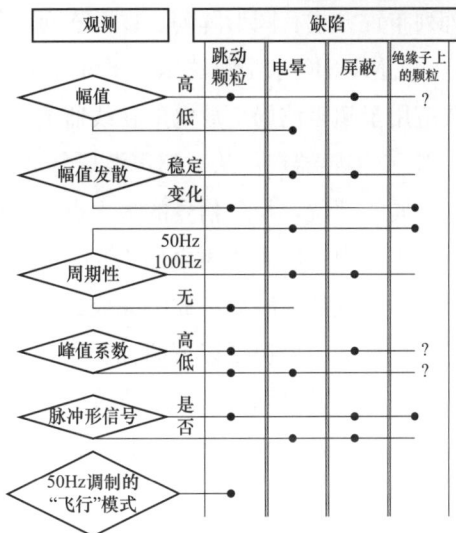

观测		缺陷			
		跳动颗粒	电晕	屏蔽	绝缘子上的颗粒
幅值	高			●	?
	低		●		
幅值发散	稳定			●	
	变化	●			●
周期性	50Hz / 100Hz		●	●	●
	无	●			
峰值系数	高			●	?
	低		●		?
脉冲形信号	是	●		●	●
	否		●		
50Hz调制的"飞行"模式		●			

图 3-7 超声波局部放电检测缺陷识别流程

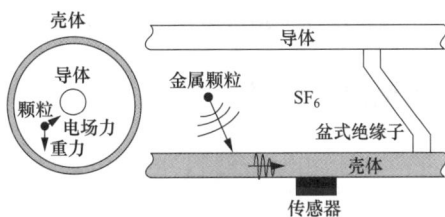

图 3-8 自由颗粒放电超声波局部放电检测示意图

由于金属微粒与外壳的碰撞取决于金属微粒的跳跃高度，其碰撞时间具有一定随机性，因此在开展局部放电超声波检测时，该类缺陷的相位特征不是很明显，即 50、100Hz 频率成分较小。但是，由于自由金属微粒通过直接碰撞产生超声波信号，因此其信号有效值及周期峰值往往较大。此外，在时域波形检测模式下，检测谱图中可见明显脉冲信号，但信号的周期性不明显。

（4）放电源定位。放电源的准确定位能够极大地方便缺陷的查找及放电类型的诊断，提高检修工作效率，放电源的定位往往和干扰信号的排除综合进行。超声波法的主要定位方法有幅值比较法、时差法、定相法、声电联合定位法等，依据传感器数量可以分为多传感器定位法与单传感器定位法，下面主要介绍多传感器定位法与单传感器定位法。

1）多传感器定位法。超声波局部放电多传感器定位法主要有声电联合定位法以及超声波局部放电阵列定位法，声电联合定位方法需 2～3 个超声波传感器及一个特高频传感器，基于声电信号的时延关系及声信号与电信号之间的速度差异完成局部放电源的定位。定位过程中以电信号为触发源，通过求解球面方程最终完成局部放电源的定位，该种定位方法较传统的特高频定位法以及下文的声电组合定位法精度高。超声波局部放电阵列定位法主要通过超声波阵列传感器的布置以及相应的算法进行定位，目前工程应用中比较常用

的阵列布置方式有圆形阵列、L 形阵列、菱形阵列等几种，相应的求解方法有 Capon 最小方差法、MUSIC 求根算法以及 ESPRIT 算法等，该种定位方式较声电联合定位方法复杂，主要应用于超声波局部放电的在线监测，在带电检测过程中鲜有应用。

2）单传感器定位法。超声波局部放电单传感器定位法通过移动超声波传感器，测试气室不同的部位，找到信号的最大点，对应的位置即为缺陷点。受超声波信号衰减速度的影响，工程中一般采用声电组合的方式完成定位，即以特高频局部放电信号进行一次定位，之后通过超声波局部放电完成二次定位，该种定位方式较声电联合式定位精度低，相应的定位方法主要包括以下两种。

方法一：通过调整测量频带的方法，将带通滤波器测量上限频率从 100kHz 减小到 50kHz，如果信号幅值明显减小，则缺陷应在壳体上；如果信号水平基本不变，则缺陷位置应在中心导体上。

方法二：如果信号水平的最大值在 GIS 罐体表面周线方向的较大范围出现，则缺陷位置应在中心导体上；如果最大值在一个特定点出现，则缺陷应在壳体上。

3.2　特高频局部放电检测技术

3.2.1　特高频局部放电检测技术概述

GIS 发生局部放电时内部会有脉冲电流通过，脉冲电流法就是通过检测脉冲电流在试验回路阻抗上的电压来检测局部放电。而通过观察，当 SF_6 气体局部被击穿，由于周围气体绝缘能力并未完全破坏，会有很陡的脉冲电流产生在较小的区域且时间很短。根据电磁波理论，由脉冲电流所感应的电磁波将迅速向周围传播，且频率十分高。因此，超高频（UHF）检测法即是通过检测脉冲电流产生的高频电磁波来检测局部放电的。由于这种高频信号十分明显，只要设置合适的天线就能捕捉到，因此超高频检测法的灵敏度相当高。提高的灵敏度的弊端是降低准确度。天线不仅对于 GIS 局部放电产生的高频信号敏感，而且对于环境中其他高频电磁波同样敏感，这就使检测结构遭到严重的噪声干扰。目前对于这个问题的解决办法是将超高频传感器放置在 GIS 内，利用 GIS 外壳屏蔽外部干扰。显然这也为 GIS 设计和制造带来了不便。另外，超高频检测法还有一个好处是可以对 GIS 局部放电的位置进行定位，这是前述脉冲电流法不能实现的。

3.2.2　特高频局部放电检测技术基本原理

1. 特高频局部放电原理

GIS 中的局部放电电流脉冲具有极陡的上升沿，其上升时间为纳秒级，可以激发起高达数 GHz 的电磁波，在 GIS 腔体构成的同轴结构中传播。由于 GIS 的同轴结构，使得电磁波不仅以横向电磁波传播，而且还会建立高次模波，即横向电波和横向磁波。TEM 波为非色散波，它可以以任何频率在 GIS 中传播，但当频率 $f > 100MHz$ 时，沿传播方向衰减很快，而 TE 波和 TM 波则不同，它们具有各自的截止频率 f_c。f_c 与 GIS 的

尺寸有关，GIS 截面积越大，f_c 越低。信号频率 $f < f_c$ 时，信号迅速衰减，不能传输；当 $f > f_c$ 时，信号基本上可以无损耗地传输。同时，GIS 母线连接腔在特高频波段可视为同轴谐振腔，电磁波的谐振持续时间一般在数十微秒级，最长可达 10ms 以上。GIS 内部有高压导体、接头、屏蔽、盆式绝缘子等部件，其结构有直筒、L 型分支、T 型分支，再加上局部放电发生的位置各不相同，所以 GIS 中电磁波的传播与谐振模式非常复杂。

GIS 中局部放电产生持续时间仅为纳秒级的脉冲电流。当高压导体上有针状突出物时，因 SF_6 气体中负离子释放电子而不需要依靠场致发射电子，通常会发生脉冲放电。根据现场设备情况的不同，可以采用内置式特高频传感器和外置式特高频传感器，GIS 外置特高频检测法基本原理如图 3-9 所示。

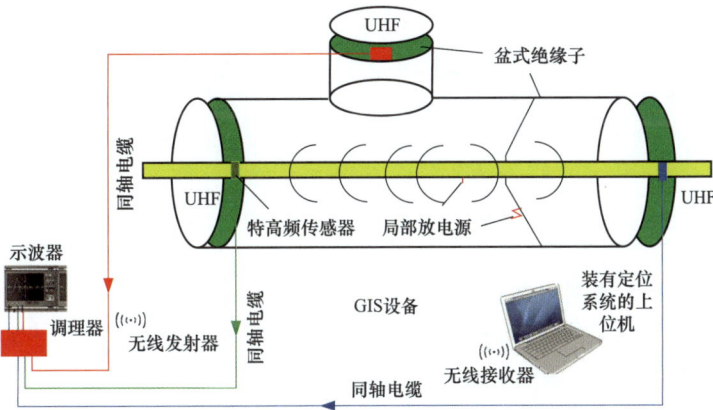

图 3-9 GIS 外置特高频传感器局部放电检测图

当因设备内部绝缘缺陷发生局部放电时，激发出的电磁波会透过盆式绝缘子等非金属部件传播出来，便可以通过外置式特高频传感器进行检测。同理，若采用内置式特高频传感器，则可以直接从设备内部检测局部放电激发出来的电磁波信号。

特高频法检测的对象是局部放电产生的电磁波信号。但由于受 GIS 结构的影响，局部放电激励的电磁波信号在 GIS 中传播到特高频传感器时信号的波形与幅值等参数发生变化，从而增加了通过检测信号对局部放电源进行评估的复杂性。当 GIS 内部存在局部放电现象时，所产生的特高频电磁波能够沿着 GIS 的管体向远处传播。由于 GIS 的管体结构类似于波导，特高频电磁波在传播时的衰减比较小，因此能够传播到较远的距离，通过在 GIS 体外的盆式绝缘子处安放外置式传感器，则可以检测到 GIS 内部的特高频局部放电信号。但是 GIS 波导壁为非理想导体，电磁波在 GIS 内部传播过程中会有功率损耗，因此电磁波的振幅将沿传播方向逐渐衰减。并且 GIS 中 SF_6 气体将会引起波导体积中的介质损耗，也会造成波的衰减，由于这种衰减比信号在绝缘子处由于反射造成的能量损耗低得多，因此一般在进行测量时可以不考虑这种衰减。

GIS 有许多法兰连接的盆式绝缘子、拐弯结构和 T 型接头、隔离开关及断路器等不连

续点，特高频信号在 GIS 内传播过程中经过这些结构时必然造成衰减。绝缘子和接头处的反射是导致信号能量损失的主要原因，绝缘子处衰减 2～3dB，T 型接头衰减约为 8～10dB。电磁波信号经过单个绝缘子时绝缘子对信号衰减较大，信号中 700MHz 以下的分量衰减较小，700MHz 以上其衰减有随频率升高而增大的趋势。而由绝缘子泄漏的电磁波信号衰减更为严重，特别是 1GHz 以下的分量严重衰减，相当于高通滤波器的作用。局部放电激励的电磁波信号经过第一个绝缘子时由于色散效应、反射及泄漏等影响衰减较大，达 7.1dB，而后电磁波信号经过后面的绝缘子衰减变得较小。经过 6 个绝缘子后的信号与发生局部放电气室中的信号相比只有其 10%，即衰减达 20dB。电磁波信号经过 GIS 各不连续部件时衰减特性的仿真分析结果见表 3-5。

表 3-5　　　　　　　　　　电磁波信号经过 GIS 中各部件后的衰减特性　　　　　　　　单位：dB

部件参数	电磁波经过多个绝缘子的衰减			电磁波经过 L 分支后的衰减	电磁波经过 T 分支后的衰减	
	第一个绝缘子	第二个绝缘子	第三个绝缘子		直线部分	垂直部分
信号幅值	7.1	3.2	2.6	8.0	6.9	10.5
400MHz 低通滤波信号幅值	1.5	1.4	1.6	0.9	3.9	4.9
信号能量	16.9	6.6	8.5	25.1	14.9	19.1

2. 特高频局部放电检测系统

（1）检测装置组成。由图 3-9 所示的 GIS 外置特高频传感器局部放电检测图知，特高频局部放电带电检测装置主要由以下几部分组成。

1）特高频传感器：用于传感 300～3000MHz 的特高频无线电信号，其主要由天线、高通滤波器、放大器、耦合器和屏蔽外壳组成，天线所在面为环氧树脂，用于接收放电信号，其他部分采用金属材料屏蔽，以防止外部信号干扰。特高频传感器的检测灵敏度常用等效高度 H 来表征，单位为 mm。其计算方法为 $H=U/E$，其中：U 为传感器输出电压，单位为 V；E 为被测电场，单位为 V/mm。

2）信号调理器：一般为宽带、带通放大器，用于传感器输出电压信号的处理和放大。通常信号放大器的性能用幅频特性曲线表征，一般情况下在其通带范围内放大倍数为 17dB 以上。

3）检测仪器主机：接收、处理特高频传感器采集到的局部放电信号。对于电压同步信号的获取方式，通常采用主机电源同步、外电源同步以及仪器内部自同步三种方式，获得与被测设备所施电压同步的正弦电压信号，用于对局部放电检测谱图的显示与局部放电源放电类型的诊断。

4）分析主机：安装专门的局部放电数据处理及分析诊断软件，对采集的数据进行处理，识别放电类型、判断放电强度。特高频传感器负责接收电磁波信号，并将其转变为电压信号，再经过信号调理与放大，由检测仪器主机完成信号的 A/D 转换、采集及数据处理工作，然后将预处理过的数据经过网线或 WiFi 等方式传送至分析诊断单元。

（2）检测频带。特高频局部放电检测技术根据检测频带的不同可分为窄带和宽带监测方式。特高频宽带监测系统利用前置的高通滤波器测取 300～3000MHz 频率范围内的信号；特高频窄带监测系统则利用频谱分析仪对特定频段信号进行监测，通过选择合适的中心频率能够有效提高系统抗干扰能力。空气电晕等产生的电磁干扰频率一般均较低，可用宽频方式对其进行有效抑制；而对特高频通信、广播电视信号，由于其有固定的中心频率，因而可用窄频方式将其与局部放电信号加以区别。

（3）数据处理。由于放电类型分析通常是由局部放电信号的峰值和时域工频相位所决定的，为了获得特高频信号峰值，采集装置不仅需要很高的采样率，并且需要记录大量的数据，但是巨大的信息量难以实时处理，因此可以利用检波器解决这个问题。它从高频载波信号中取出低频调制信号，将特高频成分滤除，而仅保留信号的幅值和相位信息，大大减少了数据量，实现了放电类型分析。但是检波后的波形发生了变化，无法根据检波信号利用时差法进行定位。因此，检波器通常都装在特高频局部放电分析仪主机内，而不是装在传感器内部。有的放大器具备两路信号输出功能，即输出未经检波器处理的原始信号以及检波器输出信号。

（4）特征谱图。分析主机上的分析诊断软件通过 PRPS、PRPD 实时显示数据，根据设定条件进行存储，可利用谱图库对存储的数字信号进行分析诊断，给出局部放电缺陷类型诊断结果。图 3-10 所示为典型的 PRPS 与 PRPD 局部放电检测图谱。

PRPS 图谱是分析主机的一种实时三维图，一般情况下 x 轴表示相位，y 轴表示信号周期数量，z 轴表示信号强度或幅值。PRPS 图谱是特高频法局部放电类型识别最主要的分析谱图，如图 3-10（a）所示。PRPD 图谱是一种平面点分布图，点的横坐标为相位、纵坐标为幅值，点的累积颜色深度表示此处放电脉冲的密度，根据点的分布情况可判断信号主要集中的相位、幅值及放电次数情况，并根据点的分布特征对放电类型进行判断。PRPD 谱图也是特高频法局部放电类型识别常用的分析谱图，如图 3-10（b）所示。

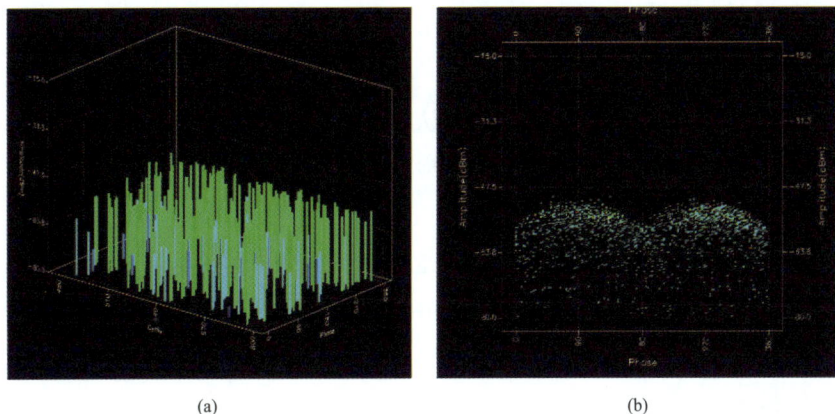

(a)   (b)

图 3-10　自由颗粒放电特高频图谱

(a) PRPS 图谱；(b) PRPD 图谱

3.2.3 特高频法局部放电检测及诊断方法

1. 特高频局部放电检测流程

在采用特高频法检测局部放电的过程中,应按照所使用的特高频局部放电检测仪操作说明,连接好特高频传感器、信号放大器、检测仪器主机、分析主机等部件,通过绑带将传感器固定在盆式绝缘子上,必要的情况下,可以接入信号放大器,设备连接如图 3-11 所示。

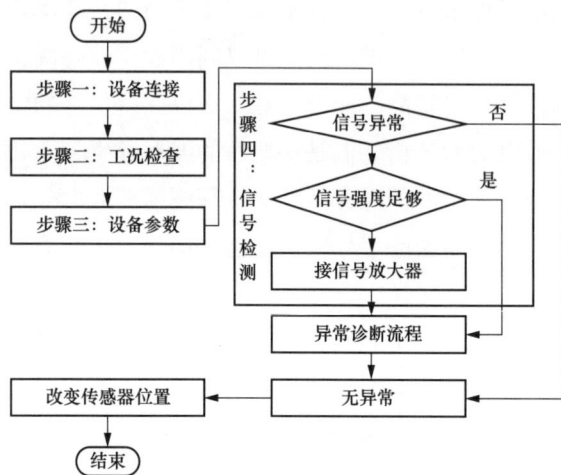

图 3-11 现场检测流程图

目前带电检测过程中常用的特高频检测设备包括 EC4000P 局部放电检测仪、PDS1500 局部放电检测仪等。尽管采用设备不同,但带电检测过程中特高频局部放电的检测方法、检测流程遵循 Q/GDW 11059.2《气体绝缘金属封闭开关设备局部放电带电测试技术现场应用导则 第 1 部分:特高频法的原则》,特高频局部放电带电检测遵循图 3-11 所示的基本流程。

(1)设备连接:按照设备接线图连接测试仪器各部件,将传感器固定在盆式绝缘子上,将检测仪器主机及传感器正确接地,分析主机、检测仪器主机连接电源,开机。

(2)工况检查:开机后,运行检测软件,检查检测仪主机,分析主机通信状况、同步状态、相位偏移等参数;进行系统自检,确认各检测通道工作正常。

(3)设置检测参数:设置变电站名称、检测位置并做好标注。根据现场噪声水平设定各通道信号检测阈值。

(4)信号检测:打开连接传感器的检测通道,观察检测到的信号。如果发现信号无异常,则保存少量数据,退出并改变检测位置继续下一点检测;如果发现信号异常,则延长检测时间并记录多组数据,进入异常诊断流程。必要的情况下,可以接入信号放大器。

2. 判断依据

(1)诊断流程。

自由金属微粒缺陷放电。该类缺陷主要由设备安装过程或开关动作过程产生的金属碎

屑引起。随着设备内部电场的周期性变化，该类金属微粒表现为随机性移动或跳动现象，当微粒在高压导体和低压外壳之间的跳动幅度加大时，则存在设备击穿危险，应予以重视。其典型 PRPS、PRPS 图谱以及绝缘放电图谱如图 3-12 和图 3-13 所示。

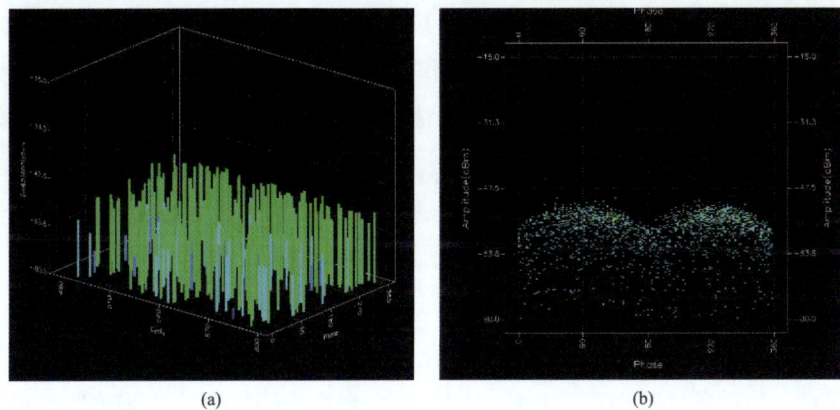

图 3-12　自由颗粒放电特高频图谱
(a) PRPS 图谱；(b) PRPD 图谱

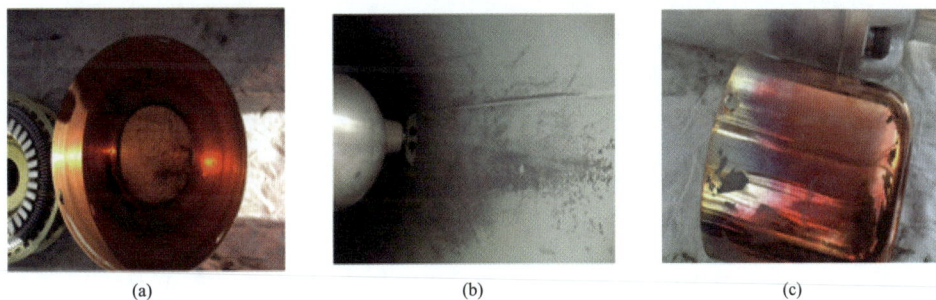

图 3-13　设备内自由颗粒放电解体图
(a) 局部一；(b) 局部二；(c) 局部三

由上图可知，自由颗粒放电，表现的特征是在一个工频周期上都有放电的信号，视在放电量的大小在上百或几百 pC。

1）排除干扰。在开始测试前，尽可能排除干扰源的存在，如关闭荧光灯、手机及对讲机等。

2）记录数据并给出初步结论。采取降噪措施后如果异常信号仍然存在，则需要记录当前测点的数据，给出一个初步结论，然后检测相邻的位置。

3）尝试定位。假如临近位置没有发现该异常信号，就可以确定该信号来自于 GIS 内部，可以直接对该信号进行判定。如附近都能发出该信号，则需要对该信号尽可能地定位。放电定位是重要的抗干扰环节，可以通过强度定位法或者借助其他仪器大概定出信号的来源。如果在 GIS 外部，则可以确定是来自其他电气部分的干扰；如果是在 GIS 内部，

就可以做出异常诊断。

4）对比谱图给出判定。一般的特高频局部放电检测仪都包含专家分析系统，可以对采集到的信号自动给出判定结果。

5）保存数据。

（2）放电源定位。放电源的准确定位能够极大地方便缺陷元件的查找及放电类型的诊断，提高检修工作效率，放电源的定位往往和干扰信号的排除综合进行。特高频法的主要定位方法有幅值比较法、时差定位法、定相法、三维空间定位法等，下面介绍幅值比较法、时差定位法和定相法。

1）幅值比较定位法。幅值比较法的基本思路是距离放电源最近的传感器检测到的信号最强。当在多个点同时检测到放电信号时，信号强度最大的测点可判断为最接近放电源的位置。幅值比较法的准确性往往受到现场检测条件的限制。当放电信号很强时，在较小的距离范围内难以观察到明显的信号强度变化，根据放电检测信号的幅值，因此使得精确定位面临困难。当设备外部存在干扰放电源时，也会在不同位置产生强度类似的信号，难以有效定位，同时也难以区分设备内部或外部的放电。

2）时差定位法。时差定位法的基本思路是距离放电源最近的传感器检测到的时域信号最超前。具体的时差定位适用于采用高速数字示波器的带电检测装置。将传感器分别放置在开关柜上四个相邻的测点位置即可计算得到局部放电源的具体位置，相应的时差表达式为

$$\Delta t_{i0} = t_i - t_j \tag{3-1}$$

式中　Δt_{i0}——检测信号与基准信号时间差；

　　　t_i、t_j——信号时延。

$$c\Delta t_{i0} = \sqrt{(x-x_i)^2 + (y-y_i)^2 + (z-z_i)^2} - \sqrt{(x-x_0)^2 + (y-y_0)^2 + (z-z_0)^2}$$

$$\tag{3-2}$$

式中　x_0、y_0、z_0——基准特高频传感器坐标；

　　　x_i、y_i、z_i——测量特高频传感器 S_ε 坐标；

　　　x、y、z——局部放电源坐标；

　　　　　　　c——电磁波信号在空气中的速度。

式（3-2）中双曲面方程组交点即为异常 PD 点位置。

3）定相法。定相法的基本思路是在三相均可检测到相似局部放电信号的情况下，时域信号的差异相即为放电源所在相别。定相法往往与幅值比较法综合应用：第一步是确定放电信号源是否唯一，具体做法是在同步信号不变的情况下分别检测设备三相的同一个位置，若其 PRPS、PRPD 图谱相位分布相同，则说明附近放电信号来自一个放电源；若相位分布不同，则说明附近存在两个或两个以上的放电源；第二步是确定放电源相别，具体做法是应用高速示波器同时检测设备三相相同位置的特高频局部放电时域信号，若两相极性与另外一相相反，则相反的相即为放电源所在相别。

3.3 脉冲电流局部放电检测技术

3.3.1 脉冲电流局部放电检测技术概述

脉冲电流法也称电荷法，是 IEC 60270《局部放电测量》推荐的传统的电检测方法。连接在被试品两端的检测回路在被试品发生局部放电时会有脉冲电流流过，此脉冲电流会在检测阻抗两端产生脉冲电压，通过测量该脉冲电压可以检测到局部放电的发生。该方法测量的频率范围为 10kHz～1MHz，灵敏度较高能达到 2pC，主要取决于并在被试品两端的耦合电容与被试品等值电容的比值。但值得注意的是，脉冲电流法对于试验环境的要求十分苛刻，一般只在理想实验室中进行测试。比如，试验回路本身也可以视作电气设备，同样存在局部放电的可能，其所产生的局部放电信号将会与 GIS 内部的局部放电信号叠加，使获取的结果变得不准确。目前，优化脉冲电流法的试验结果主要从两方面着手：①对测量系统进行改进，如限制测量系统本身的局部放电水平并屏蔽外部噪声，还可以精确耦合电容的设置值提高测试的灵敏度；②研究信号的分析技术，脉冲电流法所得的信号一般处在低频，根据信息理论，一定时间内获得的信息量比较少，因此通过信号辨识、分类等技术提供信息的效用将十分重要。

3.3.2 脉冲电流局部放电检测技术基本原理

脉冲电流法的基本原理是欧姆定律，主要通过检测阻抗，也称为输入单元，其作用在于取得 PD 所产生的高频脉冲电流信号，并对试验电源的工频及其谐波低频信号予以抑制。检测阻抗是连接试品与仪器主体部分的关键部件，与仪器的频率特性和灵敏度有直接关系。检测阻抗可分为 RC 型及 LCR 型两大类，如图 3-14 所示。图 3-14 中电容 C_d 主要由至仪器主体连接电缆的电容、放大器输入电容等组成。本节仅对 RC 型检测阻抗进行讨论。

图 3-15 所示为接有 RC 型检测阻抗时的等效 PD 检测电路。当试品 Cx 产生 PD 时，视在放电量为 q，Cx 两端会产生一个脉冲电压 u，理想情况下 u 是一个直角脉冲波，但在实际情况中 u 具有一定的上升时间，有

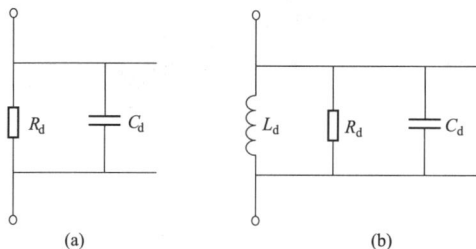

图 3-14 检测阻抗图

(a) RC 型；(b) LCR 型

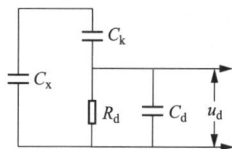

图 3-15 接 RC 检测阻抗的测试

$$\Delta u = U_m (1 - e^{-\sigma t}) \tag{3-3}$$

式中 U_m——脉冲电压幅值，$U_m = q / [C_x + C_k C_d / (C_k + C_d)]$；

τ——放电衰减常数。

进而可得脉冲电流

$$\Delta i = I_m(1 - e^{-\tau t}) \tag{3-4}$$

式中　I_m——脉冲电流幅值。

$I_m = U_m/R_d = q/R_d[C_x + C_kC_d/(C_k+C_d)]$，令 $k_c = R_d[C_x + C_kC_d/(C_k+C_d)]$，得到

$$I_m = q/k_c \tag{3-5}$$

3.3.3　脉冲电流局部放电检测及诊断方法

基于前述脉冲电流检测法原理，此处所搭建的实验室平台由升压装置、GIS带电检测实验装置、局部放电检测仪、超声波检测仪、特高频检测仪等几部分组成，其中GIS带电检测实验装置为杭州西湖电子研究所设计的GIS带电检测实验装置。脉冲电流法模拟系统如图3-16所示。

图 3-16　脉冲电流法模拟系统

图3-16中检测阻抗为DDX 9121b数字式局部放电检测仪配套检测阻抗，可以输出视在放电量、电压相位信号，局部放电检测仪可以实现对局部放电信号的标定、采集、统计、分析、显示等功能。采用该系统中的脉冲电流法对长度分别为7mm与5mm的铝制线型颗粒以及直径为4mm的铝制球形颗粒进行异物放电模拟，如图3-17所示。相应的脉冲电流法检测结果以及相应的PRPD图谱如图3-18所示。

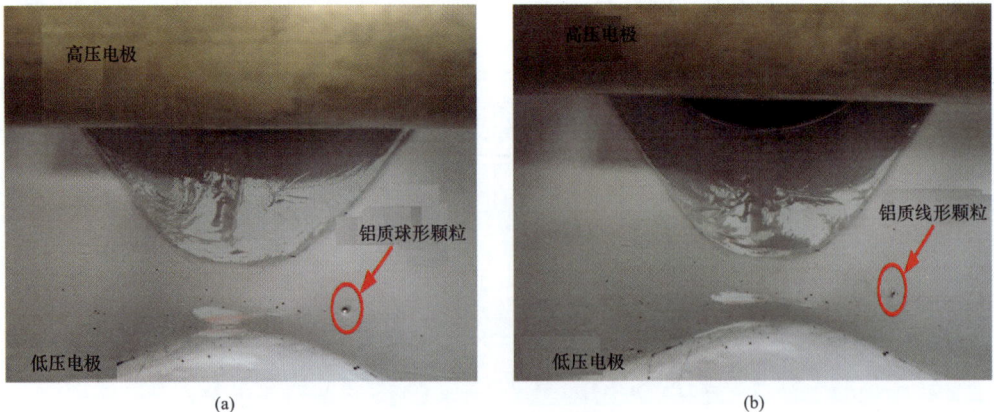

(a)　　　　　　　　　　　　(b)

图 3-17　颗粒模拟系统

(a) 直径4mm球形颗粒；(b) 长度5mm、7mm颗粒

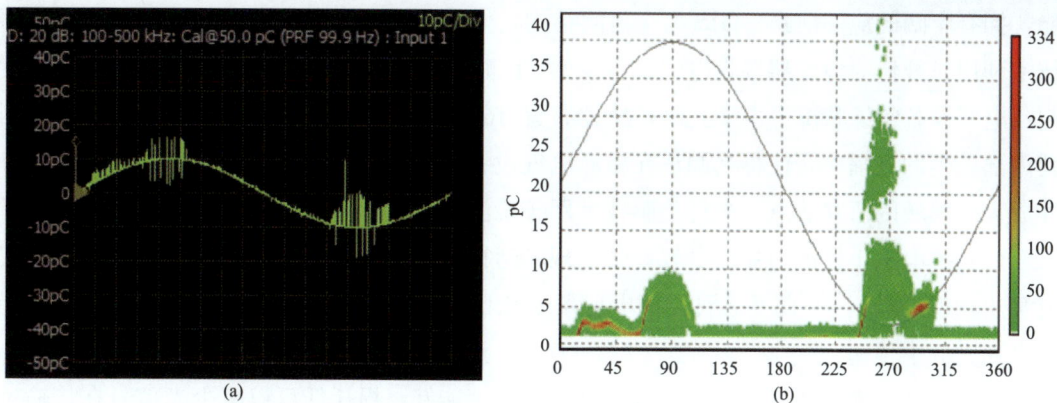

图 3-18　球形颗粒检测图谱

（a）脉冲电流法图谱；（b）PRPD 检测图谱

图 3-18 中，球形颗粒局部放电测试电压为 50.2kV，球形颗粒未与 GIS 罐体发生碰撞，此时的放电类型为绝缘/悬浮放电，相位主要集中在 90°与 270°附近，呈现明显的周期性，且负半周期的放电幅值较正半周期明显，相应的局部放电量为 22.79pC。图 3-19 所示的线性颗粒局部放电测试电压为 40.6kV，线性颗粒呈现竖起状态，此时的放电具有绝缘放电与阶段放电两种，相位主要集中在 90°与 270°附近，呈现明显的周期性，且正半周期出现最大放电量，相应的最大放电量为 6.6nC。当粒子在电场作用下发生起跳运动，相应的脉冲电流法检测图谱检测信号幅值无明显规律，放电次数少，放电信号时间间隔不稳定。

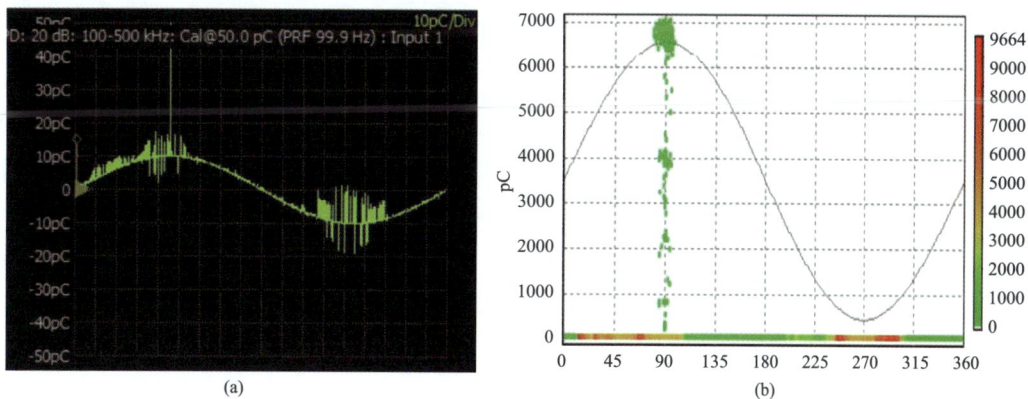

图 3-19　线形颗粒检测图谱

（a）脉冲电流法图谱；（b）PRPD 检测图谱

3.4　光测局部放电检测技术

3.4.1　光测法检测技术概述

光检测法作为一种非电量检测法，不受电气信号干扰，具有完全的电磁干扰免疫性

能，拥有广阔的应用前景。GIS 为全封闭结构，尤其适用光测法检测局部放电。光纤传感技术利用光纤作为传感器接收电气设备发生 PD 时产生的光辐射，并通过检测光辐射强度判断电气设备绝缘状况。由于光纤传感器布置方式灵活，并且可以伸入电气设备内部检测其内部产生的光辐射，使得光测法在检测电气设备内部缺陷引发的 PD 时有着独特的优势并成为该领域的研究热点。光纤传感技术用于检测 PD 的特点如下。

（1）抗电磁干扰能力强。电气设备的现场运行环境存在着复杂空间干扰电磁场，传统电测法在现场检测 PD 时受各种空间电磁场干扰比较严重，然而空间电磁场并不会影响光信号在光纤中传输。

（2）光纤导光性能好，光损耗低。光纤导光性能好，损耗低可以减少光信号在传输过程中的能量损耗，提高光测法的灵敏度。

（3）绝缘性能好。光纤是绝缘材料，绝缘性能良好，利用它来检测高压电气设备。PD 可以安装在设备内部，并不会改变设备内部的电场分布，而且光纤可以灵活安装于不同电气设备的不同位置，使用起来既方便，又安全。

（4）柔软性良好，适宜弯曲。光纤的布置形式可以随着检测对象的改变而灵活安装。

（5）耐腐蚀性强。由于光纤耐腐蚀性好，因此即使安装在 GIS 中也不会损坏，可以保证检测的稳定性。

目前，利用光纤传感技术用于检测电气设备内部 PD 还处于实验室研究阶段，尚未有成熟的产品问世。光纤传感器按照接受光信号原理的划分分为普通石英光纤和荧光光纤两种。由于普通石英光纤只能通过其端部接收入射光，并且受数值孔径角的限制，只有在光纤数值孔径角范围内的 PD 源释放的光信号才能被检测，同时，PD 产生的光信号极微弱，而普通石英光纤接收光信号能力有限，因此运用普通石英光纤作为传感器的光测法检测系统，灵敏度并不高。这就使得运用荧光光纤传感技术检测 PD 产生的光信号成为当前的研究热点。荧光光纤不存在数值孔径角，可以从任意的方向接受 PD 产生的光信号，因此灵敏度比普通石英光纤高，荧光光纤接收和传播光信号示意图如 3-20 所示。

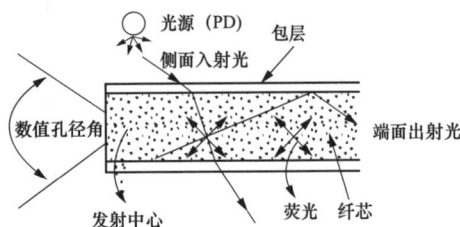

图 3-20　荧光光纤感应光信号原理图

荧光光纤外包层透明，并且光纤纤芯内部含有大量荧光分子，当外界光进入光纤中时，所有荧光分子都将受激发成为荧光的发射中心，只要荧光的发射方向满足纤芯-包层界面全反射条件，就可以沿着荧光，最终射出端面而被光电传感器检测。因此，荧光光纤接收的光等于所有轴向传输能力的荧光分子所激发的荧光总和，这也是荧光光纤检测光信号灵敏度高于普通石英光纤的原因。

3.4.2　光测法检测技术基本原理

荧光光纤传感系统检测 GIS 内部 PD 信号的方法是：将荧光光纤传感器置入 GIS 内部

适当位置，感应由于绝缘故障所引起PD产生的微光信号，并转换为荧光信号，然后使用普通光纤对荧光信号进行耦合并将光信号传输给光电探测器，光电探测器再将荧光光信号转换成电流信号，最后将电流信号转换为电压信号，并通过同轴电缆传输到数字示波器进行信号的显示、采集、处理与存储等。荧光光纤传感系统示意图如图3-21所示。它主要包括光传感器单元、光传输单元、光电转换单元、电源模块以及电信号传输与采集单元五个部分。

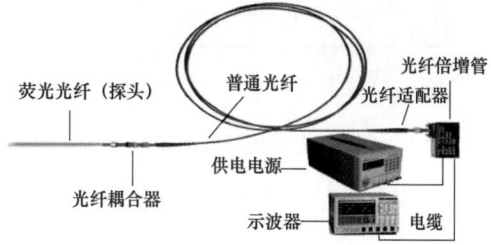

图 3-21　荧光光纤传感系统

1. 光传感器单元

为方便将荧光光纤传感器安装在GIS内部且保证其在GIS内部能够长期保持工作有效性，适用于GIS内部PD检测的荧光光纤传感器需要具有良好的绝缘性、抗腐蚀性与柔软性。目前使用的荧光光纤传感系统传感器单元采用塑料材质的荧光光纤传感器。荧光光纤传感器的特性参数见表3-6。

表 3-6　　　　　　　　　　　荧光光纤传感器特性参数

名称	具体参数
激发光谱（nm）	300～500
发射光谱（nm）	492～577
荧光量子产率	0.7
直径（mm）	1.0
长度（m）	1.0
工作温度（℃）	−40～70

2. 光传输单元

从荧光光纤传感器感应光信号到光电探测器进行光电转换，荧光光信号需要经一定距离传输。为了提高检测系统的灵敏度，目前主要采用聚苯乙烯、聚甲基丙烯酸甲酯的普通塑料光纤作为传输荧光信号的媒介作为光信号传输单元。由于塑料光纤透光率高，为了解决传输光纤受自然光干扰问题，在传输塑料光纤外面包裹一个护套。

3. 光电转换单元

由光传感器和光传输单元得到的PD光信号，是经过光电探测器将光信号转换为电信号输出，然后进行处理与分析。因此，光电探测器是荧光光纤传感系统中的核心器件。作为光电探测器，由于光电倍增管具有灵敏度高、响应速度快以及噪声低等优点，适合检测荧光信号。

（1）光电倍增管的基本结构与原理。PMT主要由五个部分组成，它们分别是光入射窗、光电阴极、电子光学系统、二次发射倍增系统以及阳极，如图3-22所示。

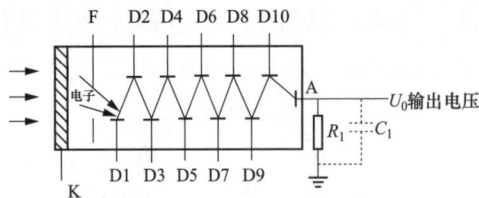

图 3-22　光电倍增管工作原理

当高于光电发射阈值光子入射到光电阴极面 K 上时,光电阴极就将可以产生光电子。产生的光电子在电场作用下加速,经电子限速器电极 F 会聚到第一倍增极 D1 上,并与第一倍增极 D1 发生碰撞产生二次电子。在第一倍增极产生的二次电子,经电场加速高速运动到第二倍增极,并与第二倍增极 D2 发生碰撞产生二次电子。依此类推,经过 n 级倍增极后,电子数量大增,产生的所有电子经过阳极形成阳极电流 I_a,I_a 将在负载电阻 R_1 上产生压降,从而形成输出电压 U_0。

(2) 光电倍增管的选择。目前使用的光电探测器为 H9656-02 型光电倍增管,其光谱响应范围为 300~880nm,峰值灵敏度波长为 500nm。H9656-02 型光电倍增管为端窗型,多碱光电阴极,阴极材料为硼硅酸盐玻璃,工作环境温度为 5°~45°,重量为 90g。

4. 电源模块

由于工作电压的波动会影响光电倍增管工作性能,因此要求光电倍增管工作电源具有非常稳定的输出电压。目前使用的线性电源为 LPS305,该电源纹波峰值为 10mV,噪声有效值为 1.5mVrms,满足光电倍增管对工作电压的要求,如图 3-23 所示。

5. 电信号传输与采集单元

光电倍增管输出的电压信号经过 50Ω 的同轴电缆与示波器相连,进行信号的采集、显示、存储以及分析。示波器使用 Tektronix DPO7104 示波器,模拟带宽 1GHz,最大采样率 20GS/s,存储长度为 2×48m。

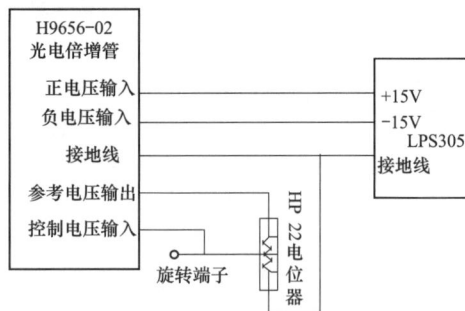

图 3-23　电源接线图

3.4.3　光测法检测及诊断方法

光测法检测 GIS 内部 PD 实验系统如图 3-24 所示。它由电源、绝缘缺陷模型、模拟的 GIS 腔体以及荧光光纤传感系统等构成。绝缘缺陷模型置于模拟的 GIS 腔体中央,腔体底面直径为 200mm、高为 270mm。为有效避免外界光线的干扰,实验装置置于金属避光屏蔽室内,屏蔽室尺寸为 3m×2.4m×2m。系统同时引入工频试验电压信号来描述发生 PD 的相位。

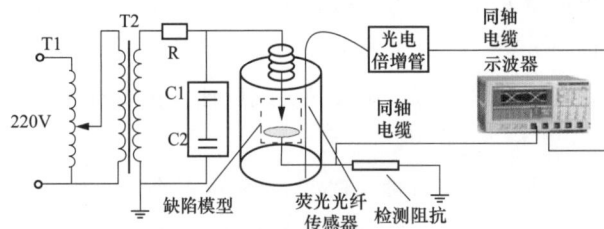

图 3-24　光测法局部放电模拟系统

1. 实验的步骤及方法

（1）实验准备。进行 GIS PD 实验时，变压器、分压电容器以及高压电阻器等都要求是无晕的，并且高压端及低压端的尖端部位都需采用均压及屏蔽措施。本文使用球形屏蔽罩来屏蔽高压引线与 GIS 模拟装置的连接处，避免在这个部位上产生电晕放电。对于所有实验，都需要将 GIS 模拟装置充入 SF_6 气体。在对模拟装置充气体之前，需要检查装置的气密性，方法是：先将真空泵把模拟装置抽成真空，并静置两个小时，如果装置内气压仍接近零，则该装置气密性良好。

（2）测量实验装置的起始放电电压。在进行 PD 实验时，需确定 PD 是由缺陷模型引发的，因此在正式进行 PD 实验之前，需要确定实验装置的起始放电电压，而进行 PD 实验的外加电压必须小于实验装置的始放电电压，原因是实验装置引起的 PD 会与绝缘缺陷模型引起的 PD 信号产生混淆而影响实验结果。测量实验装置起始放电电压的实验方法是：实验装置中不放置绝缘缺陷模型，接好实验线路，对实验装置充气，缓慢升高实验电压，PD 检测系统有无信号。当开始出现 PD 信号时，此实验电压即为实验装置的起始放电电压，本实验装置的起始放电电压为 25kV。

（3）PD 信号采集。实验系统如图 3-24 所示。分别在实验装置中放入缺陷模型，在实验准备工作完成后，对实验装置进行施加实验电压。缓慢升高实验电压，记录缺陷模型的起始放电电压。继续缓慢升高实验电压，分别采集不同放电强度的 PD 信号。由于要采集每个工频周期的 PD 信号，因此在采集 PD 信号之前需引入参考的工频电压信号，来对 PD 发生的相位进行校正。示波器的采样频率设置为 50Ms/s，采集信号总长度为 20ms，采样点数为 1M。

2. 实验结果分析

光测法检测绝缘子表面金属微粒缺陷产生的 PD，光脉冲重复率低，平均光脉冲幅值小，幅值变化范围大，光脉冲分布有明显的相位特征，均分布在相位 90°和 270°附近，并且分布在 90°～180°的相位宽度大于 0～90°，在 270°～360°的相位宽度大于 180°～270°。原因是：绝缘子表面金属污染物缺陷产生的 PD，会在绝缘子表面产生电树枝，影响绝缘子表面的绝缘状态，从而使得 PD 不是非常稳定，单次放电产生的光强大小不一，但是放电产生的光强总体比较小，因此光测法检测得到光脉冲平均幅值小，幅值变化范围大，如图 3-25 所示。

光测法检测自由金属微粒缺陷产生的 PD，光脉冲重复率低，平均幅值大，幅值变化范围大，光脉冲分布没有相位特征。原因是自由金属微粒在外电场作用下获得感应电荷，并在电场力的作用下运动。金属微粒运动的程度取决于微粒所带感应电荷 Q，微粒形状、微粒运动方向和微粒在运动过程中是否与其他物体发生碰撞，而自由金属微粒缺陷产生的 PD 就是由于金属微粒的运动引起。因此，自由金属微粒缺陷产生的 PD 非常不稳定，每次 PD 产生的光强度也大不一样，并且产生 PD 的相位也没有规律，如图 3-26 所示。

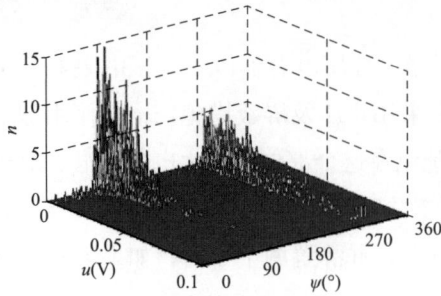

图 3-25　绝缘子表面金属颗粒

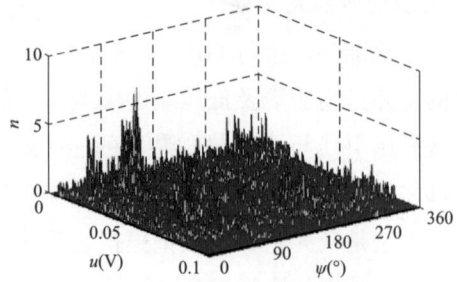

图 3-26　自由金属颗粒缺陷

3.5　X 射线检测技术

3.5.1　X 射线检测技术概述

　　X 射线 DR 检测技术是近些年发展起来的新技术，它在两次照射期间不用更换成像设备，仅仅需要几秒钟就可以采集到数据得到 X 射线数字图像，检测速度和效率大大提高了。相对于传统的 X 射线检测技术，它的成像速度更快、操作流程也较为便捷、图像分辨率更高。其成像区域不仅均匀，没有边缘几何变形，而且空间分辨率和灵敏度要高得多，因此已逐渐成为数字 X 线成像技术的主导方向。相对于普通的屏/胶片系统，X 射线数字成像 CR 与 DR 系统，具有动态范围广、曝光宽容度宽的特点，该系统允许在透视检测中有一定的技术误差；由于图像是直接数字化的结果，因此拍摄的 X 射线图像信息量非常丰富，可以根据需要利用相应的图像处理算法进行各种图像处理从而达到对图像的细致分析。目前，X 射线检测技术已应用于 GIS 内部断路器、隔离开关分合闸位置、支柱绝缘子内部气隙、换流变压器滤芯等检查，而在 GIS 内固定异物颗粒检测方面的检测应用较少。

3.5.2　X 射线检测技术基本原理

　　X 射线是通过 X 射线机的 X 射线管产生的。X 射线管是一个具有阴阳两极的真空管，阴极是钨丝，阳极是金属制成的靶。在阴阳两极之间加有很高的直流电压（管电压），当阴极加热到白炽状态时释放出大量电子，这些电子在高压电场中被加速，从阴极飞向阳极（管电流），最终以很大速度撞击在金属靶上，失去所具有的动能，这些动能绝大部分转换为热能，仅有极少一部分转换为 X 射线向四周辐射。X 射线、γ 射线均不带电，因而对物质具有很强的穿透能力。X 射线和 γ 射线是目前工业射线检测的主要手段。

　　X 射线穿透试件后，能使放置在试件背面的胶片感光，把曝光后的胶片在暗室中经过显影、定影、水洗和干燥，形成底片。再将底片放在观片灯上观察，根据底片上的黑度变化所形成的图像，就可以判断出有无缺陷，以及缺陷的种类、数量、大小、形状等。

X射线在穿透物体的过程中会与物质发生相互作用，因吸收和散射而使其强度减弱。强度衰减程度取决于物质的衰减系数和射线在物质中穿透的厚度。如果被透照物体的局部存在厚度差，则该局部区域透过射线强度就会与周围的透过射线强度有差异。在射线的作用下使胶片感光，经暗室处理后得到底片。底片上各点的黑化程度取决于射线照射量，由于不同部位透射射线强度不同，因此底片上相应部位就会出现黑度差异。可以看到黑度差异所形成的影像如图 3-27 所示。

3.5.3　X射线检测及诊断方法

X射线数字成像系统由射线机、激光扫描仪、成像板、图像处理分析软件、现场移动支架及移动工作站等组成，如图 3-28 所示。

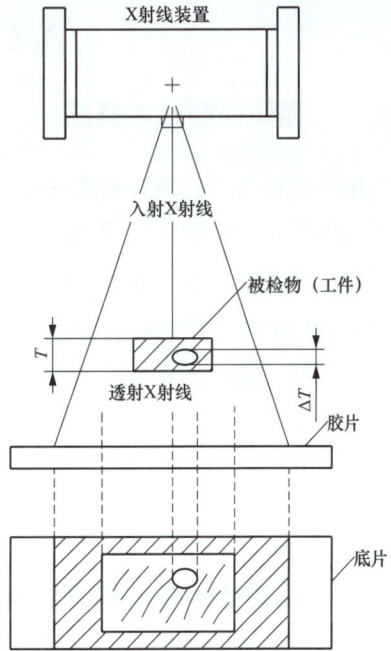

图 3-27　射线照相原理

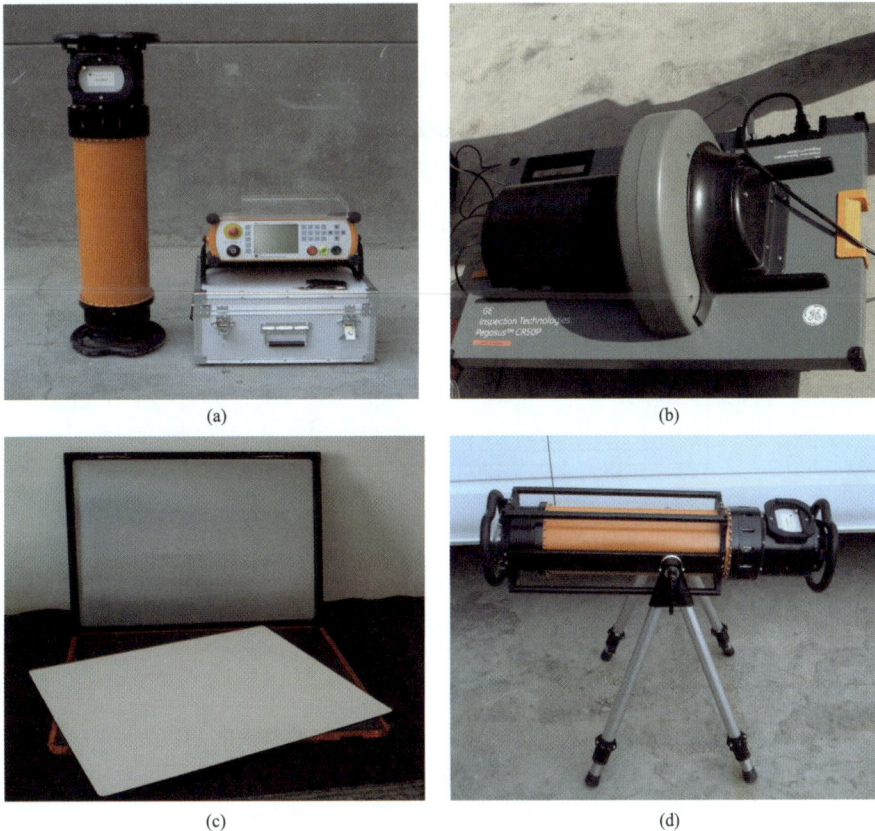

(a)　　　　　(b)

(c)　　　　　(d)

图 3-28　X射线数字成像系统
(a) X射线机；(b) CR激光扫描仪；(c) 成像板；(d) 现场移动支架

3.6 振动检测技术

3.6.1 振动检测技术概述

电力设备振动检测技术已在电力系统中得到推广应用，主要包括两种方式：一种检测方法为外置式，检测步骤同超声波法相同，主要用以对电力设备的机械振动进行检测，以判断变压器内部是否存在夹件松动、GIS断路器合闸是否到位等，该种检测方法在GIS内局部放电检测中应用较少；另一种检测方法通过采用光纤技术，利用设备内部发生局部放电时产生的机械振动对光纤折、反射的影响进行检测，该种方法需将光纤内置于GIS，由于该种方法光纤嵌入困难，导致它没有被推广应用，但它可以较好地通过局部放电时发生的机械振动完成放电缺陷的诊断分析，使得该种振动检测方法成为GIS内异物检测的主流方法。

3.6.2 振动检测技术基本原理

光纤传感技术是指由集"传输"和"感知"于一体的光纤感知外界振动与冲击信号，并将信息经过光纤回路传输到信号处理中心。Sagnac干涉仪的基本原理为两束沿相反方向的光在光路中传输，因为延迟光纤的存在，两路相反方向的光在经过传感光纤的相同位置处时会有光程差，当传输过程中受到局部放电等外界振动信号的影响时，会使两者的光程差发生改变，且其光程差与干涉环路中的总光程呈比例。光程差的变化会使两束光产生干涉从而引起相位的变化，相位的变化又引起光功率的变化，经由光电探测器将携带局部放电信号的光信号转化为电信号，从而实现局部放电信号的识别与检测。其检测原理如图3-29所示。

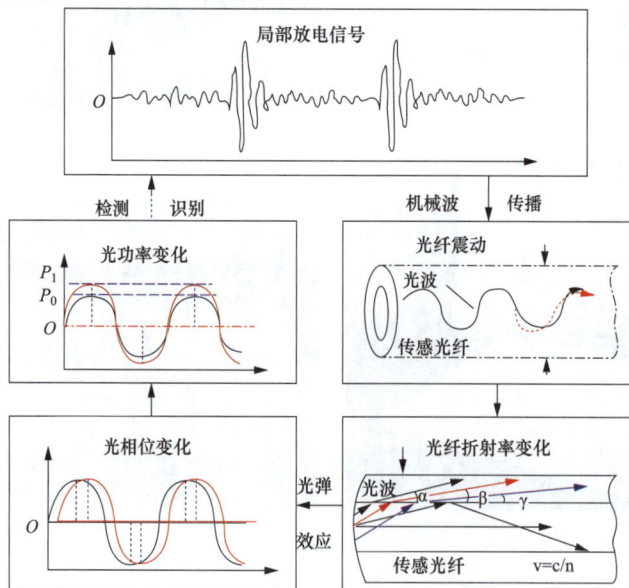

图 3-29 Sagnac 光纤传感检测原理图

局部放电过程产生的超声信号通过机械波传播会使光纤产生机械振动，从而使光纤折射率发生变化。由于光弹效应，光纤中的光相位发生变化，进而引起光功率的变化。由 Sagnac 效应知，顺、逆时针的光在光电探测器处的干涉信号光功率为

$$P(t) = \frac{1}{3} P_0 \{ \cos[\Delta\Psi + \varphi(t-\tau_a) + \varphi(t-\tau_b) - \varphi(t-\tau_c) - \varphi(t-\tau_d)] + 1 \} \quad (3\text{-}6)$$

式中　P_0——光源发出的入射光功率；

$\quad\varphi(t)$——振动引起的相移；

$\quad\Delta\Psi$——代表了由其他信号引起的常数非互易相移；

$\quad\tau_a$、τ_b——顺时针光先后两次经过局部放电点的延迟；

$\quad\tau_c$、τ_d——逆时针光先后两次经过局部放电点的延迟。

假设 $\varphi(t) = \varphi_0 \sin(\omega_p t)$，由于光信号为小信号，令 $\Delta\Psi = 2\pi/3$，则输出信号光功率为

$$P(t) = \frac{1}{3} P_0 \left\{ \cos\left[\frac{2\pi}{3} + \varphi_0(\omega_p t - \tau_a) + \varphi_0(\omega_p t - \tau_b) - \varphi_0(\omega_p t - \tau_c) - \varphi_0(\omega_p t - \tau_d)\right] + 1 \right\}$$

$$(3\text{-}7)$$

在该系统中 φ_0 为小信号，光电探测器处的光信号转换为电信号，其电流的交流分量为

$$I_{ac}(t) \approx 2\sqrt{3} P_0 \varphi_0 \sin\left(\frac{\omega_p \tau_y}{2}\right) \times \cos(\omega_p \tau_p) \cos\left(\omega_p t - \frac{\omega_p \tau_t}{2}\right) \quad (3\text{-}8)$$

式中　t——时域上的时间变量；

$\quad P_0$——光源发出的入射光功率；

$\quad\varphi_0$——外界信号的某个频率分量所引起的固定相移；

$\quad\omega_p$——局部放电信号在某个频率分量下的值；

$\quad\tau_y$——光在延迟光纤中的传播时间；

$\quad\tau_p$——光从信号产生点到光纤末端的传播时间；

$\quad\tau_t$——光绕着传感光纤传播一周所需要的时间。

3.6.3　振动检测分析

1. 振动检测系统搭建

基于上述 Sagnac 传感技术的光纤法检测局部放电原理分析，搭建了图 3-30 所示的振动检测系统，完成局部放电过程中振动信号的分析，以便对光纤传感技术的检测特性进行分析。

该系统如图 3-30 所示，由三部分组成，Ⅰ为供电电源部分，由交流 220V 工频电压供电；Ⅱ为实验室模拟局部放电部分，电压经高压线圈升压后达到 10kV，R_1 为保护电阻，C_1 为电容器，Q 为击穿放电模拟装置，用于产生局部放电信号；Ⅲ为直线型 Sagnac 光纤传感检测部分，A 选用的是 ASE 宽带光源，B 为 3×3 耦合器，C 为 2km 的延迟光纤，D

为 2×1 耦合器，L_1 为 4.17km 的传感光纤，L_2 为 4.228km 的传感光纤，G 为法拉第旋转镜，H 为平衡探测器，M 为局部放电信号作用在光纤传感探头上的位置，N 为数据采集模块。高压线圈将Ⅰ中的 220V 工频交流电压升高为Ⅱ中的 10kV 高压，从而将空气击穿，在Ⅱ中的 M 点处产生局部放电信号。

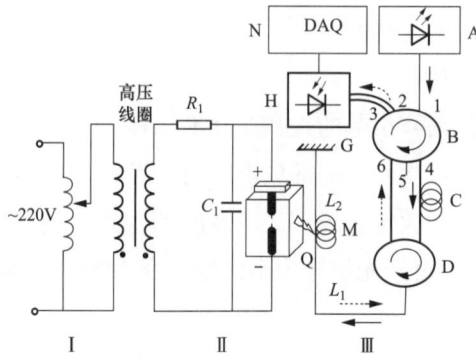

图 3-30　基于 Sagnac 传感技术的光纤法检测局部放电系统图

在基于 Sagnac 光纤传感回路Ⅲ中，激光器 A 发出的宽带激光经 B 进入光纤回路，由光的干涉原理可知，在 4 条光路中只有两条光程回路在 3×3 耦合器 B 处发生干涉，即：①B(4)—C—D—L_1—M—L_2—G—L_2—M—L_1—D—B（6）；②B(6)—D—L_1—M—L_2—G—L_2—M—L_1—D—C—B(4) 两束光发生干涉，形成干涉环路。上述①光束走的光程为 L_a，②光束走的光程为 L_b，则两束光的光程差为

$$\Delta L = L_a - L_b \tag{3-9}$$

相应的相位差为

$$\Delta\Phi = 2\pi(\Delta L/\lambda) = 2\pi(L_a - L_b)/\lambda \tag{3-10}$$

式中　λ——激光的波长。

①②两束相干光先后经过 M 点，局部放电信号对两束光的调制作用使①②两束光的相位发生变化，由式（3-6）可知，相位的变化转化为光强的变化。携带局部放电信号的光信号经过平衡探测器 H，转化为携带局部放电信号的电信号，由数据采集模块 N 对此电信号进行采集与分析处理。

2. 试验结果分析

用实验室搭建的模拟装置在该光纤环传感探头处施加局部放电信号，进行局部放电检测试验。将平衡探测器通电，调节光源功率输出，开始试验。经由设置好参数的采集卡对局部放电信号进行采集，获得连续并带有包络的局部放电时域信号，如图 3-31（a）所示。图 3-31（b）所示为在相同实验条件下，无局部放电信号时系统采集到的时域信号波形图。

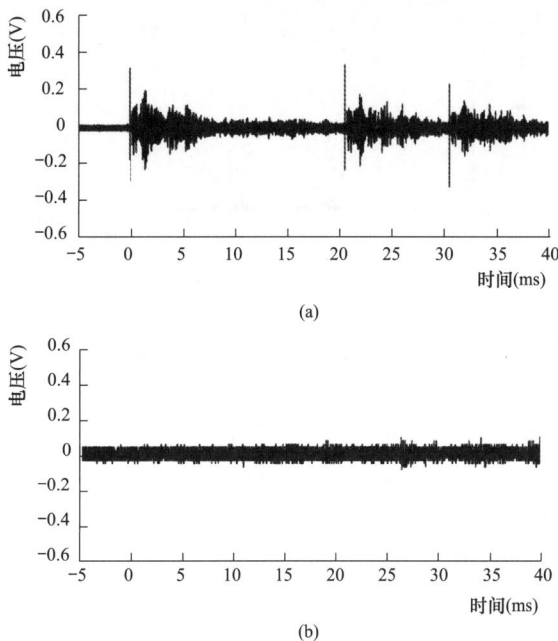

图 3-31　基于 Sagnac 传感技术检测到的局部放电和无局部放电信号的时域图

（a）基于 Sagnac 传感技术检测到局部放电信号时域图；（b）无局部放电信号的时域图

　　为探究局部放电信号的频率特性，对试验采集到的 500 组局部放电信号的数据进行傅立叶变换，得到局部放电信号的频谱，如图 3-32 所示。图 3-32（a）所示为试验系统检测到的局部放电信号的频域波形图，图 3-32（b）所示为无局部放电信号的频域波形图。由图 3-32（a）和图 3-32（b）两图对比易知，实验室模拟的局部放电信号的频域波形范围约为 6～80kHz，且分别在 14.49、20.47、28.91、58.08kHz 附近有明显的频率分布，所得局部放电超声信号的频率范围可达 60kHz。因此，该试验方案可以实现局部放电信号的识别与检测。

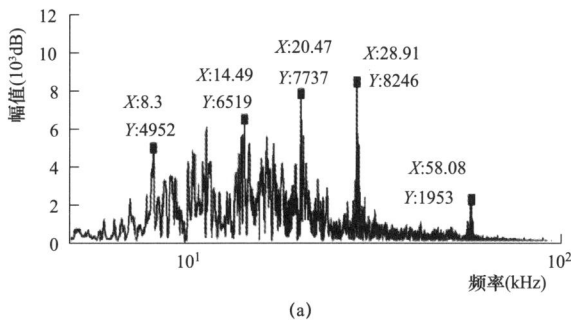

图 3-32　基于 Sagnac 传感技术检测的局部放电和无局部放电信号的频域波形图（一）

（a）基于 Sagnac 传感技术检测到的局部放电信号频域波形图；

(b)

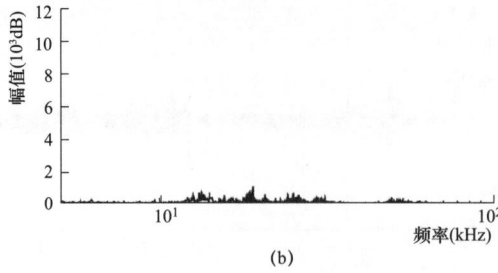

图 3-32　基于 Sagnac 传感技术检测的局部放电和无局部放电信号的频域波形图（二）

（b）无局部放电信号的频域波形图

通过上述实验方法可知，在 10kV 电压等级下，局部放电时域信号幅值范围为 0.1～1.8V，频率响应范围可达 60kHz，当传感探头光纤环长度约为 12m 时，时域信号幅值达到峰值，表明基于光纤的振动检测方法具有灵敏度高、频率响应范围宽等特点。

第4章
GIS内部异物局部
放电特性模拟试验

4.1　　GIS 异物缺陷局部放电测试系统设计

对于 GIS 中的自由微粒，超声波检测具有较高的灵敏度，是现场 GIS 金属微粒检测的主要方法，本章将超声波检测系统和数字化测量两者结合，研究 GIS 自由运动颗粒的特性，将传感器测得的电信号经放大后进行 A/D 转换，然后把提取到的信号送入计算机进行数据处理和分析，作出各种谱图和统计量，由此分析 GIS 自由微粒的局部放电特性。本部分主要介绍 GIS 试验系统及放电缺陷模型设置。

试验用超声信号检测系统包括超声波传感器单元、前置放大器以及终端处理，其中终端处理包括带通滤波器、主放大、平滑滤波、信号包络以及最后显示参数单元。工作参数主要为 10~500kHz 检测带宽，1~3000 倍可调增益等。

1. 超声波传感器

超声波法检测局部放电时需要一种灵敏度很高和抗电磁干扰能力很强的超声波传感器。由于现场存在强烈的电磁辐射干扰，而压电晶体是最易耦合各种电磁干扰的敏感元件，因此，所选用的传感器需要将其置于特制的屏蔽金属套内，同时还要对内部的滤波、放大电路采取特殊的屏蔽措施，并用屏蔽优良的引出线引出信号。另外，由于局部放电时的超声波信号经 GIS 内部多种介质的衰减后，传到外壳上超声波传感器处时已经十分微弱，干扰信号可能把被监测信号淹没。因此，压电晶体的合理设计与传感器检测频带的合理选择是提高传感器检测灵敏度的关键因素之一。

综合以上因素，传感器采用美国物理声学公司研制的声发射传感器，谐振频率为 27kHz，其频率响应如图 4-1 所示。传感器与容器外壳之间采用优质凡士林来耦合。传感器输出的超声信号幅值较小（约为 μV 级），因此需要经过一个 40dB 前置放大器和一个放大倍数可调的放大器处理后再传送到超声检测仪终端。传感器如图 4-2 所示。

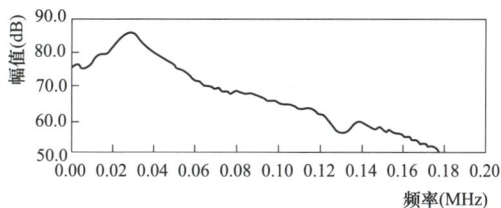

图 4-1　超声波传感器频率响应曲线

2. 信号处理终端

为了提高灵敏度，测量频带应能覆盖被测信号频谱中的主要分量，同时也要能够排除

图 4-2 超声波信号传感器

或减少各种干扰，超声传感器采集到的信号经过放大后传入信号处理终端首先是进入带通滤波单元。根据前面的分析结果，局部放电和自由运动颗粒产生的超声波信号大概为数十千赫兹，因此这里所选的带通滤波器为 10～100kHz，滤波器响应图如图 4-3 所示。其中曲线 1 为所选频带的频率响应，曲线 2、3 分别为下限频率为 20kHz 和 30kHz 时的频率响应。由图 4-3 可以看到滤波器在 10～100kHz 响应较好，经过滤波后的信号还是很小，因此还要再经过一个 1～3000 倍可调的主放大单元。前面带通滤波器、主放大器等电路在处理的过程中有可能给信号添加一些小毛刺，为了消除这些干扰信号，因此需要添加一个平滑滤波单元。如果设置平滑参数为 $1\mu s$，则相当于消除 1MHz 以上的信号，因为之前设置的带通频率为 10～100kHz，因此可以认为平滑滤波器不会消除有效的超声波信号。

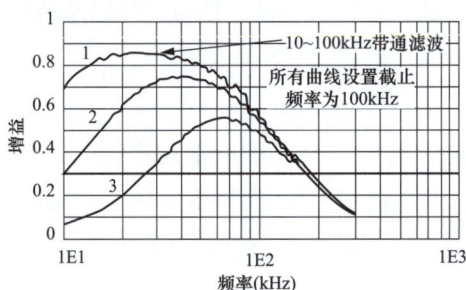

图 4-3 带通滤波器响应图

为了测量超声信号数量值，包络线生成器将平滑滤波后的信号峰值连起来形成一个包络线，对此包络线进行分析可用于测量工频周期内信号的峰值、有效值等。图 4-4 所示为某种缺陷产生的超声脉冲信号，其特征参数如图 4-4 所示，其中包括：脉冲出现时刻对应工频相位 φ，相邻两个脉冲之间的时间间隔 Δt（飞行时间）和脉冲幅值 A。

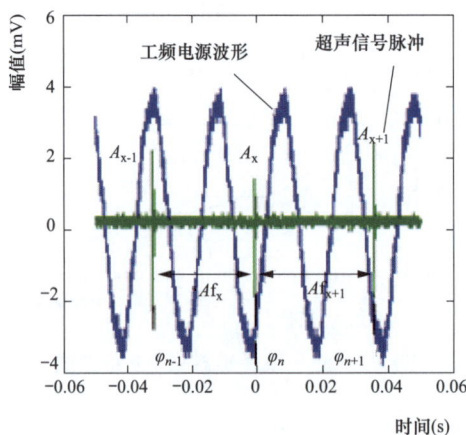

图 4-4 超声信号参数示意图

超声检测仪采集获取的信号可导入计算机，进行详细的数据分析。该数据显示和分析分为三个模式：连续模式、相位模式以及飞行模式。其中：连续模式显示一周期内信号的有效值、峰值以及信号密度与工频相关的 50Hz 频率分量和 100Hz 频率分量；相位模式为脉冲峰值在相位上的累积分布图；而飞行模式则显示信号飞行时间与信号幅值间的关系图。某 GIS 母线尖刺放电时采集获取信号的三个模式如图 4-5 所示。

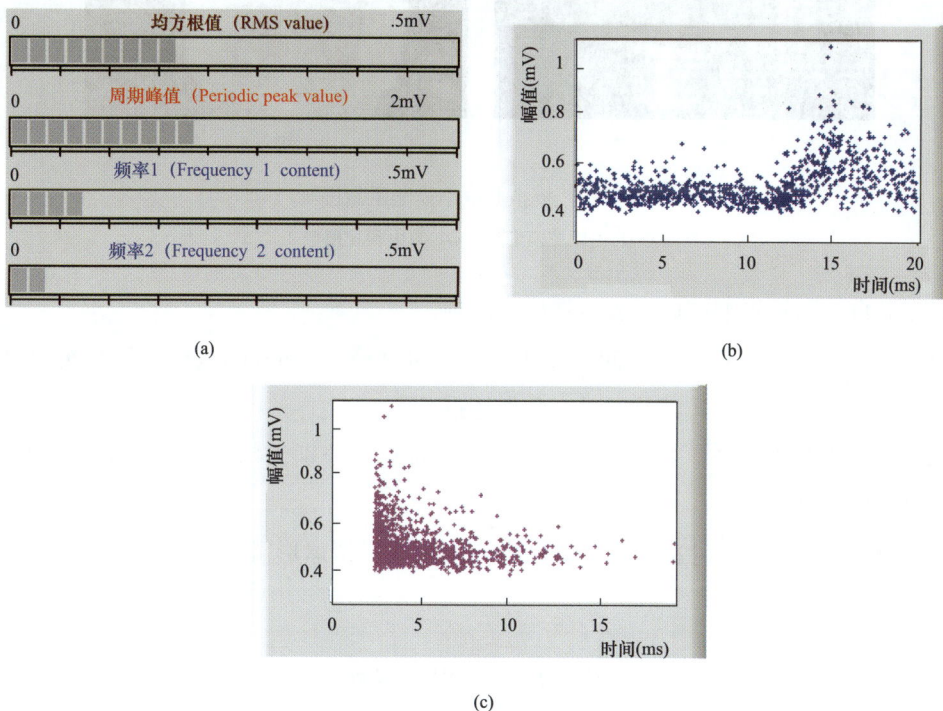

(a)

(b)

(c)

图 4-5　三种数据处理与分析模式（尖端放电为例）

（a）连续模式；（b）相位模式；（c）飞行模式

4.2　自由颗粒试验小模型设计

针对自由微粒，此处所制作的试验模型如图 4-6 所示。

缺陷模型放置在密封罐内，放电模型的击穿电压均小于 35kV，且内充气体均为 SF_6。为了确保该装置设备在试验电压以内不存在电晕放电，其所有部件都经过特殊打磨处理，不存在尖端。为防止高压端导杆与电源接触处发生放电，设计在容器顶端加入了屏蔽球。另外，容器内的 SF_6 气体气压可以通过气嘴充放气，在 6 个大气压内能保持较好的气密性，以下试验中密封罐内均充有一定气压的 SF_6。

自由颗粒缺陷模型如图 4-6（a）和图 4-6（b）所示。图 4-6（a）所示使用板-板电极来模拟 GIS 内部稍不均匀场的电场环境，在高压与地电位之间放置缺陷，如放置一个或多个金属微粒。图 4-6（b）所示高压电极使用 $\phi25mm$ 的铜球，距离接地电极约 25mm，金属微粒根据形状可分为球状和丝状微粒。将模型放置在环氧板上，将超声传感器贴在环氧板距模型下极板 2cm 的位置。

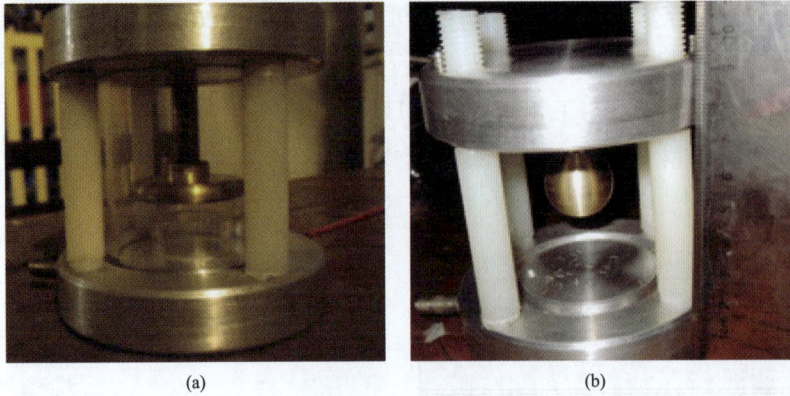

图 4-6　模拟放电小模型示意图

(a) 自由颗粒模型 1；(b) 自由颗粒模型 2

对以上自由颗粒模型所做试验包括以下两项。

(1) 气压为 0.45MPa，极板间距 d 为 2cm，对直径为 2mm 的钢球进行多次重复性试验。测量过程中干扰较小，试品经过充分老练试验。

(2) 气压为 0.45MPa，极板间距离为 1cm，对直径分别为 1.5、2、2.5、3、3.5、4、4.5mm 的钢球进行试验。

微粒分别采用不同尺寸的钢制小球和铜丝，用以模拟球形微粒和条形微粒，其参数见表 4-1。

表 4-1　　　　　　　　　　　　颗粒材质与形状尺寸参数

微粒材质	形状	尺寸（mm）	重量（mg）
钢	球状	直径 1	4.09
	球状	直径 1.5	13.80
	球状	直径 2	32.64
铝	丝状	（截面直径）1×3（长度）	6.36
	丝状	（截面直径）1×5（长度）	10.60
	丝状	（截面直径）1×8（长度）	16.9
铜	丝状	（截面直径）0.5×2（长度）	3.50
	丝状	（截面直径）0.5×5（长度）	8.74
	丝状	（截面直径）1×5（长度）	34.95
	丝状	（截面直径）1×2（长度）	13.98
	丝状	（截面直径）1.5×5（长度）	78.64
混合多个微粒	任选多个颗粒		

考虑到局部放电的分散性以及放电模式的时间累计性，试验中每个样品首先升压至能采集到放电信号，然后稳定此时施加的电压 10min，然后逐级增大电压，每一级电压下均保持 10min 左右以观测放电现象。

4.3　不同自由颗粒模拟试验

　　自由颗粒撞击腔体和飞行中发生局部放电时都会产生超声波，对于自由运动微粒，可通过超声信号分析微粒的运动情况，本部分采用 GIS 中自由运动颗粒的缺陷模型单元，使用超声绝缘检测仪器采集并分析不同尺寸和形状金属颗粒产生的超声波信号，研究信号的相位相关性、飞行时间以及信号幅值等参数的变化规律，同时考虑了颗粒静止及自由运动时产生超声信号的区别。

4.3.1　铜丝颗粒

　　1. 试验模型设计

　　试验模型采用 $0.5mm \times 5mm$ 铜丝颗粒，通过试验发现，该模型一旦发生放电，放电重复率高，放电幅值大，模式明显，具有典型的"飞行"谱图特征。

　　2. 检测结果及分析

　　(1) GIS 内 SF_6 气压为 0.1MPa。在此气压条件下，外施电压加至 12.5、17.5、20.5kV 和 22.5kV 时，超声波系统检测到的典型放电信号如图 4-7 和图 4-8 所示。

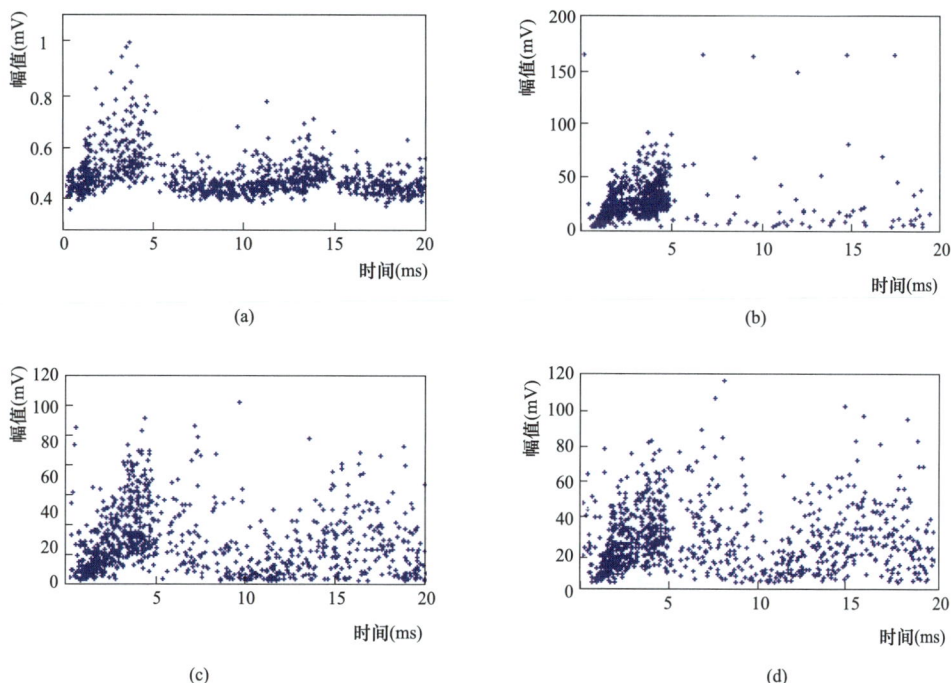

图 4-7　0.1MPa SF_6 气压、不同外施电压下超声波信号的 PRPD 谱图
(a) 12.5kV；(b) 17.5kV；(c) 20.5kV；(d) 22.5kV

　　由图 4-8 可得，在 0.1MPa 气压时，起始放电信号出现在电源电压的正峰附近。这是因为在电压不高时，金属微粒未发生跳动，模型相当于一个筒壁处金属突起物缺陷模型，

此时最先在电源正峰处出现了放电信号。随着电压的继续升高，正负峰附近均出现放电信号，且在整个工频周期内出现不规则放电信号。

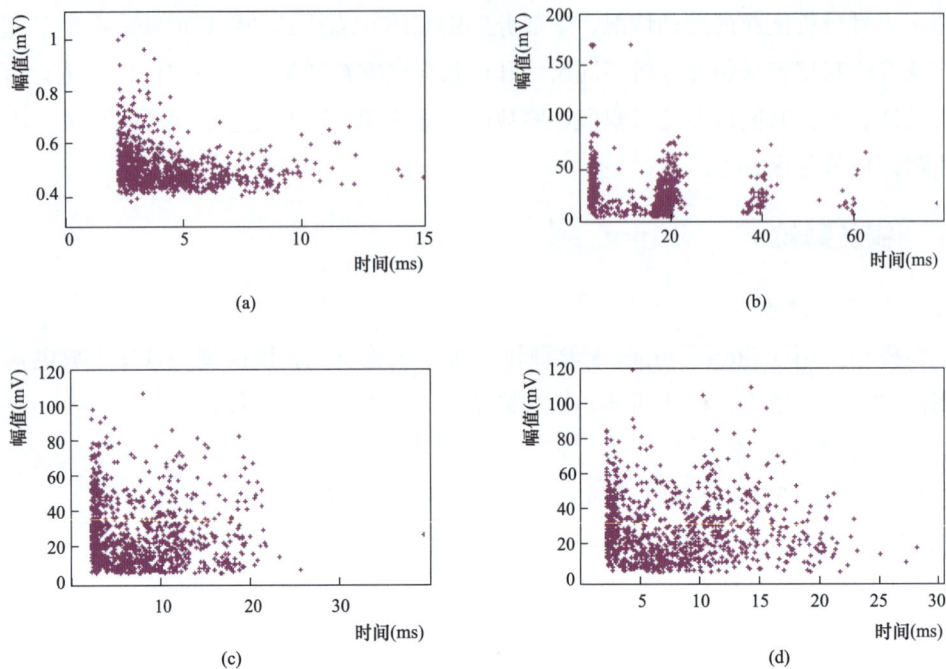

图 4-8　0.1MPa SF₆ 气压、不同外施电压下超声波信号的飞行模式

(a) 12.5kV；(b) 17.5kV；(c) 20.5kV；(d) 22.5kV

如图 4-8 所示，根据其不同电压时的飞行模式图可得，当电压为 12.5kV 时微粒已经发生了轻微的振动。当电压为 17.5kV 时，微粒出现了明显的跳跃现象。随着电压的继续升高，微粒运动越发频繁，运动跳跃幅值变化不大。

（2）GIS 内 SF₆ 气压为 0.2MPa。在此气压条件下，外施电压加至 12.5、17.5、20kV 和 25kV 时，超声波系统检测到的典型放电信号如图 4-9 和图 4-10 所示。

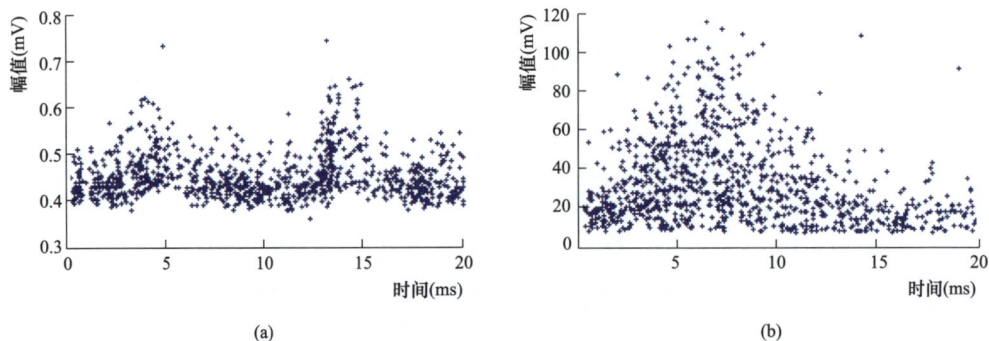

图 4-9　0.2MPa SF₆ 气压、不同外施电压下超声波信号的 PRPD 谱图（一）

(a) 12.5kV；(b) 17.5kV；

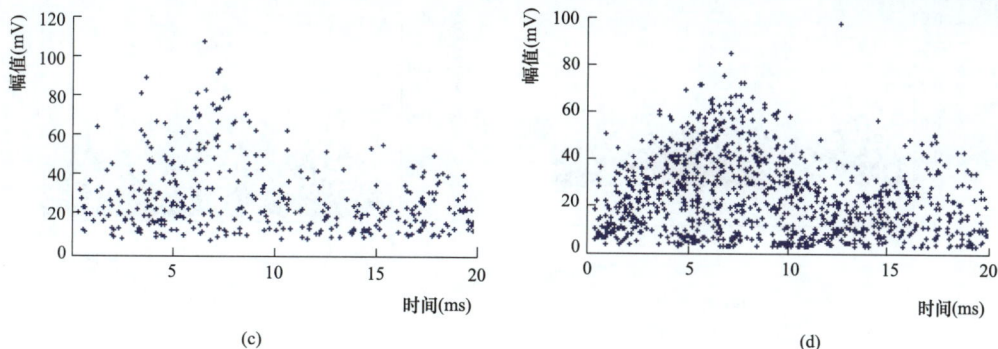

图 4-9　0.2MPa SF$_6$ 气压、不同外施电压下超声波信号的 PRPD 谱图（二）

(c) 20kV；(d) 25kV

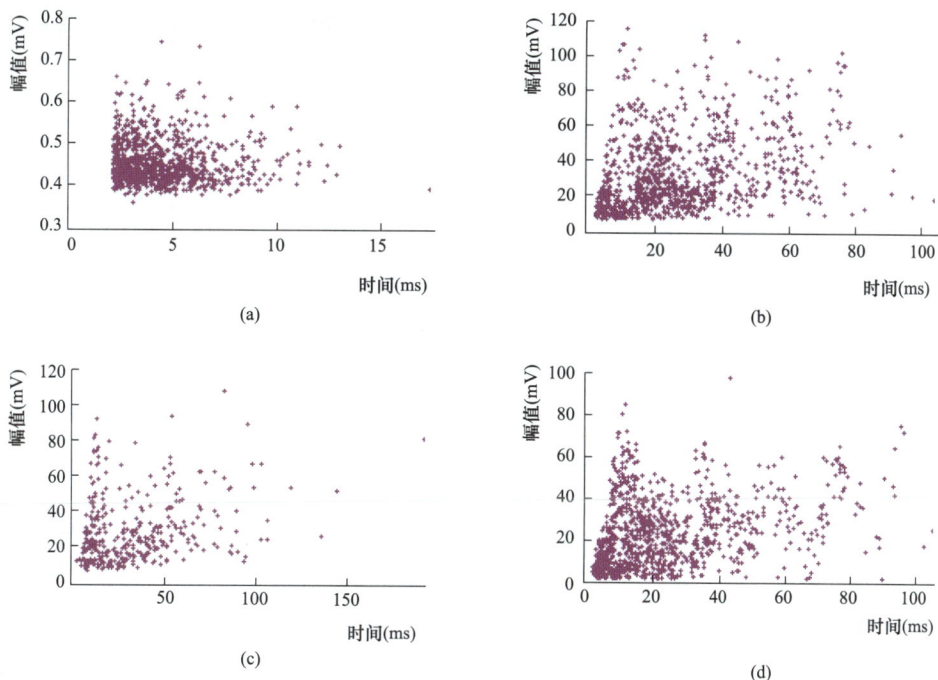

图 4-10　0.2MPa SF$_6$ 气压、不同外施电压下超声波信号的飞行模式

(a) 12.5kV；(b) 17.5kV；(c) 20kV；(d) 25kV

　　起始放电时，信号主要集中在正负峰附近，表现出筒壁上尖刺突起的特性。而随着电压的继续升高，正半周放电幅值、重复率强于负半周放电，这是因为金属微粒在未运动时可看成接地体上的金属突起缺陷，极性效应使得正半周放电强于负半周放电。

　　该气压下飞行模式特征与 0.1MPa 时结果相似。

　　(3) GIS 内 SF$_6$ 气压为 0.3MPa。在此气压条件下，外施电压加至 12.5、15.5、22.5kV 和 25kV 时，超声波系统检测到的典型放电信号如图 4-11 和图 4-12 所示。

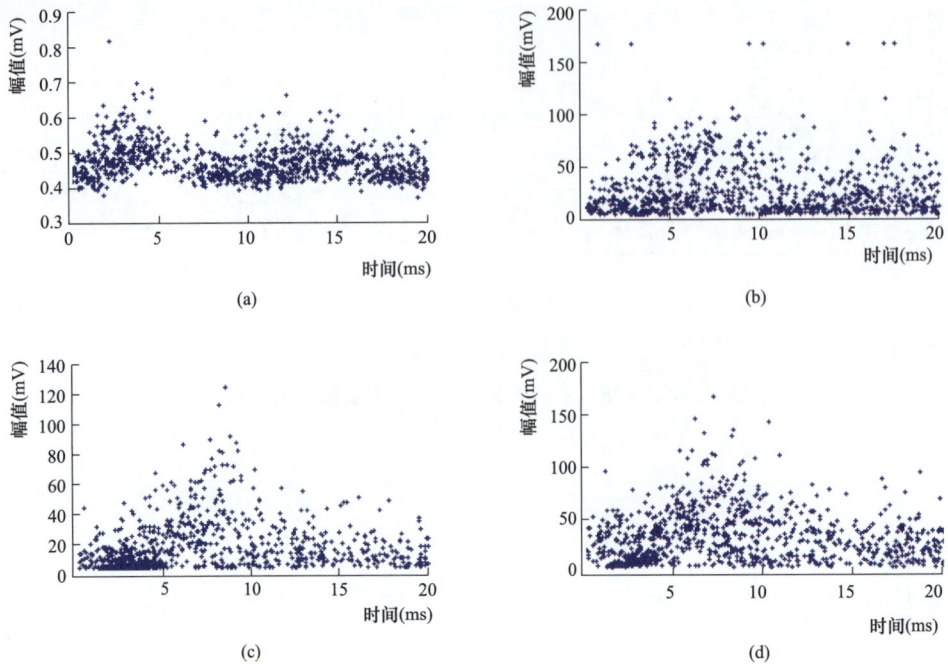

图 4-11　0.3MPa SF$_6$ 气压、不同外施电压下超声波信号的 PRPD 谱图

(a) 12.5kV；(b) 15.5kV；(c) 22.5kV；(d) 25kV

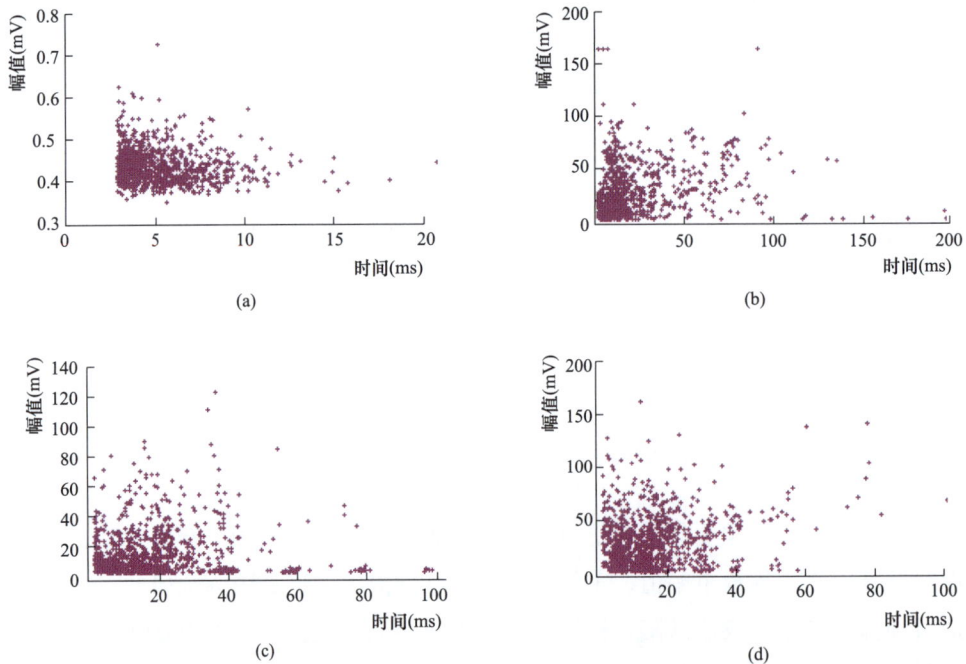

图 4-12　0.3MPa SF$_6$ 气压、不同外施电压下超声波信号的飞行模式

(a) 12.5kV；(b) 15.5kV；(c) 22.5kV；(d) 25kV

随着气压的升高，缺陷引发的局部放电相位特征没有明显的变化，此时飞行模式特征
与低气压时相似。

（4）GIS 内 SF_6 气压为 0.45MPa。在此气压条件下，外施电压加至 12.5、17.5、
20kV 和 22.5kV 时，超声波系统检测到的典型放电信号如图 4-13 和图 4-14 所示。

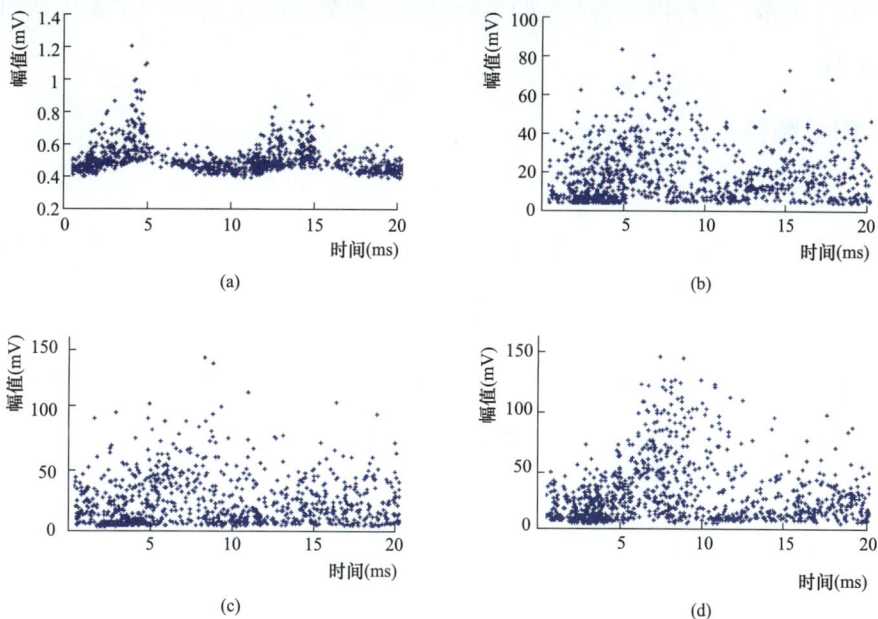

(a)

(b)

(c)

(d)

图 4-13　0.45MPa SF_6 气压、不同外施电压下超声波信号的 PRPD 谱图

（a）12.5kV；（b）17.5kV；（c）20kV；（d）22.5kV

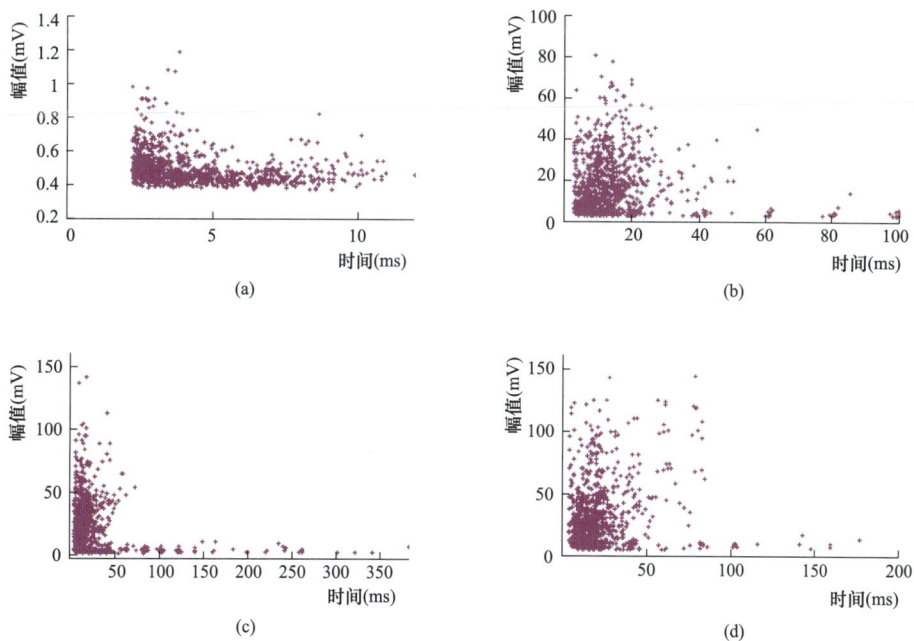

(a)

(b)

(c)

(d)

图 4-14　0.45MPa SF_6 气压、不同外施电压下超声波信号的飞行模式

（a）12.5kV；（b）17.5kV；（c）20kV；（d）22.5kV

当施加电压较低时，自由颗粒获得的库仑力还不足以使其自由跳动，而静止于内壳上，这与地电位凸起尖刺缺陷相似，当电压达到一定的幅值时会发生局部放电，因此其 PRPD 谱图会呈现单峰或双峰的情形，如图 4-13 所示。可以看到放电最先发生于施加电压正峰值附近，随着电压升高，正负峰值附近均能采集到放电信号，其幅值较小。

如图 4-14 所示，飞行模式表现出的飞行时间大约为 20ms，即一个工频周期内发生一次跳跃或放电。

4.3.2 铝丝颗粒

1. 试验模型设计

该试验模型采用 1mm×5mm 铝丝颗粒。通过试验发现，该模型一旦发生放电，放电重复率高，放电幅值大，模式明显，具有典型的"飞行"谱图特征。

2. 检测结果及分析

（1）GIS 内 SF_6 气压为 0.1MPa。在此气压条件下，外施电压加至 12.5、17.5、20.5kV 和 22.5kV 时，超声波系统检测到的典型放电信号如图 4-15 和图 4-16 所示。

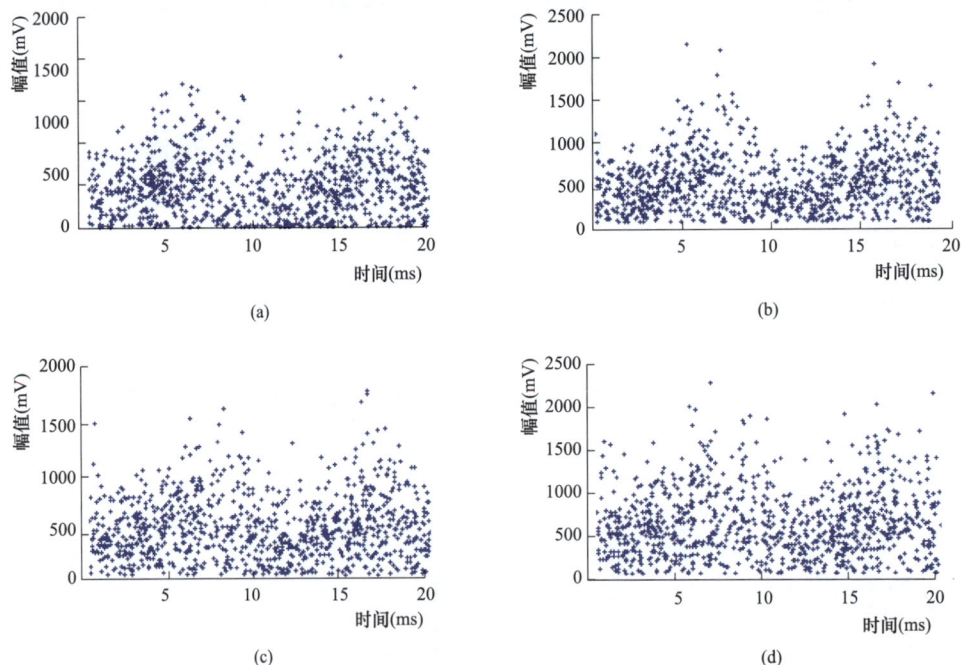

图 4-15　0.1MPa SF_6 气压、不同外施电压下超声波信号的 PRPD 谱图
(a) 12.5kV；(b) 17.5kV；(c) 20kV；(d) 22.5kV

与铜丝颗粒不同，铝丝颗粒的质量较轻，运动幅度较大，产生的超声信号幅值较大。其产生的超声信号杂乱无章，但在正负峰附近的信号幅值较大。这是因为铝丝颗粒更容易在筒壁上竖立形成筒壁金属尖刺突起，而引发尖刺放电。

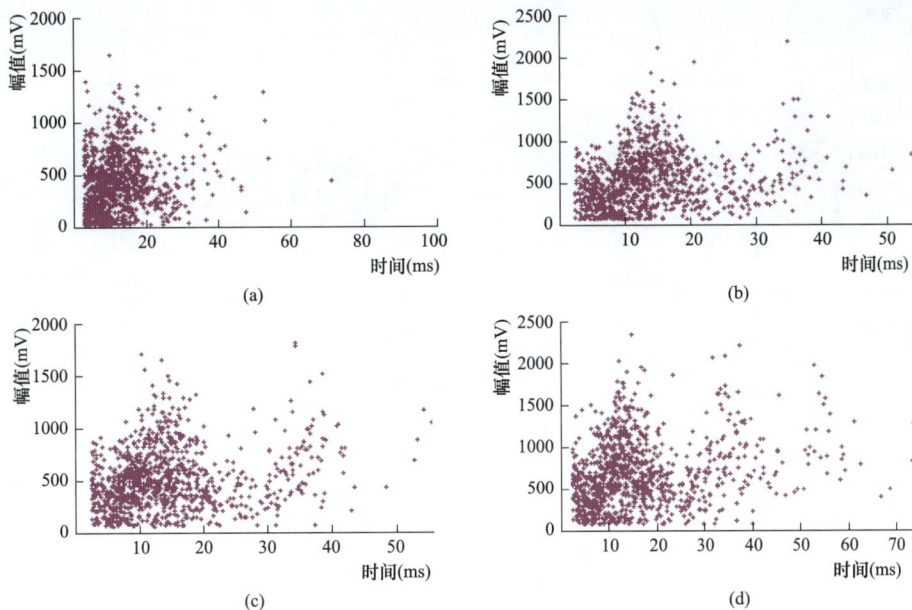

图 4-16　0.1MPa SF$_6$ 气压、不同外施电压下超声波信号的飞行模式

(a) 12.5kV；(b) 17.5kV；(c) 20kV；(d) 22.5kV

　　起始放电时飞行模式特征不明显，当电压为 17.5kV 时，出现明显的飞行时间，相对比与铜丝颗粒，其飞行时间没有相对固定值，可能是由于其质量较轻，运动规律性不强。

　　(2) GIS 内 SF$_6$ 气压为 0.2MPa。在此气压条件下，外施电压加至 12.5、17.5、20kV 和 22.5kV 时，超声波系统检测到的典型放电信号如图 4-17 和图 4-18 所示。总体特点与 0.1MPa 时情况相似。

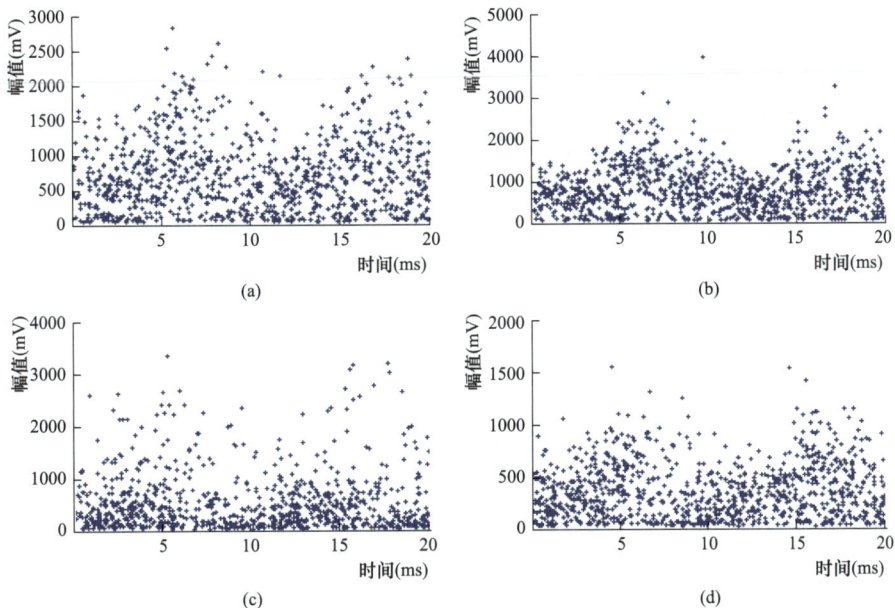

图 4-17　0.2MPa SF$_6$ 气压、不同外施电压下超声波信号的 PRPD 谱图

(a) 12.5kV；(b) 17.5kV；(c) 20kV；(d) 22.5kV

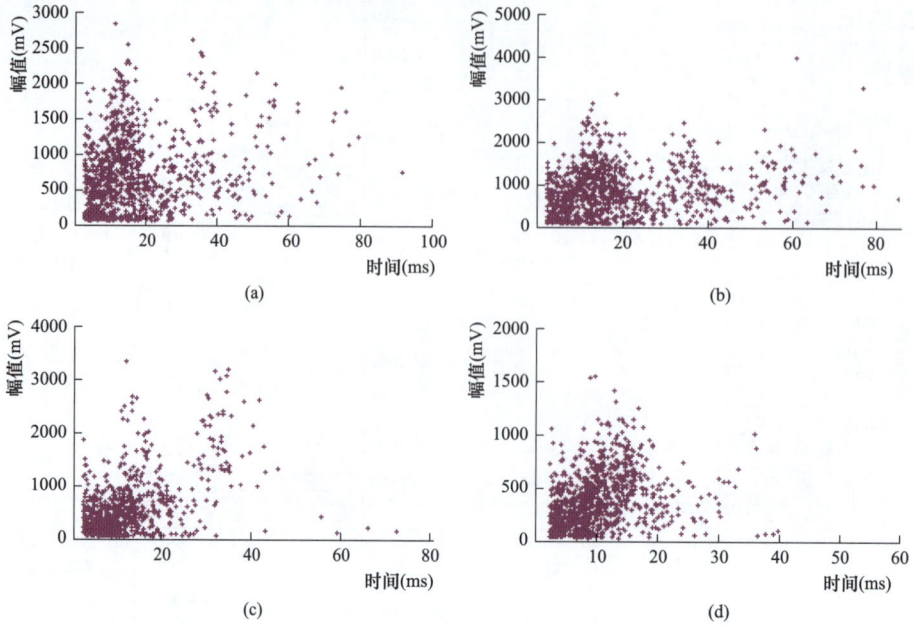

图 4-18　0.2MPa SF$_6$ 气压、不同外施电压下超声波信号的飞行模式

(a) 12.5kV；(b) 17.5kV；(c) 20kV；(d) 22.5kV

（3）GIS 内 SF$_6$ 气压为 0.3MPa。在此气压条件下，外施电压加至 12.5、17.5、20kV 和 22.5kV 时，超声波系统检测到的典型放电信号如图 4-19 和图 4-20 所示。总体特点与 0.1、0.2MPa 时情况相似。

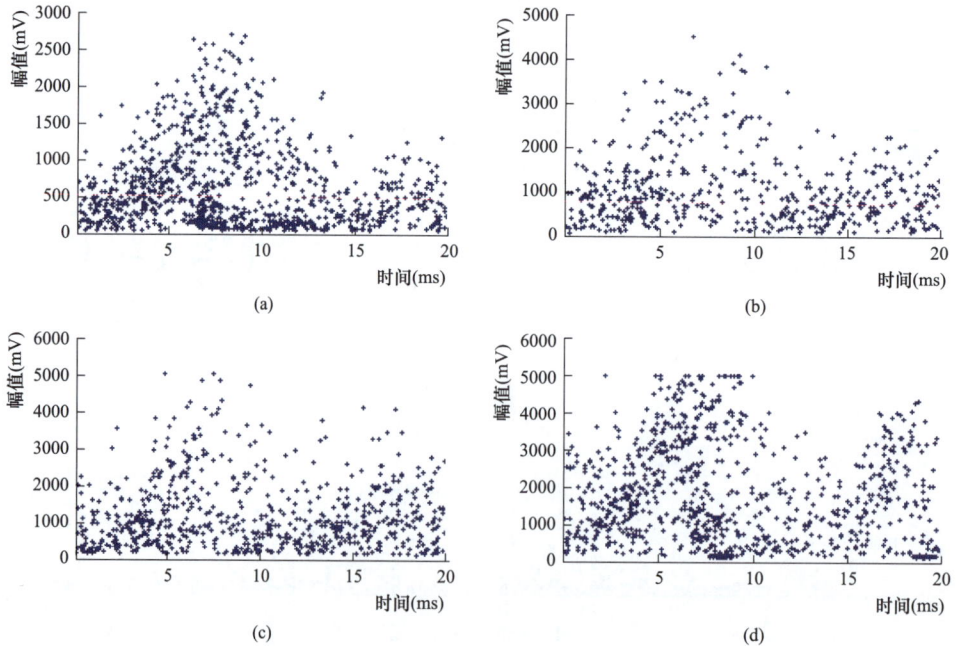

图 4-19　0.3MPa SF$_6$ 气压、不同外施电压下超声波信号的 PRPD 谱图

(a) 12.5kV；(b) 17.5kV；(c) 20kV；(d) 22.5kV

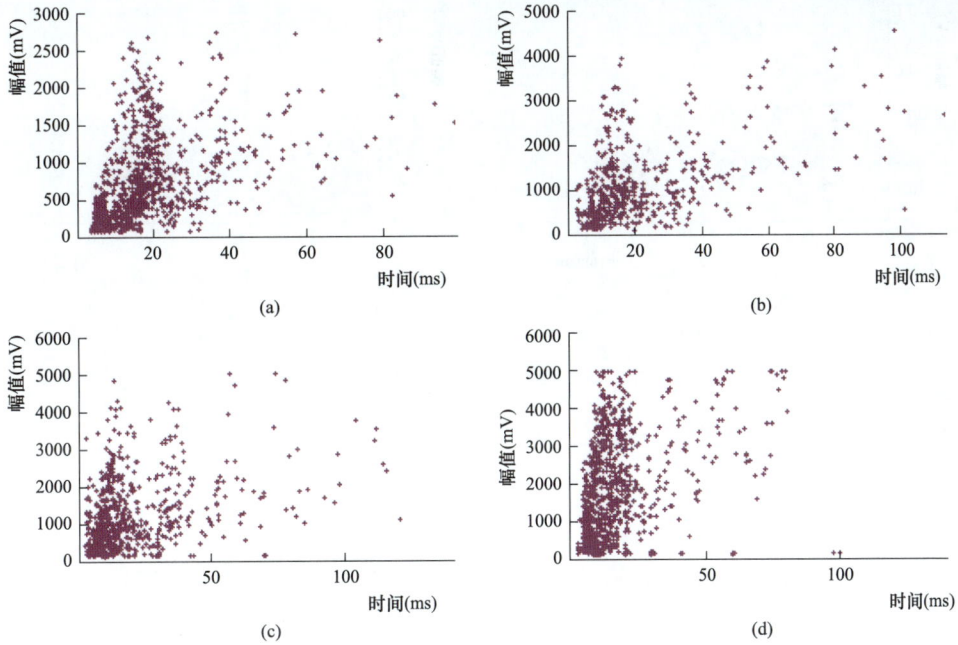

图 4-20　0.3MPa SF$_6$ 气压、不同外施电压下超声波信号的飞行模式
(a) 12.5kV；(b) 17.5kV；(c) 22.5kV；(d) 22.5kV

（4）GIS 内 SF$_6$ 气压为 0.45MPa。在此气压条件下，外施电压加至 12.5、17.5、20kV 和 22.5kV 时，超声波系统检测到的典型放电信号如图 4-21 和图 4-22 所示。

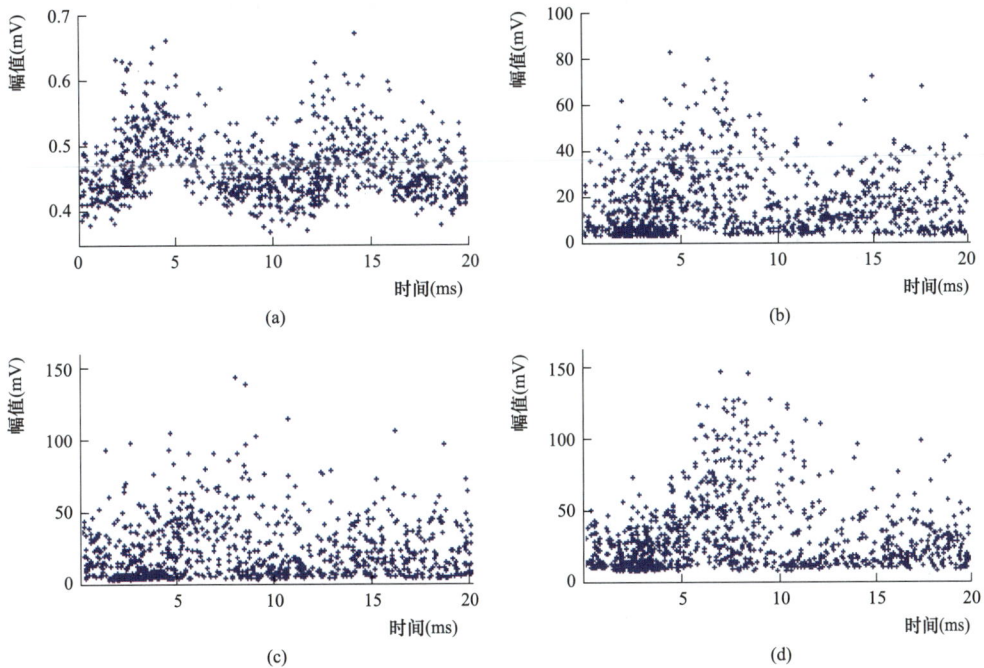

图 4-21　0.45MPa SF$_6$ 气压、不同外施电压下超声波信号的 PRPD 谱图
(a) 12.5kV；(b) 17.5kV；(c) 20kV；(d) 22.5kV

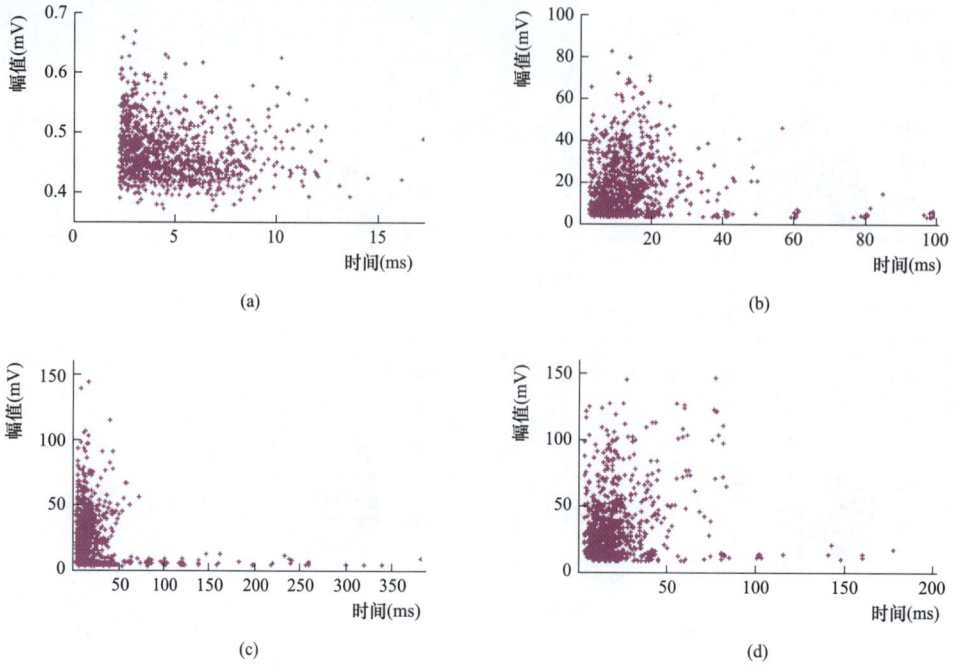

图 4-22　0.45MPa SF$_6$ 气压、不同外施电压下超声波信号的飞行模式

(a) 12.5kV；(b) 17.5kV；(c) 20kV；(d) 22.5kV

　　总体相位特征与低气压时相同，即整个工频周期内都会出现超声信号，同时正负峰处的信号更强一些，主要是由于金属微粒在未运动时可看成是筒壁上的金属突起缺陷。另外，随着气压的升高，微粒运动的飞行时间大约为 20ms，这一点与铜丝微粒的运动特点相同。

4.3.3　钢球颗粒

　　1. 试验模型设计

　　该试验模型采用直径 1mm 钢球。

　　2. 检测结果及分析

　　(1) GIS 内 SF$_6$ 气压为 0.1MPa。在此气压条件下，外施电压加至 15、17.5、20kV 和 25kV 时，超声波系统检测到的典型放电信号如图 4-23 和图 4-24 所示。

　　钢球由于质量更大，其运动需要更大的电场力。所以当电压较低时，其表现出明显的筒壁金属尖刺放电特性，即在正负峰处出现明显的放电信号。随着电压的升高，放电出现的相位发生变化，主要集中在 90°~180°左右，且信号幅值明显变大。这时参考图 4-24 所示的飞行模式图，可发现此时钢球微粒已发生明显的跳动。

　　同时，通过目测，可以发现微粒在小模型作无规则跳动，能听见明显的撞击地电极的声音。

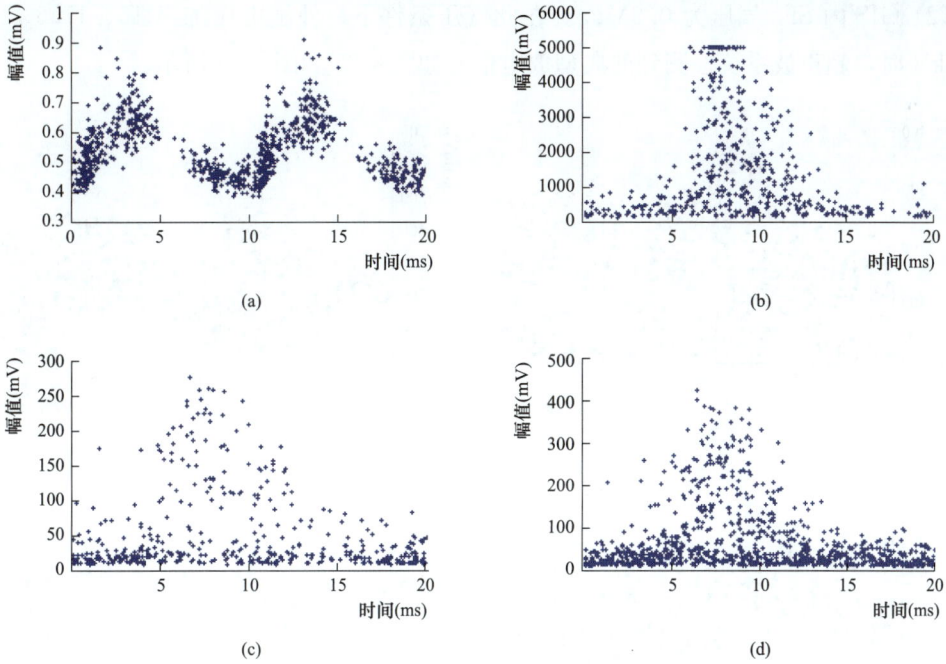

图 4-23　0.1MPa SF$_6$ 气压、不同外施电压下超声波信号的 PRPD 谱图

(a) 15kV；(b) 17.5kV；(c) 20kV；(d) 25kV

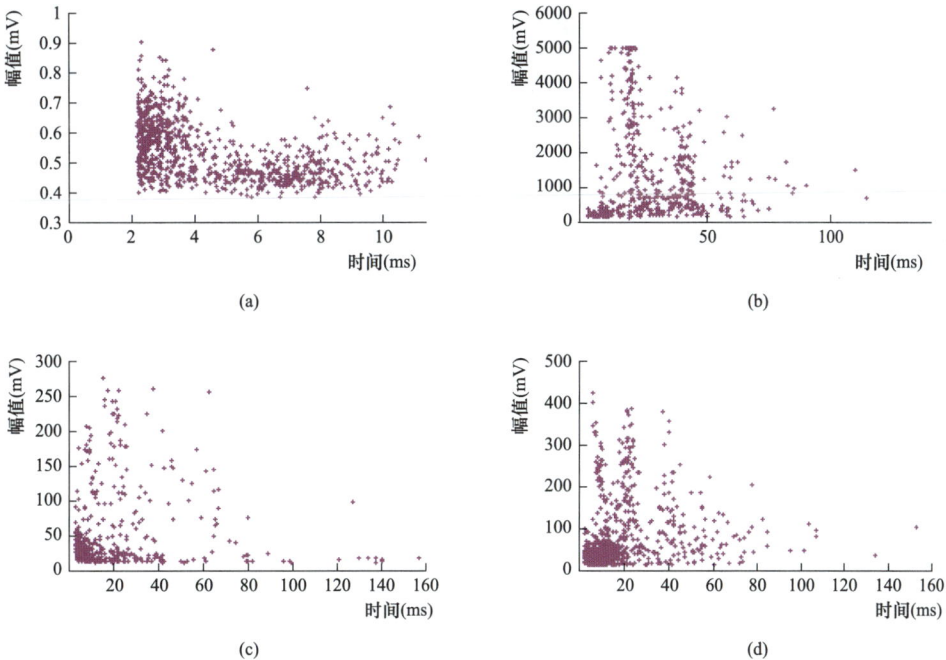

图 4-24　0.1MPa SF$_6$ 气压、不同外施电压下超声波信号的飞行模式

(a) 15kV；(b) 17.5kV；(c) 20kV；(d) 25kV

（2）GIS 内 SF$_6$ 气压为 0.2MPa。在此气压条件下，外施电压加至 15、17.5、20kV 和 25kV 时，超声波系统检测到的典型放电信号如图 4-25 和图 4-26 所示。

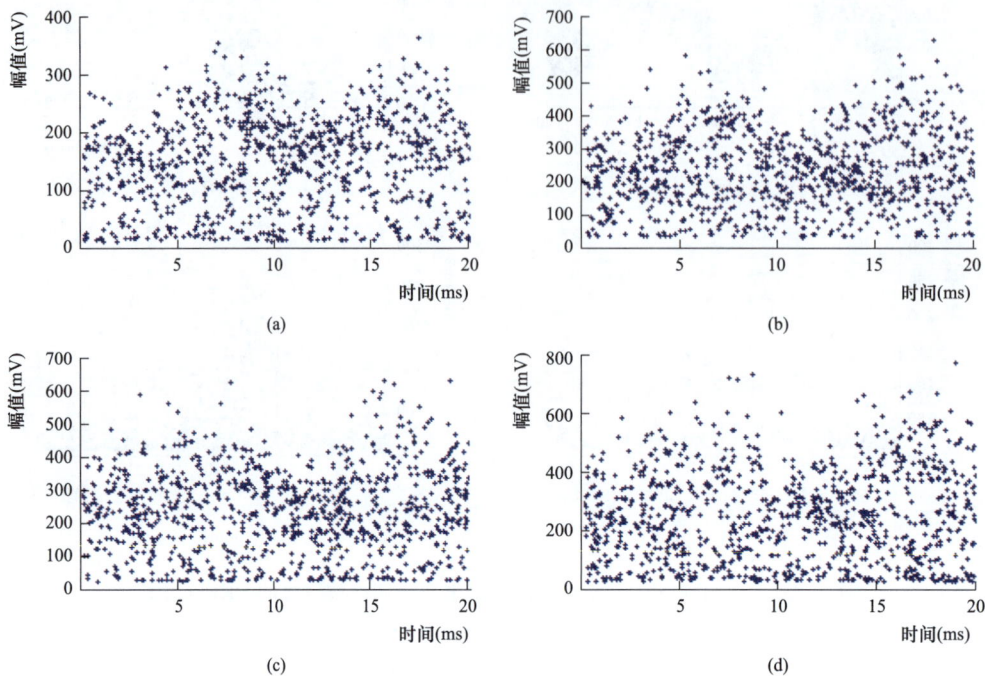

图 4-25　0.2MPa SF$_6$ 气压、不同外施电压下超声波信号的 PRPD 谱图

（a）15kV；（b）17.5kV；（c）20kV；（d）25kV

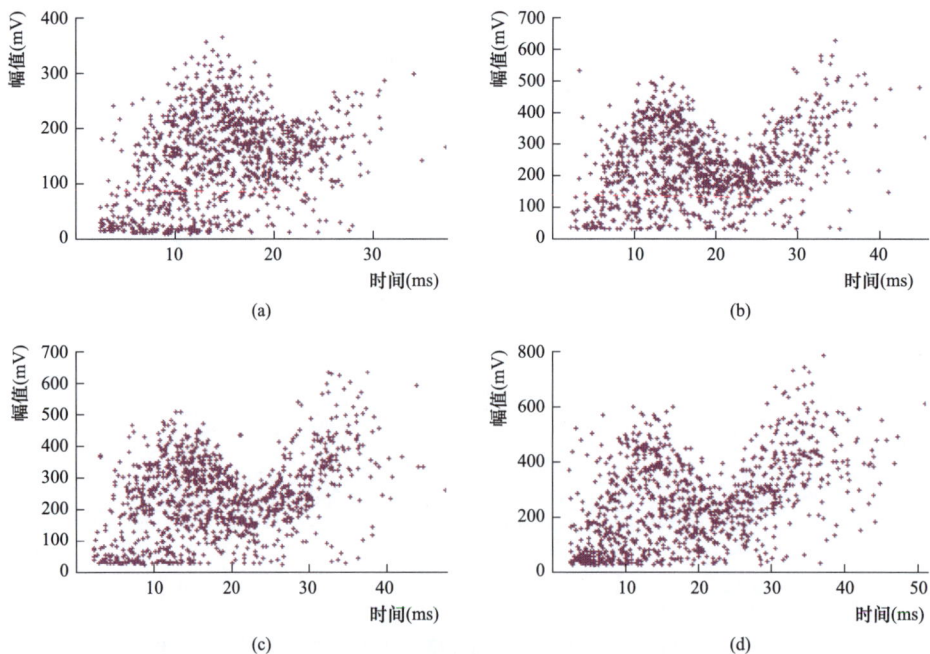

图 4-26　0.2MPa SF$_6$ 气压、不同外施电压下超声波信号的飞行模式

（a）15kV；（b）17.5kV；（c）20kV；（d）25kV

随着气压的升高，即使在起始放电阶段，超声信号也会在整个工频周期内出现，参考 4-26 所示的飞行特征，可得当钢球的运动没有明显的相位特征，具有一定的随机性。

其飞行模式有别于丝状微粒，表现出明显的驼峰状，每个驼峰大概宽为 20ms。此时飞行图已经表现出较为明显的飞行特征，说明此时颗粒已经开始跃起。

（3）GIS 内 SF$_6$ 气压为 0.3MPa。在此气压条件下，外施电压加至 15、17.5、20kV 和 25kV 时，超声波系统检测到的典型放电信号如如图 4-27 和图 4-28 所示。

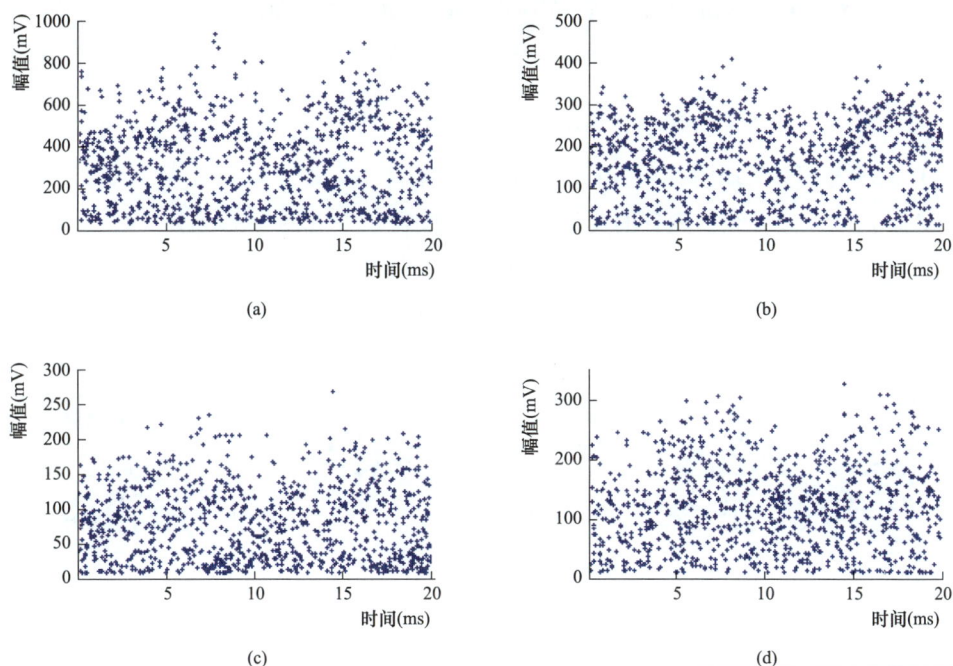

图 4-27　0.3MPa SF$_6$ 气压、不同外施电压下超声波信号的 PRPD 谱图

（a）15kV；（b）17.5kV；（c）20kV；（d）25kV

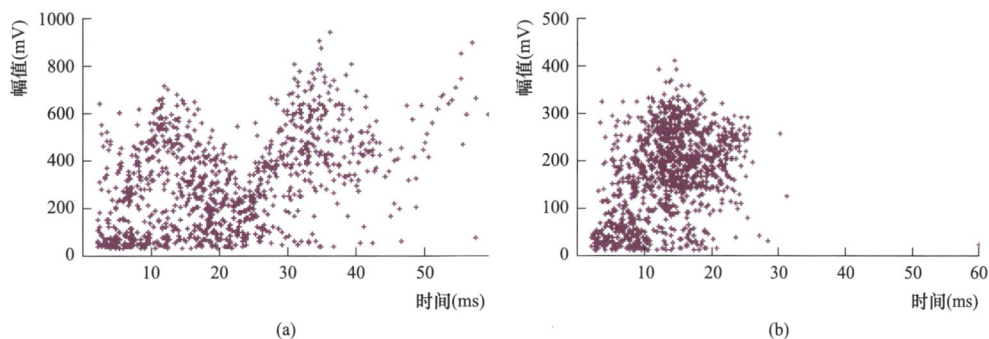

图 4-28　0.3MPa SF$_6$ 气压、不同外施电压下超声波信号的飞行模式（一）

（a）15kV；（b）17.5kV；

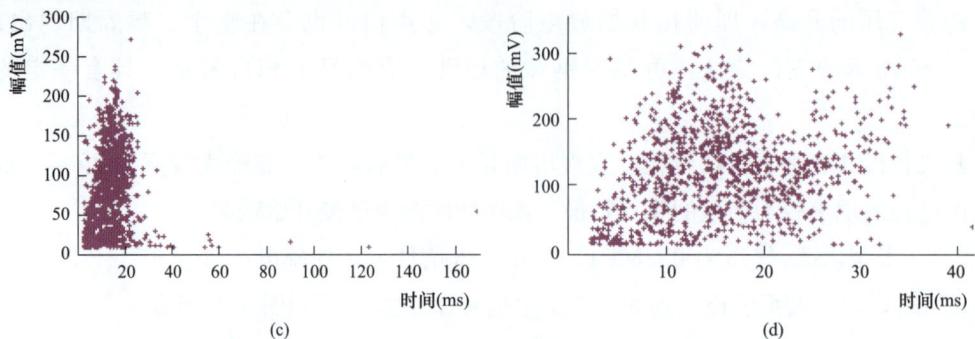

图 4-28　0.3MPa SF$_6$ 气压、不同外施电压下超声波信号的飞行模式（二）

(c) 20kV；(d) 25kV

此时特征与 0.2MPa 时相似，当电压达到 25kV 时，飞行图已经有较为明显的表现。

（4）GIS 内 SF$_6$ 气压为 0.45MPa。在此气压条件下，外施电压加至 15、17.5、20kV 和 25kV 时，超声波系统检测到的典型放电信号如图 4-29 和图 4-30 所示。

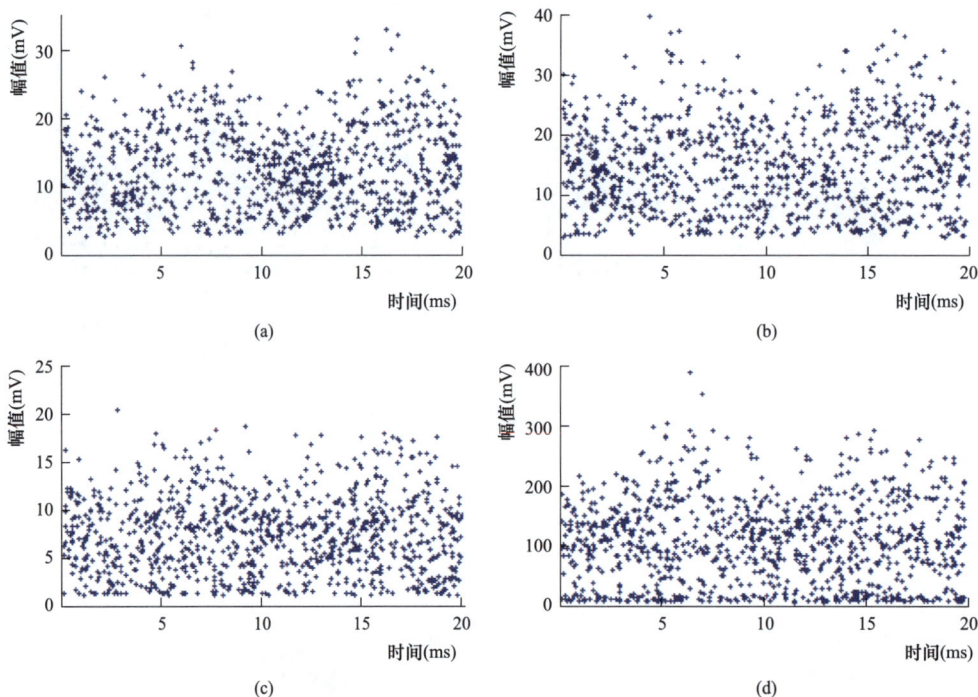

图 4-29　0.45MPa SF$_6$ 气压、不同外施电压下超声波信号的 PRPD 谱图

(a) 15kV；(b) 17.5kV；(c) 20kV；(d) 25kV

该气压时信号特征与 0.2MPa 和 0.3MPa 时相似，其飞行特征在不同电压下表现的已经较为明显和清晰。

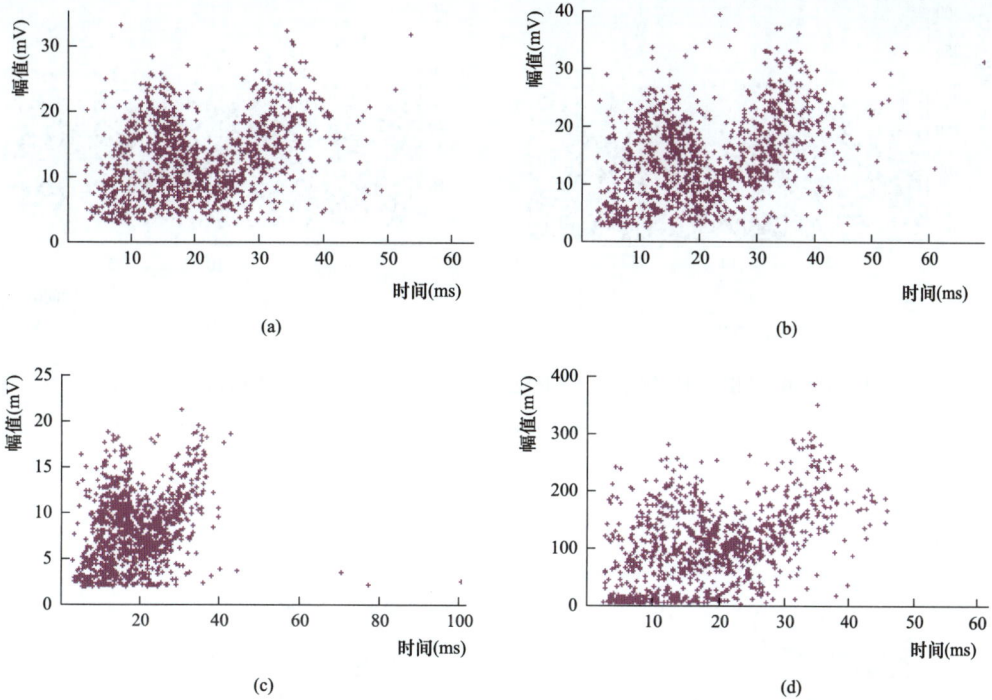

图 4-30　0.45MPa SF$_6$ 气压、不同外施电压下超声波信号的飞行模式

（a）15kV；（b）17.5kV；（c）20kV；（d）25kV

4.3.4　混合颗粒

1. 试验模型设计

任意选择多个不同的钢球和铝球进行试验。

2. 超声法检测结果

（1）GIS 内 SF$_6$ 气压为 0.1MPa。在此气压条件下，外施电压加至 15、17.5、20kV 和 25kV 时，超声波系统检测到的典型放电信号如图 4-31 和图 4-32 所示。

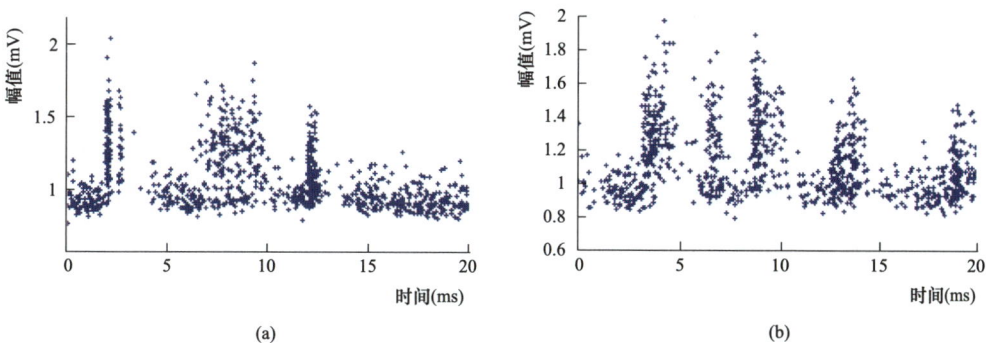

图 4-31　0.1MPa SF$_6$ 气压、不同外施电压下超声波信号的 PRPD 谱图（一）

（a）15kV；（b）17.5kV；

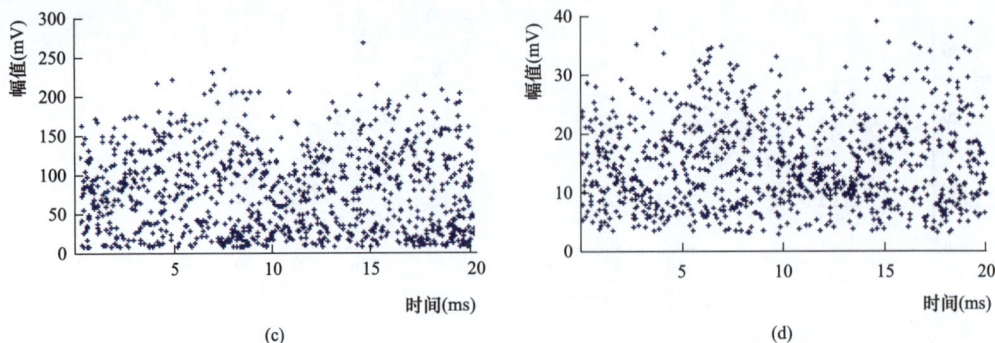

图 4-31　0.1MPa SF$_6$ 气压、不同外施电压下超声波信号的 PRPD 谱图（二）

(c) 20kV；(d) 25kV

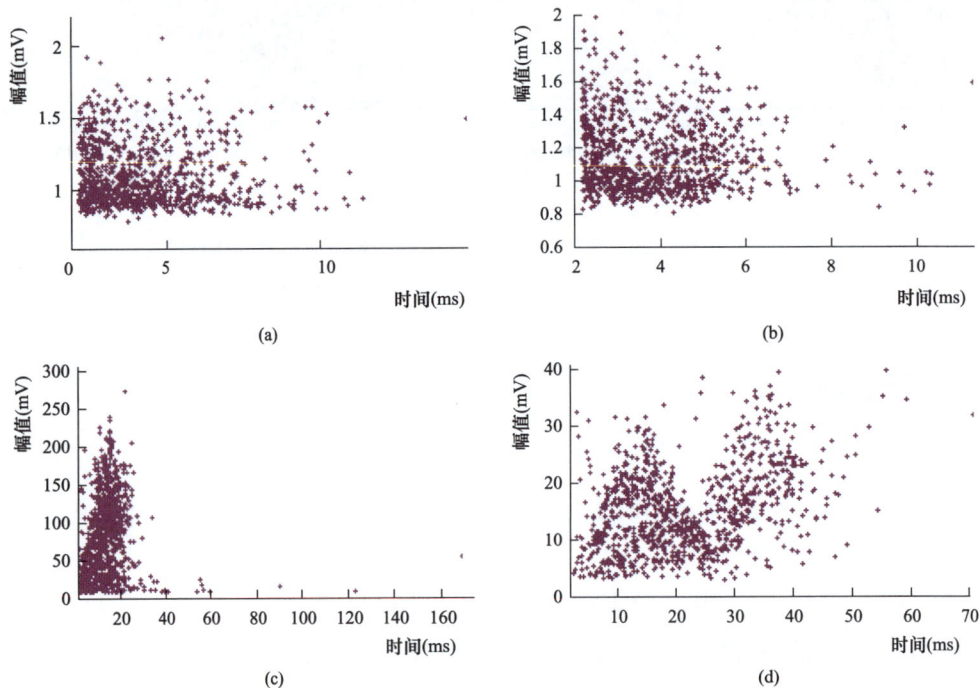

图 4-32　0.1MPa SF$_6$ 气压、不同外施电压下超声波信号的飞行模式

(a) 15kV；(b) 17.5kV；(c) 20kV；(d) 25kV

起始放电时，表现出的相位特征既有金属尖刺类放电特征，又有悬浮类缺陷放电特征。这是因为多个微粒在未发生运动前，类似于筒壁上的金属尖刺突起缺陷，同时，微粒彼此之间又类似于悬浮电位缺陷。

随着电压的升高，在整个工频周期内出现杂乱无章的超声信号，参考图 4-32 所示的飞行特征，可知微粒发生了运动。

通过目测发现，混合颗粒缺陷在运动时，有时多个颗粒会粘连在一起，形成一个筒壁金属尖刺突起，有时彼此之间发生碰撞等，运动非常激烈，能听见明显的撞击声音。

（2）GIS 内 SF$_6$ 气压为 0.2MPa。在此气压条件下，外施电压加至 15、17.5、20kV 和 25kV 时，超声波系统检测到的典型放电信号如图 4-33 和图 4-34 所示。

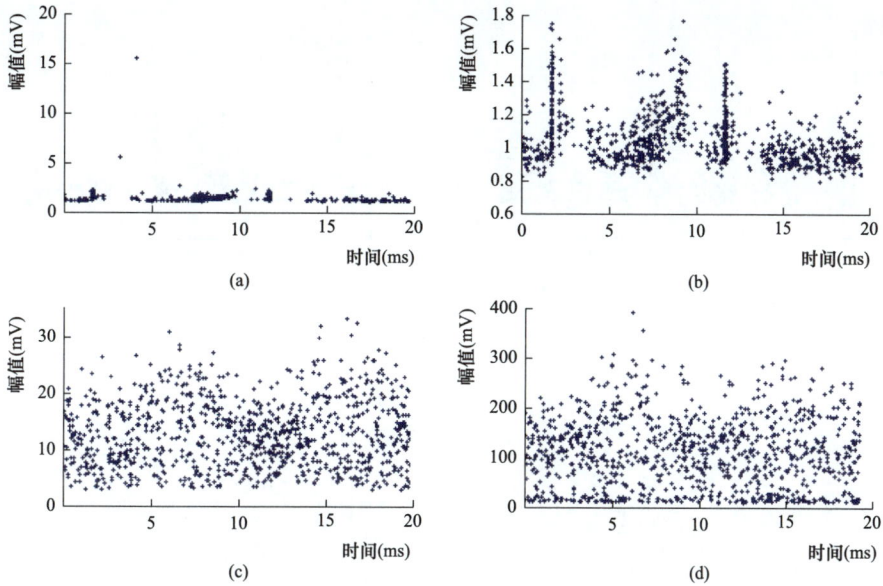

图 4-33　0.2MPa SF$_6$ 气压、不同外施电压下超声波信号的 PRPD 谱图

(a) 15kV；(b) 17.5kV；(c) 20kV；(d) 25kV

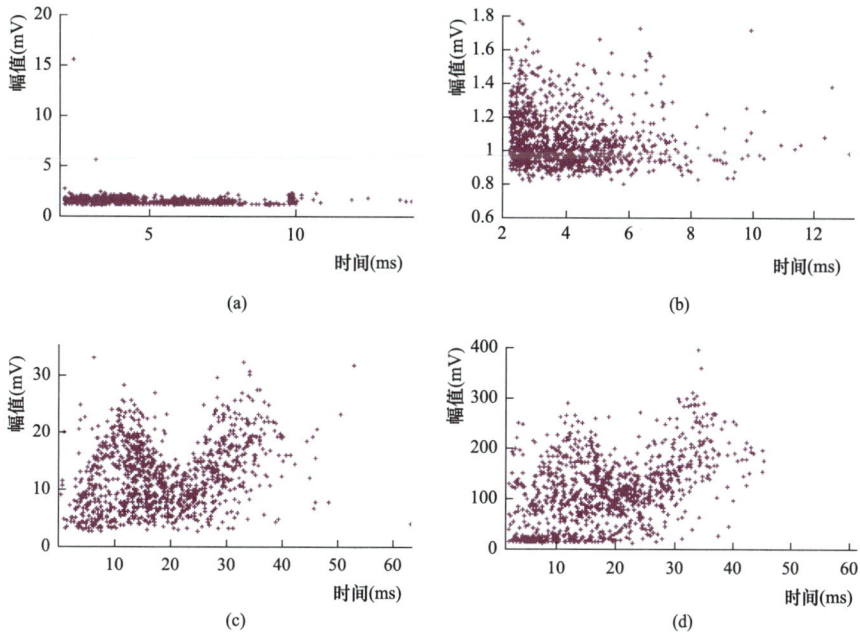

图 4-34　0.2MPa SF$_6$ 气压、不同外施电压下超声波信号的飞行模式

(a) 15kV；(b) 17.5kV；(c) 20kV；(d) 25kV

此时信号特征与 0.1MPa 时相同，在高电压下表现出了较为明显的飞行特征。

（3）GIS 内 SF$_6$ 气压为 0.3MPa。在此气压条件下，外施电压加至 15、17.5、20kV 和 25kV 时，超声波系统检测到的典型放电信号如图 4-35 和图 4-36 所示。

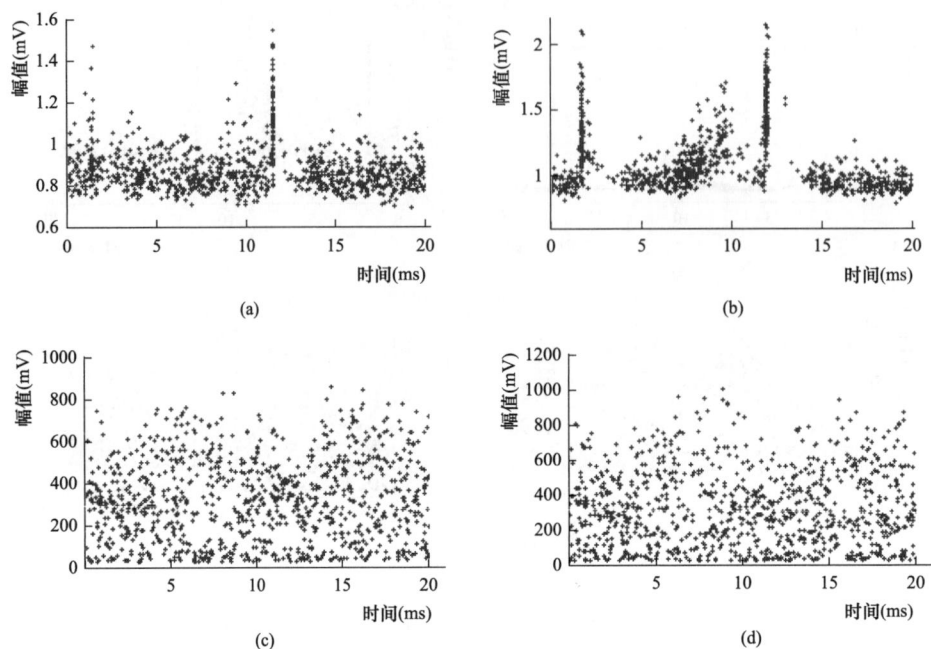

图 4-35　0.3MPa SF$_6$ 气压、不同外施电压下超声波信号的 PRPD 谱图

(a) 15kV；(b) 17.5kV；(c) 20kV；(d) 25kV

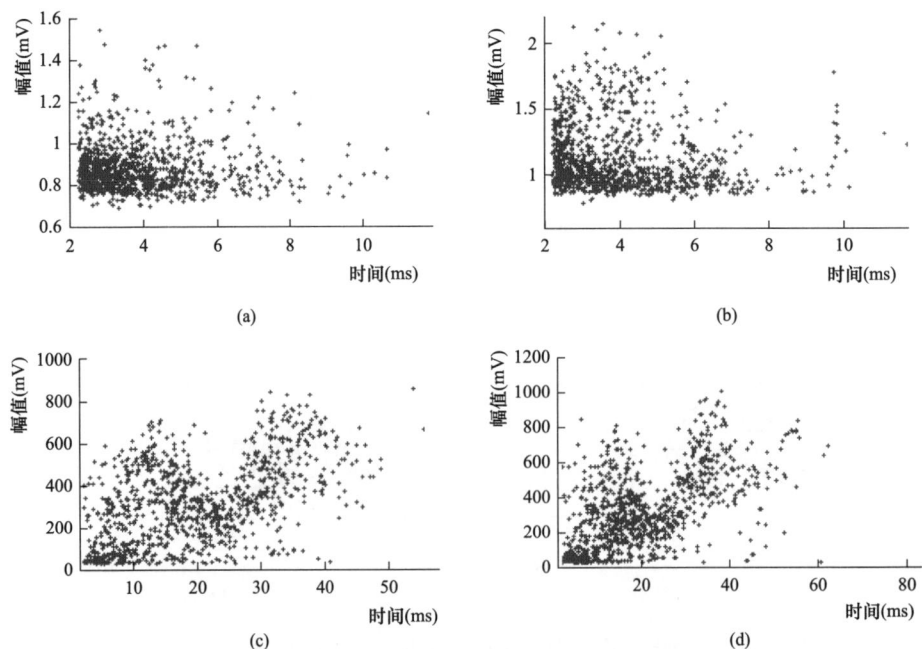

图 4-36　0.3MPa SF$_6$ 气压、不同外施电压下超声波信号的飞行模式

(a) 15kV；(b) 17.5kV；(c) 20kV；(d) 25kV

此时信号特征与 0.1MPa 和 0.2MPa 时相同，当外加电压超过 20kV 时，微粒已经有了飞行特征。

（4）GIS 内 SF$_6$ 气压为 0.45MPa。在此气压条件下，外施电压加至 15、17.5、20kV 和 25kV 时，超声波系统检测到的典型放电信号如图 4-37 和图 4-38 所示。

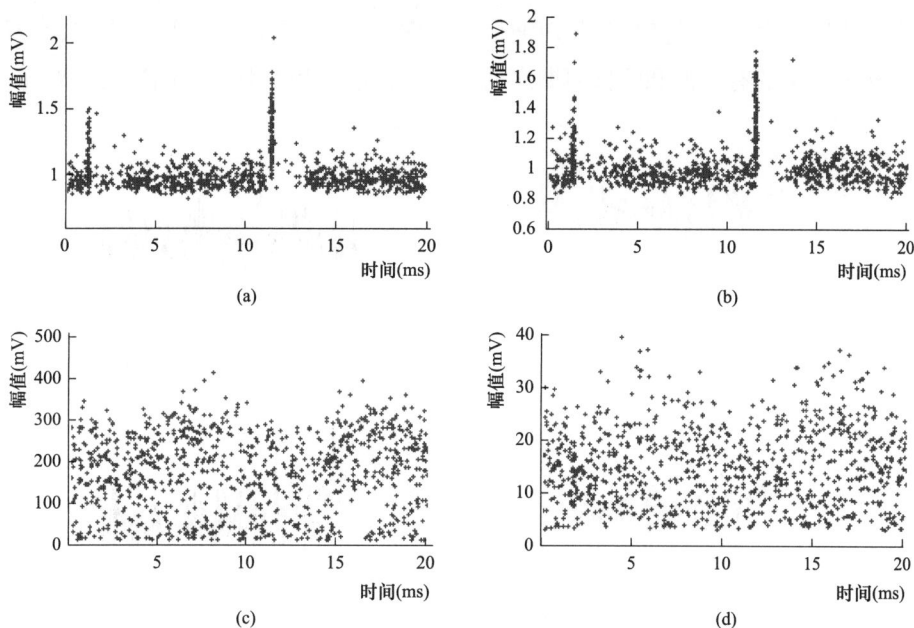

图 4-37　0.45MPa SF$_6$ 气压、不同外施电压下超声波信号的 PRPD 谱图

（a）15kV；（b）17.5kV；（c）20kV；（d）25kV

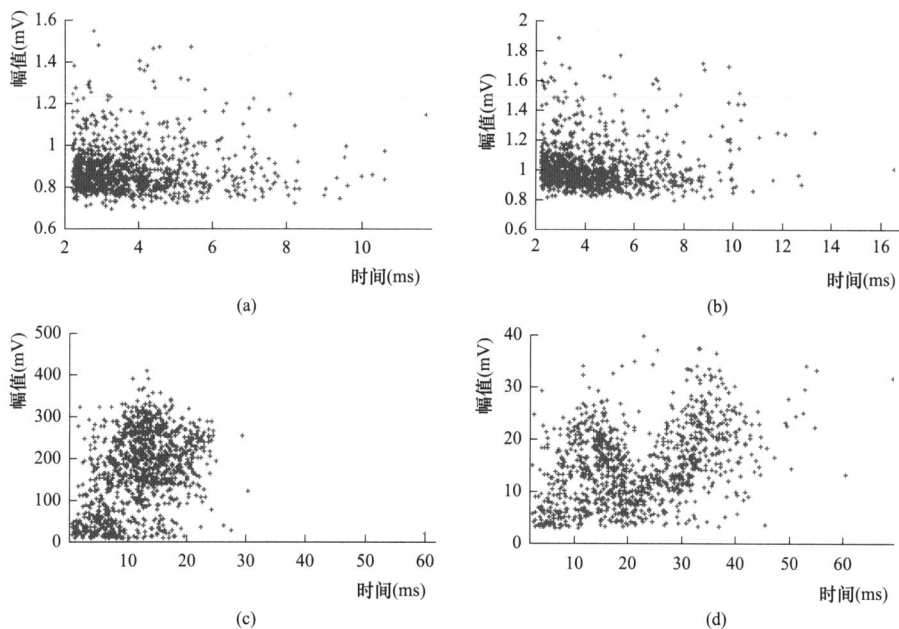

图 4-38　0.45MPa SF$_6$ 气压、不同外施电压下超声波信号的飞行模式

（a）15kV；（b）17.5kV；（c）20kV；（d）25kV

此时信号特征与低气压时相同。

4.4 微粒缺陷超声信号特征

4.4.1 谱图特性

为进一步明确自由颗粒产生的超声波信号，图 4-39 和图 4-40 对 GIS 中包含金属微粒各类典型缺陷产生的有效值和峰值周期序列图、飞行模式和 PRPD 谱图进行了对比。

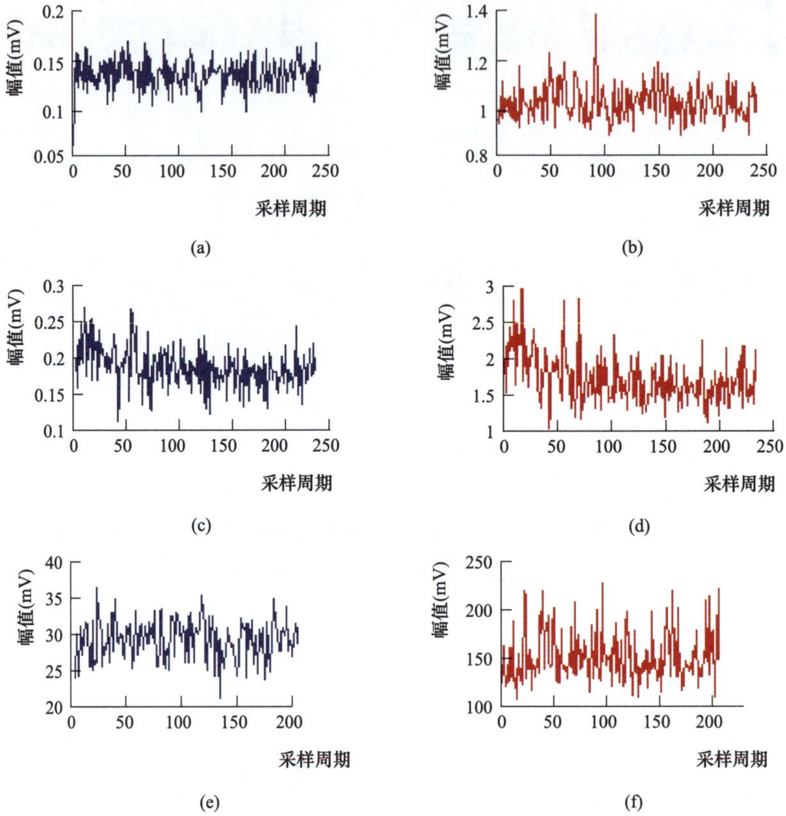

图 4-39　不同缺陷类型对应的有效值和峰值周期序列

（a）背景噪声；（b）母线尖刺；（c）悬浮电极；（d）绝缘子内部缺陷；（e）1～2mm 铜丝；（f）1mm 钢球

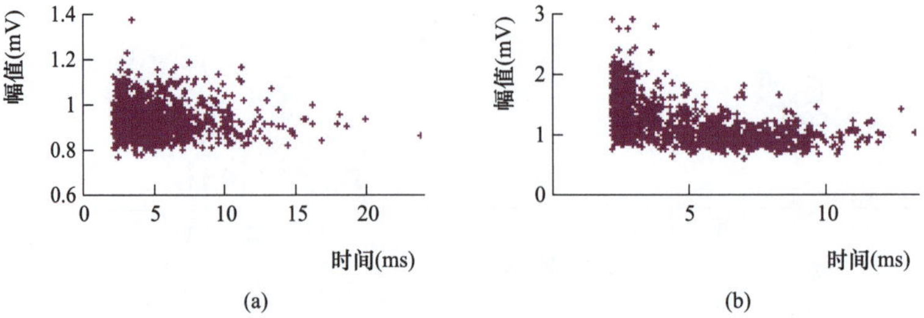

图 4-40　不同缺陷类型对应的飞行模式（一）

（a）背景噪声；（b）母线尖刺；

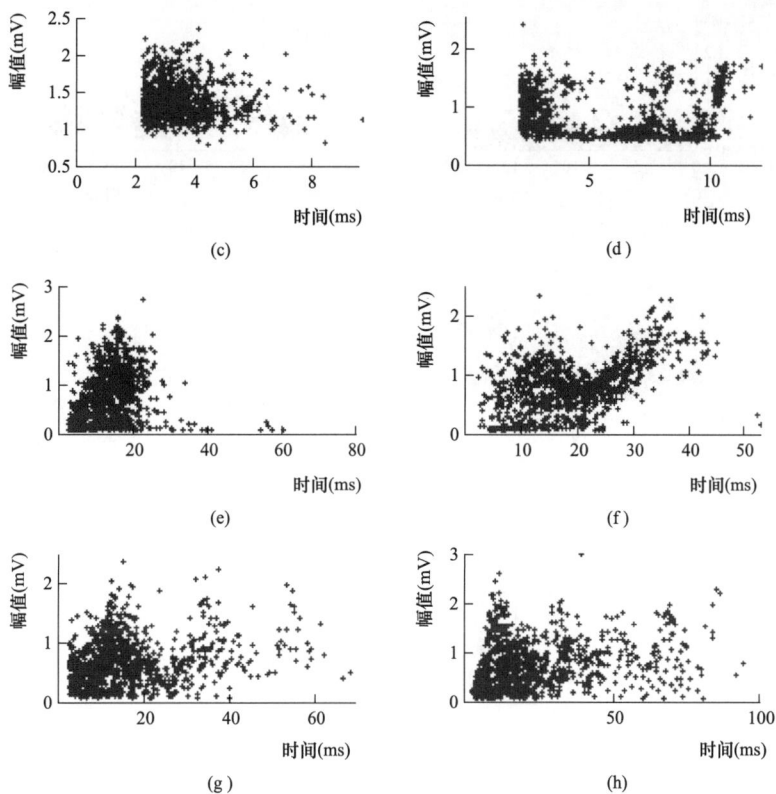

图 4-40 不同缺陷类型对应的飞行模式（二）

（c）悬浮电极；（d）绝缘子内部缺陷；（e）1mm 铜球；

（f）1.5mm 铜球；（g）3mm 铝丝；（h）5mm 铜丝

周期有效值序列和周期峰值序列可以由$[q_i, t_i + 20(n-1)]_n$转换获得。其中，q_i为第i时刻超声波检测信号幅值；t_i为超声波局部放电发生时刻；n为图谱点数。图 4-39 给出了超声检测获取的不同缺陷和背景噪声信号典型的 RMSV 和 PPV 序列。直观分析可以得出，自由颗粒 RMSV 和 PPV 序列的幅值跳动明显，而背景噪声和 PD 信号对应 RMSV 和 PPV 序列的幅值变化平缓。这是由于金属自由颗粒撞击 GIS 外壳引起的机械振动与 PD 信号引起 SF_6 气体产生的声波振动以及背景噪声信号存在本质上的不同特性所引起的。因此，可以选择周期最大最小有效值比和周期最大最小峰值比（一般使用模糊阈值法）用于鉴别获取的超声信号是否来自自由金属颗粒跳动。

飞行模式 $(q_i, t_{i+1} - t_i)_n$（$t_{i+1} - t_i$ 为超声波局部放电时间间隔）序列所表征的信号谱图，这里称之为飞行图。图 4-41 所示分别为典型背景噪声和不同 PD 缺陷类型对应超声信号的飞行图，其均表现为随机分布，即放电幅值与放电时间间隔之间的统计不相关性。而图 4-40 （e）～图 4-40 （h）所示分别为不同尺寸单个自由金属颗粒对应超声信号的典型飞行图，其均表现为有趣的单个或多个"三角形"分布。因此，可以从该模式中提取相关特征参数用于判别检测获取的超声信号是否来自自由金属颗粒。

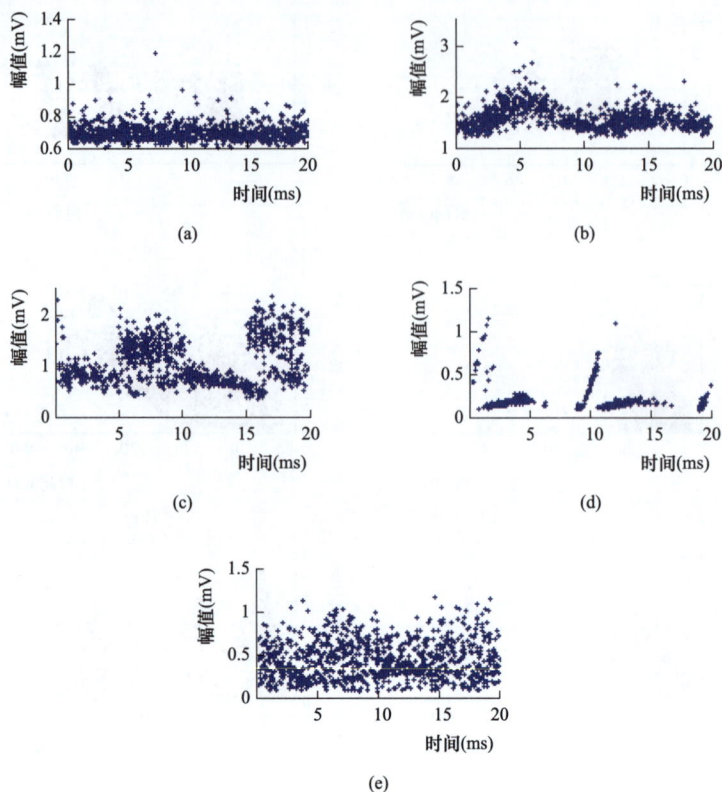

图 4-41　不同缺陷类型对应的 PRPD 谱图

（a）背景噪声；（b）尖刺电晕；（c）悬浮电极；（d）绝缘子内部缺陷；（e）1.5mm 钢球

图 4-42 所示对基于飞行模式的参数提取进行了简单描述，其中等效飞行时宽和等效飞行距离定义为

$$T_{fm} = (T_{fm1} + T_{fm2} + T_{fm3} + \cdots + T_{fmi})/I$$
$$N_{fm} = i \qquad\qquad (4-1)$$

式中　i——具有完整"三角形"的个数；

T_{fmi}——第 i 个"三角形"的底边；

T_{fm}——i 个三角形平均底边，T_{fm} 越大，说明金属颗粒的随机性越大；

N_{fm}——自由金属颗粒的危险度，N_{fm} 越大，表明自由金属颗粒异常活跃，其潜在的危险性也越大。

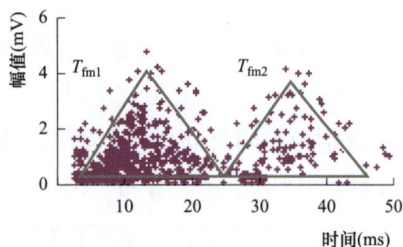

图 4-42　基于飞行模式的参数提取方法描述

相位模式可以用于判别不同缺陷类型的 PD 信号，图 4-41 所示给出了 GIS 典型缺陷以及背景噪声对应超声信号的相位模式谱图。可以看出 GIS 中 PD 信号的相位模式与其他交流下的绝缘缺陷（如变压器油纸绝缘等）表现出来的放电谱图具有类似的特征，可以基于 PRPD 谱图的统计算子（放电指纹）对该 GIS 典型 PD 缺陷类型进行识别。由于基于幅值模式和飞行模式的特征参数提取可以用于背景噪声和自由金属颗粒的判别，以及图 4-41 中背景噪声和自由金属颗粒对应的相位模式不具有任何典型性特征，因此，可以仅基于相位模式对局部放电信号进行类型识别，即用于判别 PD 类型的故障数据库可以不包括背景噪声和自由金属颗粒。

4.4.2　飞行时间

颗粒的飞行时间与其自身重力、颗粒形状、起跳时获得的电荷量以及颗粒与腔体的反弹系数等均有很大关系，一般来说，重力越小，颗粒越容易克服重力的作用而自由运动。颗粒形状会影响颗粒附近的电场畸变程度，一方面，由式（4-1）和式（4-2）可知电场畸变越严重，颗粒获得的电荷量越大，起跳时初始动量越大，因此飞行时间越长；另一方面，颗粒头部越尖，飞行中越容易发生电晕放电（"飞萤"现象），所以会损失一部分能量，飞行高度下降，因此飞行时间会变小；另外，腔体的反弹系数大小也能影响运动颗粒的飞行高度。图 4-43 所示为三种颗粒 1000 次撞击中最大的飞行时间随施加电压的变化曲线。从图 4-43 中可以看出，随着电压的升高，颗粒的飞行时间都有所上升，ϕ1.5mm 球状颗粒从 40ms 上升到 55ms，ϕ1mm 球状颗粒起跳电压较低，飞行时间变化也越大，从 35ms 上升到 65ms，铜丝颗粒的飞行时间变化最快，在很小的电压变化范围内，飞行时间由 50ms 迅速上升到 76ms，约为 3 个工频周期。

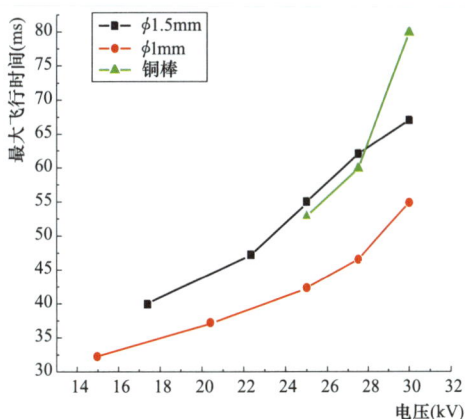

图 4-43　颗粒飞行时间变化图

可通过超声脉冲发生率随施加电压的变化预见飞行时间的变化情况，图 4-44 所示为三种颗粒在不同电压下的脉冲率变化图。每组电压下重复做多次实验计算取平均值，可以

看到两种球状颗粒随着施加电压的增加，由于飞行时间的增大，脉冲发生率呈线性减小，而丝状颗粒随着电压的增加变化不大。

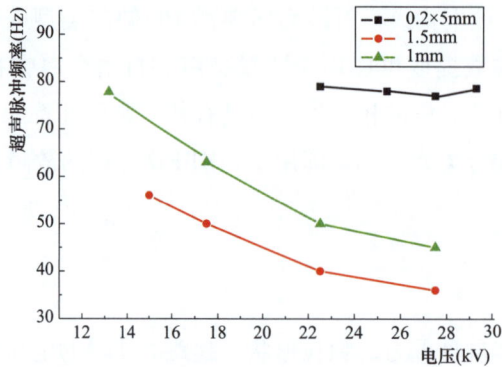

图 4-44 颗粒脉冲率变化图

以上的统计说明使用超声脉冲发生率的方法并不能完全表征颗粒飞行时间的变化情况，颗粒在飞行中容易发生放电，放电信号跟颗粒撞击产生的机械波信号均被采集到，因此使用超声脉冲发生率的方法会出现误差，并且就算是只偶尔出现一两个较大的飞行时间，就代表颗粒有可能能飞到较危险的区域，因此统计最大飞行时间的方法较为直接地表现了颗粒的危险程度。

如果忽略颗粒在飞行中的摆动震荡并且只考虑重力因素的作用，则颗粒上升阶段占用其飞行时间的一半以达到最高点，然后下落，其飞行轨迹的最高点高度 H_h 为

$$H_h = \frac{1}{2}g\left(\frac{t_{max}}{2}\right)^2 \tag{4-2}$$

式中　t_{max}——颗粒最大的飞行时间。

由式（4-2）可以估算颗粒跳动高度约为 5～8mm，其中丝状颗粒跳动高度最大。另外，当气压从 0.35MPa 下降到 0.1MPa 时，颗粒的运动和超声波信号并无明显变化，表明气体的摩擦力、浮力以及粘滞力对试验结果影响不大。

以上分析表明：尺寸较大的球形颗粒飞行时间较大，且丝状颗粒比球形颗粒飞行时间更长，因此颗粒跳到高场强区域的可能性也越大，甚至可能穿越整个间隙撞击高压电极。目前已经有研究结果表明，丝状颗粒的穿越时间约为几个工频周期，因此对 GIS 绝缘的危险程度较高。

4.4.3　信号幅值与飞行时间

图 4-45 所示为三种不同形状自由运动颗粒在 15～30kV 下的飞行时间图。图 4-45 中横轴为飞行时间，纵轴为信号幅值，三角状的脉冲信号分布群的周期约为 20ms，随着施加电压的增加，颗粒飞行高度增加，即飞行时间增大，颗粒撞击外壳产生的超声信号幅值

也就越大，因此三角状脉冲信号群增多，且信号幅值呈上升趋势。这是一种典型的 GIS 中自由颗粒缺陷模式识别图，因为其他电晕放电、悬浮放电等均不会有如此模式图。

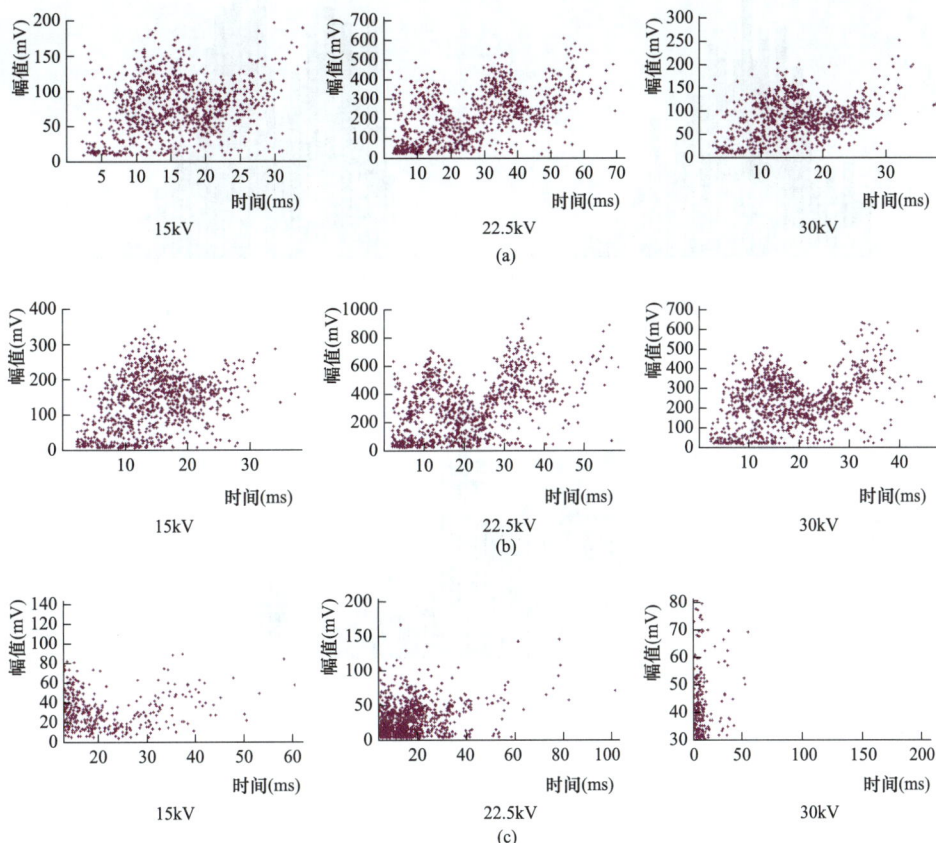

图 4-45　信号幅值 Vs. 飞行时间图

(a) ϕ1.5mm 钢球；(b) ϕ1mm 钢球；(c) 0.2mm×5mm 铜丝

在施加电压一定时，总是先出现飞行时间较小的信号，随后缓慢增加到一个稳定的值。一般来说，当颗粒与外壳撞击时，颗粒由于反弹（反弹系数一般小于 1.0）就会获得一个初始向上的速度，如果颗粒与地电极碰撞获得的电荷与前一次相等或更大，则其飞行时间会变大。如图 4-46 所示，两种钢球的飞行时间变化基本一致，在 15kV 时，小球在电极上颤动，此时其跳动的时间间隔约为一个工频周期，随着施加电压的增大，小球在地电极上的跳动越来越明显；当电压达到 22.5kV 时，其飞行时间达到了约两个工频周期；当电压达到 30kV 时，可见小球跳动高度已经很高，甚至跳出了用于限制其跳动范围的有机玻璃筒。相比而言，丝状微粒的超声波信号幅值则没有那么大，但是其飞行时间要比球状微粒要大，如图 4-45 （c）所示，其最大飞行时间约为 80~100ms，相当于 4~5 个工频周期时间。

同时从图 4-46 中可以看到飞行时间分布的变化周期也与工频周期大致相同：第一个峰值出现在 12~14ms 处，而下一个出现在 (13+20)ms，从而可以推算出球撞击外壳后

在空中的飞行时间约为 $(13+n\times20)$ms（其中 $n=0$，1，2…）。

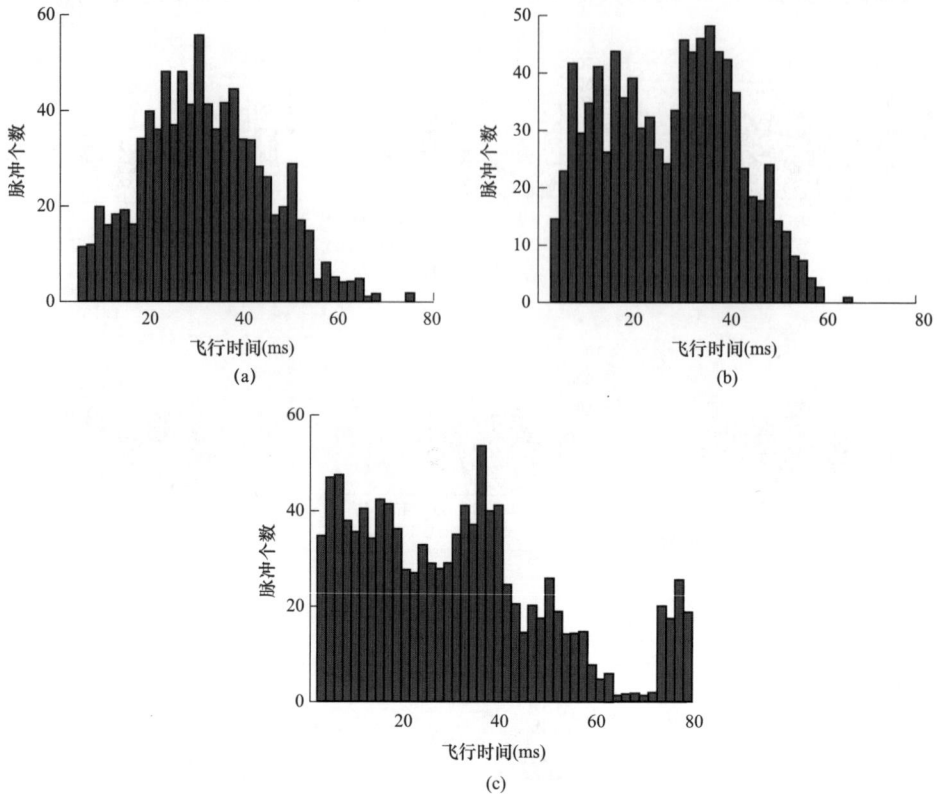

图 4-46 自由颗粒超声波信号分布图

(a) 15kV；(b) 22.5kV；(c) 30kV

如果把几种相近的颗粒放在一起，飞行时间信号幅值图则没有如上所述的规则性出现，如图 4-47 所示。虽然飞行时间也较长，但是可能由于颗粒间互相影响的缘故，未看到周期性的信号群出现。

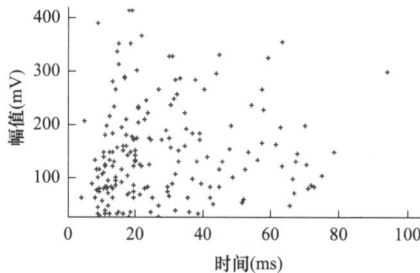

图 4-47 混合颗粒飞行模式图

基于以上分析可知，虽然颗粒撞击外壳的时刻与工频相位无关，但超声信号幅值、飞行时间却都表现出较强的周期性变化。当与金属外壳碰撞时，颗粒立刻得到新的电荷从而有一个向上的电荷力使其向上运动，如果忽略飞行中发生放电导致的电荷损失，则奇数次

半个工频周期后颗粒将获得反方向的电荷力，当电荷力达到最大且和重力方向一致（指向地电极）时，撞击的动量达到极大，检测到的超声信号也达到极大，因此在模式图上体现出飞行时间与信号幅值比较有规律的周期性变化特性。

4.4.4　总体比较分析

1. 放电量

图 4-48 所示描述了各种颗粒随着施加电压增加放电量的变化。每组数据采用多次试验结果平均值，因此可以发现，大部分情况下，放电量 Q 很稳定，随着施加电压的增加变化很小，偶尔的几个较大的放电量值均是在颗粒导致间隙击穿或是临界击穿时获得的（图中 1×5 铜丝及混合颗粒），可以发现 PDIV（起始放电电压）跟尺寸关系不大，主要是跟颗粒头部的形状有关，颗粒头部越不规则，对电场的畸变程度就越严重，因此产生电晕放电的起始电压越低，但是这时的信号幅值很小。

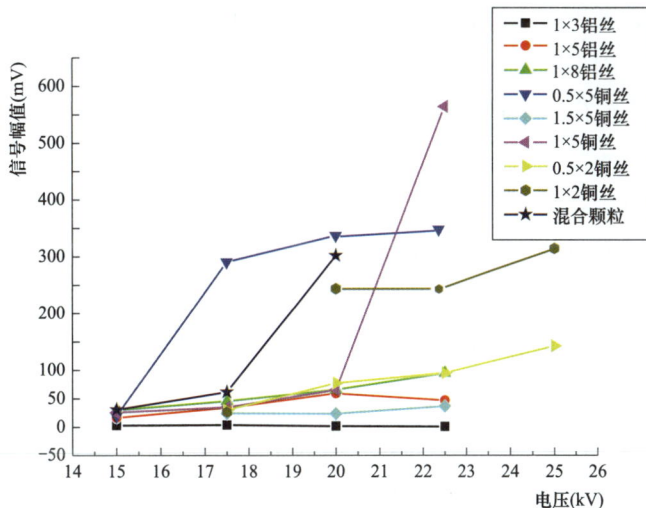

图 4-48　各种颗粒放电量与施加电压的关系曲线

另外，图 4-48 显示了对于同种颗粒而言，一般尺寸大的颗粒放电量大于较小的颗粒，即便小颗粒飞得较高较远，但是放电一般是在颗粒撞击底板时产生的，尺寸越大，其电荷量大，因此颗粒与镜像电荷之间的压差较大，放电量较大也就不奇怪了。

比较铜颗粒与铝颗粒，长度相同的情况下铜颗粒的放电量要比铝颗粒要大，其原因尚待研究。

2. 放电模式的变化

图 4-49 所示的模式 A、B、C 描述了其中某一种颗粒从起晕到自由跳动再到产生闪络时，其放电 PRPD 谱图的变化：其中，模式 A 是起晕过程，放电量较小，且集中于施加电压峰值处；模式 B 是颗粒自由跳动时产生的 PRPD，放电基本覆盖了整个工频周期，施加电压峰值处的放电幅值最大；模式 C 为颗粒在间隙间跳动产生火花，直至将整个间隙击

穿，这个过程放电很激烈，肉眼可以看到明亮的火花，这时的放电幅值一般都会超过仪器量程。

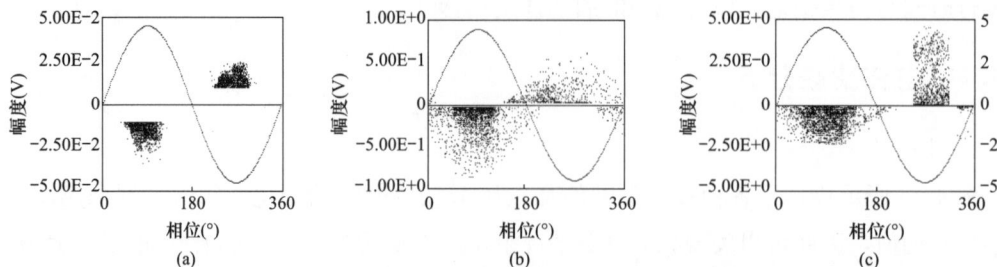

图 4-49　某种颗粒放电模式变化（脉冲电流检测结果）

(a) 模式 A；(b) 模式 B；(c) 模式 C

3. 危险程度

一般来说，可以最直接反映颗粒危险程度的是带微粒的间隙的闪络电压，闪络电压越低证明微粒的危险程度越高，试验中我们发现，微粒的长度越长，微粒数目越多，其发生闪络的可能性越大，闪络电压越低，甚至可以发生间隙击穿，如 1mm×5mm 的铜颗粒发生闪络电压为 25kV 左右，1mm×8mm 的铝丝闪络电压为 22kV，而混合颗粒在 17kV 时已经发生击穿。

另一种评估颗粒危险程度的方法是通过超声检测的方法，提取信号的间隔时间，从而判断颗粒的飞行时间变化，飞行时间越长，颗粒跳到高场强区域的概率越大，因此危险程度越大。

图 4-53、图 4-57、图 4-61 和图 4-65 所示为各种颗粒的飞行时间-信号幅值图。可以看到，飞行时间在 20～100ms 左右，其中 1mm×8mm 铝颗粒的飞行时间最长，飞行时间-信号幅值图还是跟以前一样呈现出周期性的变化规律。

下面分别对铜金属颗粒、铝金属颗粒、钢球颗粒以及混合颗粒进行分别讨论，结果以超声波信号形式给出。

（1）铜丝颗粒。下面以 0.5mm×5mm 铜丝颗粒为例，对其在不同外施电压下的放电特性进行描述。

图 4-50 所示为 PRPD 谱图（相位模式）随外施电压的变化。该模式金属颗粒放电与工频电压相关，其放电频率 50Hz 分量和 100Hz 分量随着外施电压的升高而增大。如果对该类放电基于 PRPD 谱图进行识别的话，将会认为是电晕放电。

图 4-51 及图 4-52 所示为每个周期内放电有效值和峰值的序列图。由此可以看出，此类放电由于颗粒的跳动，放电幅值间差异较大（有效值或峰值的最大值比最小值通常大于10）。这种特性区别于局部放电信号和其他背景噪声信号。

图 4-53 所示为飞行模式随外施电压的变化。通常，可以以该谱图进行危险度评估。随着外施电压的升高，虽然等效飞行时间差异不大，但等效飞行频率迅速递增，即该颗粒异常活跃，飞行至"危险场强"地带而导致 GIS 发生绝缘子沿面闪络或其他故障。

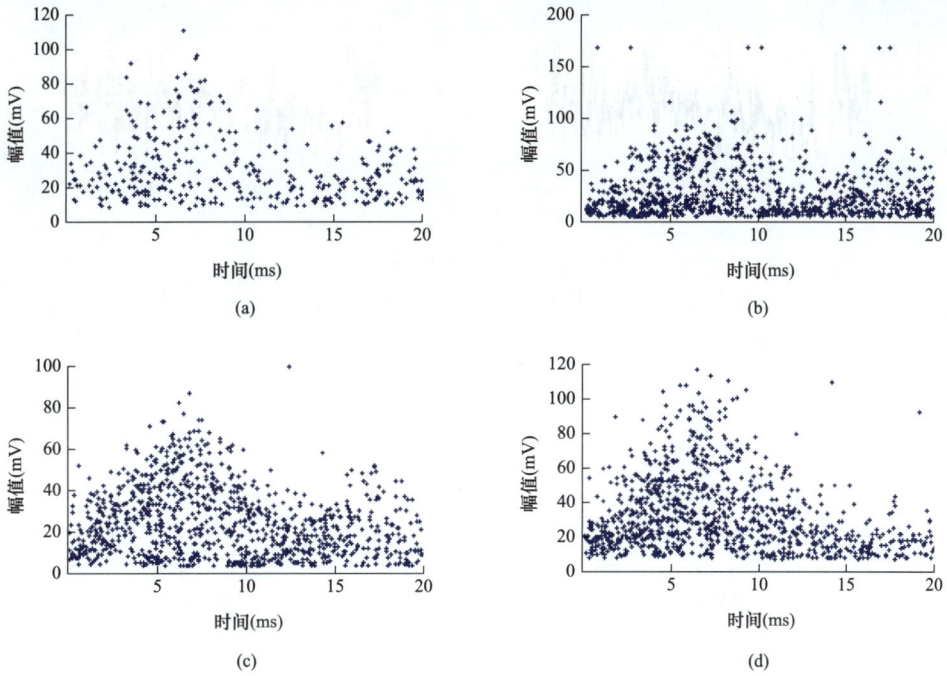

图 4-50　PRPD 谱图

（a）起始电压下；（b）外施电压较低；（c）外施电压较高；（d）外施电压高

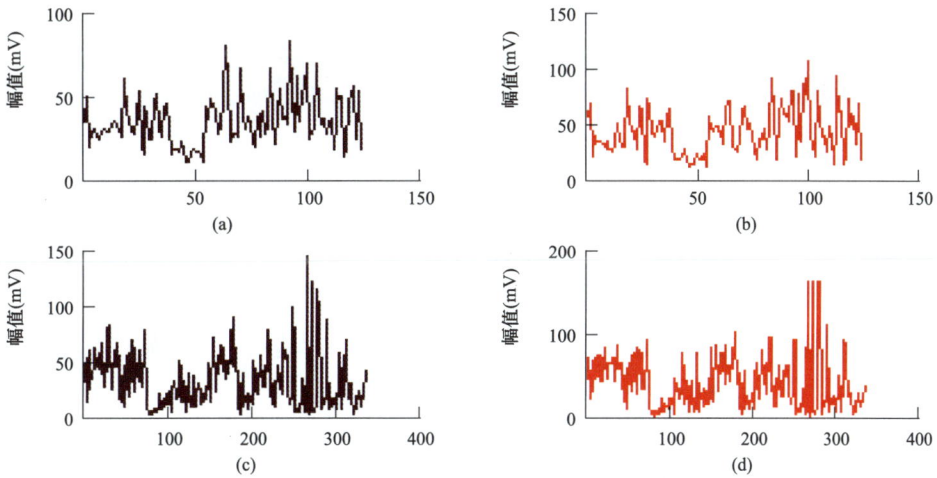

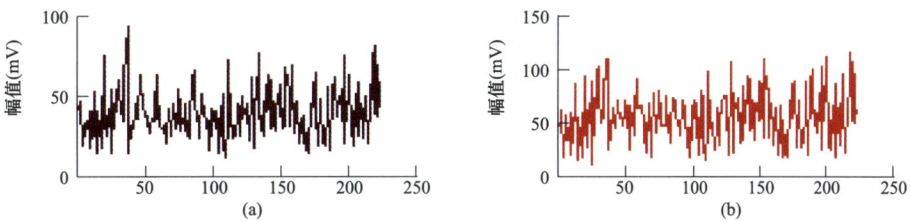

图 4-51　有效值周期序列

（a）起始电压下；（b）外施电压较低；（c）外施电压较高；（d）外施电压高

图 4-52　峰值周期序列（一）

（a）起始电压下；（b）外施电压较低

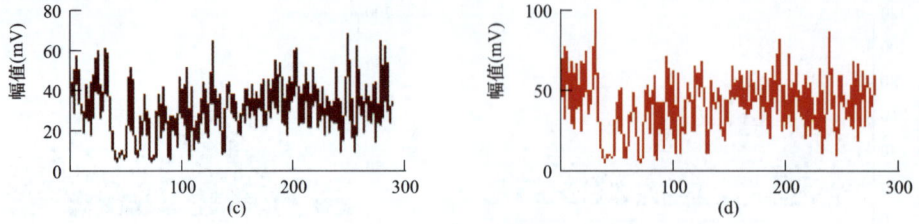

图 4-52　峰值周期序列（二）

（c）外施电压较高；（d）外施电压高

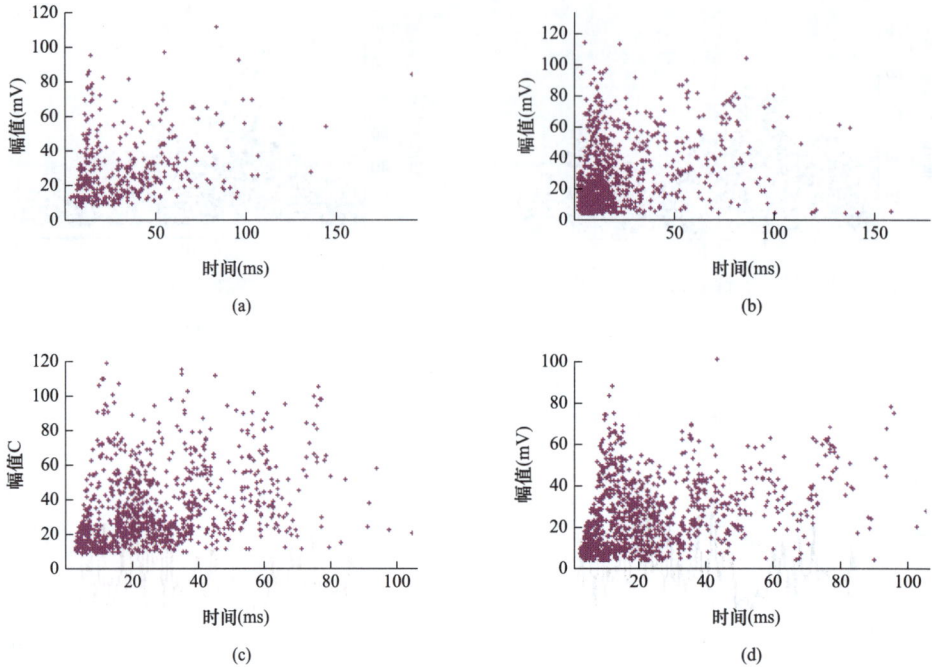

图 4-53　飞行模式

（a）起始电压下；（b）外施电压较低；（c）外施电压较高；（d）外施电压高

（2）铝丝颗粒。下面以 1mm×3mm 铝丝颗粒为例，对其在不同外施电压下的放电特性进行描述。

图 4-54～图 4-57 所示为分布式 PRPD 谱图、有效值和峰值周期序列图和飞行模式随外施电压的变化示意图。PRPD 谱图和有效值、峰值周期序列图与上述颗粒所示特性差异不大，只是该金属颗粒在初始电压下就表现出了异常活跃的飞行特性。而从图 4-57 所示的飞行模式中可以看出，随着外施电压的升高，等效飞行时间从 30ms 增至 80ms，对 GIS 产生的危险性也增大。

（3）钢球颗粒。下面以 1.5mm 钢球颗粒为例，对其在不同外施电压下（0.45MPa 气压）的放电特性进行描述。

图 4-58～图 4-61 所示分别是 PRPD 谱图、有效值和峰值周期序列图以及飞行模式随外施电压的变化示意图。同样地，PRPD 谱图、有效值和峰值周期序列图以及飞行模式（等效飞行时间从 30ms 增至 60ms）均与上述自由金属颗粒所示特性差异不大。

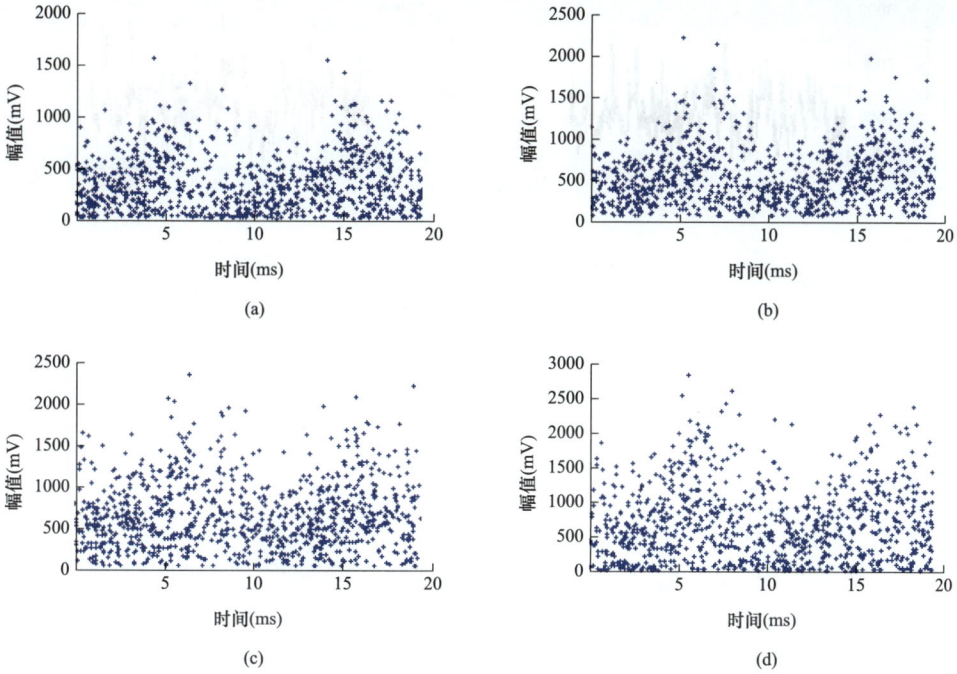

图 4-54　PRPD 谱图

（a）起始电压下；（b）外施电压较低；（c）外施电压较高；（d）外施电压高

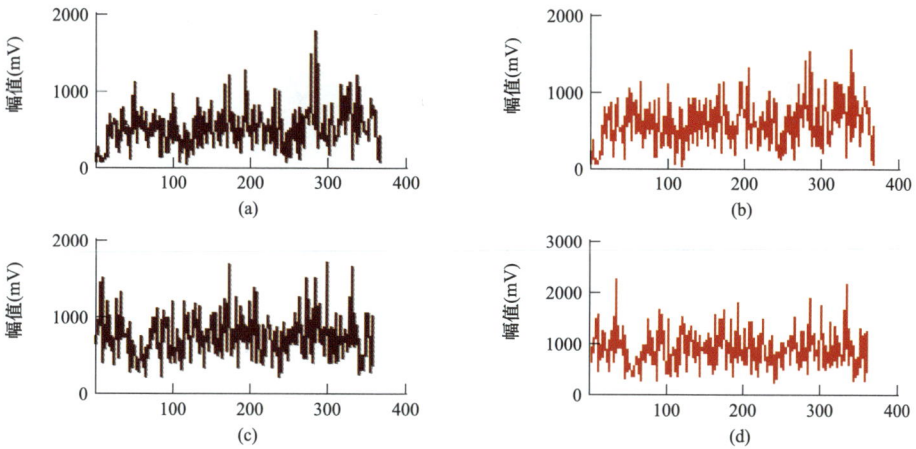

图 4-55　有效值周期序列

（a）起始电压；（b）外施电压较低；（c）外施电压较高；（d）外施电压高

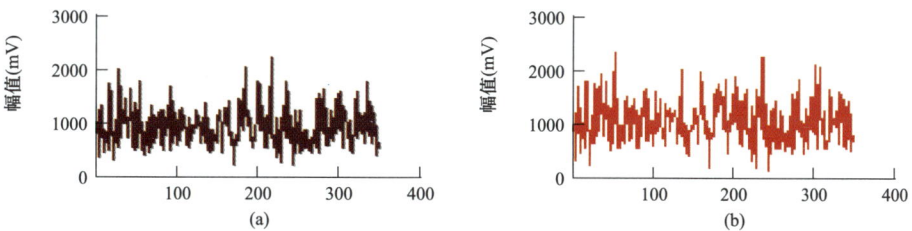

图 4-56　峰值周期序列（一）

（a）起始电压；（b）外施电压较低；

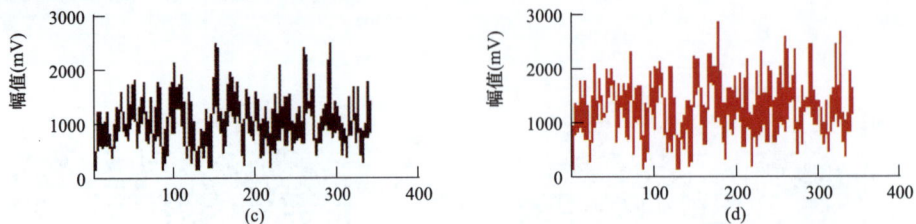

图 4-56 峰值周期序列（二）

（c）外施电压较高；（d）外施电压高

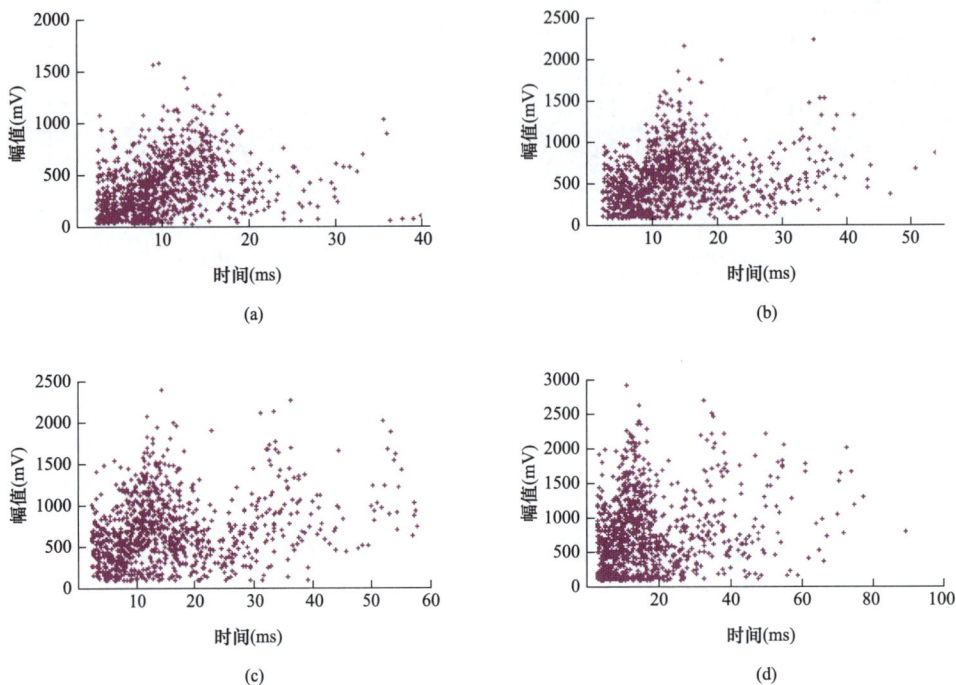

图 4-57 飞行模式

（a）起始电压下；（b）外施电压较低；（c）外施电压较高；（d）外施电压高

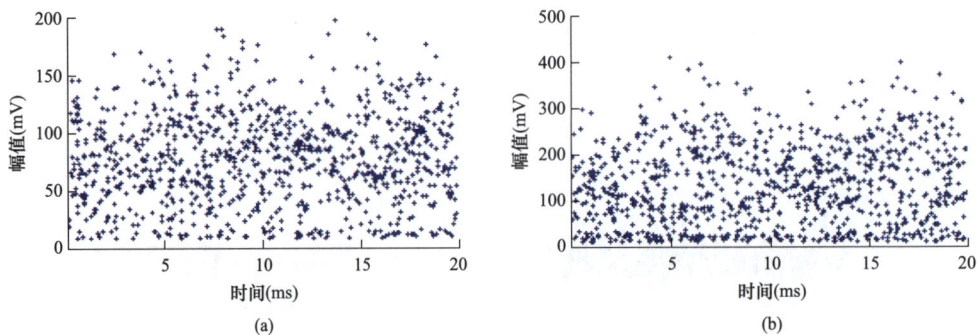

图 4-58 PRPD 谱图（一）

（a）起始电压下；（b）外施电压较低

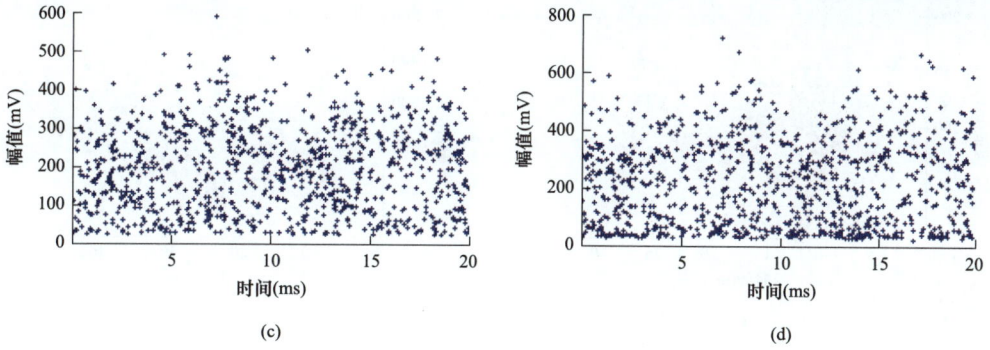

图 4-58　PRPD 谱图（二）

（c）外施电压较高；（d）外施电压高

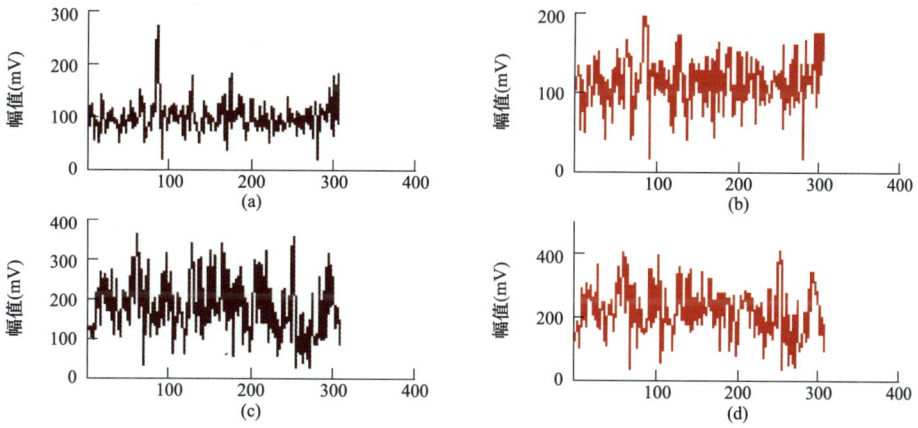

图 4-59　有效值周期序列

（a）起始电压下；（b）外施电压较低；（c）外施电压较高；（d）外施电压高

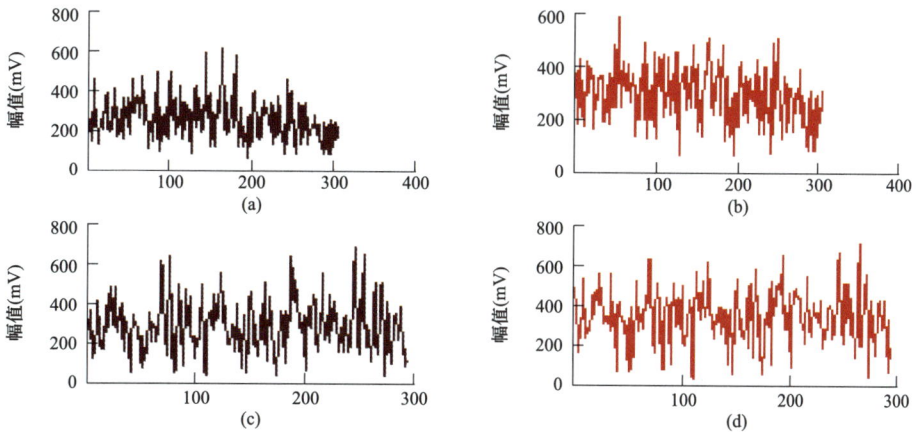

图 4-60　峰值周期序列

（a）起始电压下；（b）外施电压较低；（c）外施电压较高；（d）外施电压高

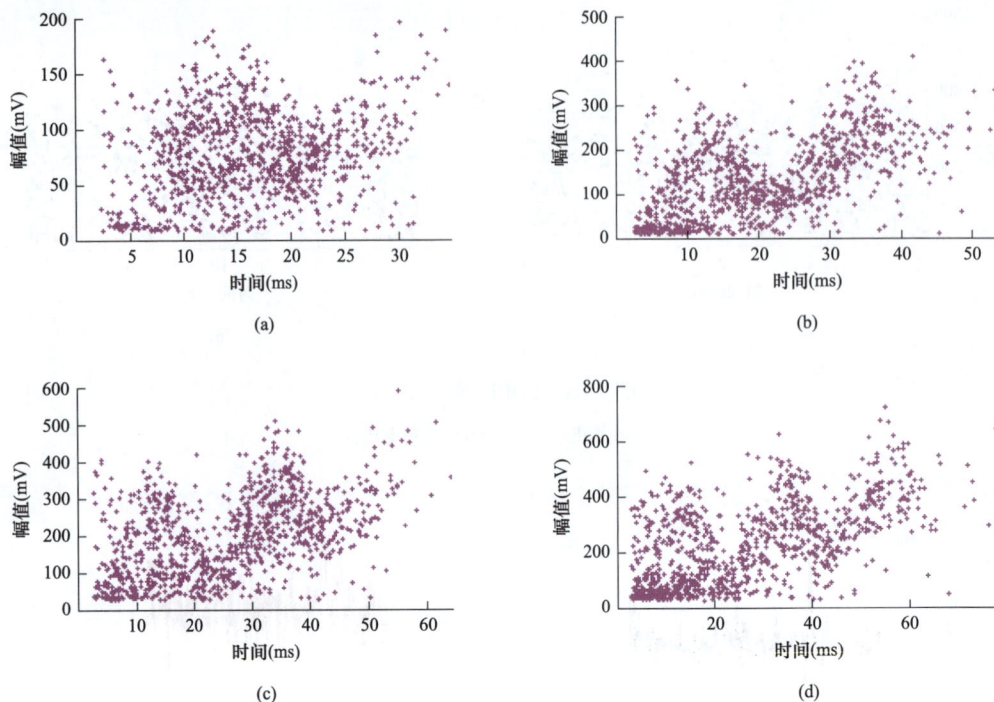

图 4-61　飞行模式

（a）起始电压下；（b）外施电压较低；（c）外施电压较高；（d）外施电压高

（4）混合颗粒。图 4-62～图 4-65 所示给出了混合金属颗粒在 3.5 个 SF_6 气压下的 PRPD 谱图、有效值和峰值周期序列图和飞行模式随外施电压的变化示意图。

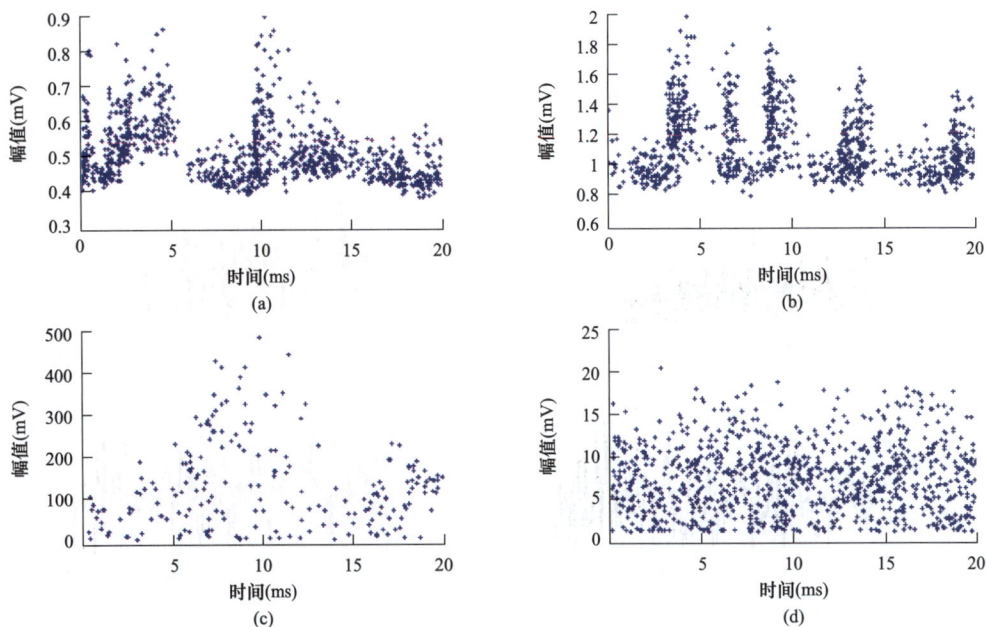

图 4-62　PRPD 谱图

（a）起始电压下；（b）外施电压较低；（c）外施电压较高；（d）外施电压高

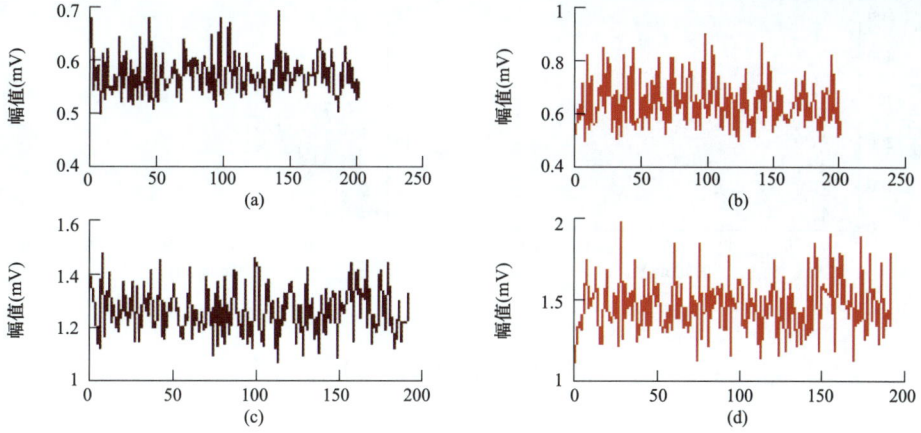

图 4-63　有效值周期序列

（a）起始电压下；（b）外施电压较低；（c）外施电压较高；（d）外施电压高

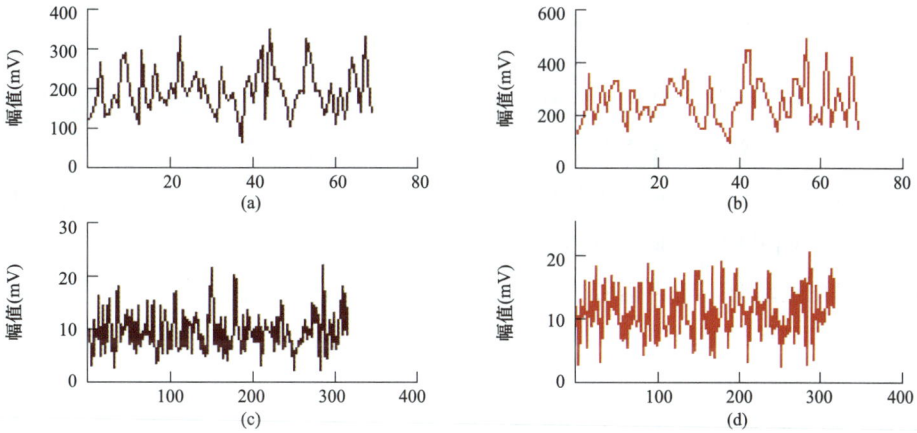

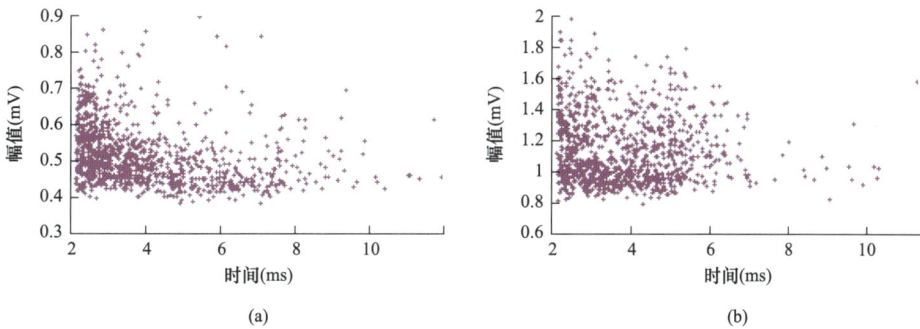

图 4-64　峰值周期序列

（a）起始电压下；（b）外施电压较低；（c）外施电压较高；（d）外施电压高

图 4-65　飞行模式（一）

（a）起始电压下；（b）外施电压较低

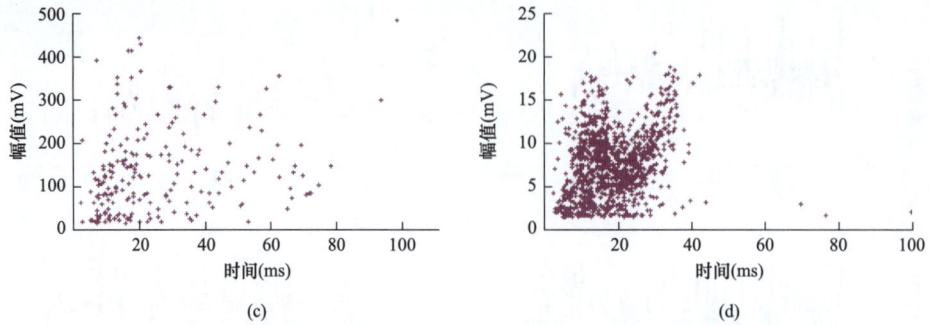

图 4-65　飞行模式（二）

（c）外施电压较高；（d）外施电压高

其首先在低电压下发生了"电晕放电"现象［见图 4-65（a）］，以及多重"电晕放电"现象［见图 4-65（b）］，随后则在较高电压下出现了与上述现象类似的放电特性（在飞行模式上具有一定的表征意义）。

小　　结

本章首先分析了不同形状的微粒在交流电场下的受力，分析了微粒在电场中的运动情况，比较了不同运动状态时超声波信号和脉冲电流信号相位谱图，分析了自由运动微粒信号幅值、飞行时间的变化随施加电压的变化情况，描述了微粒在运动过程中的放电情况，给出了 GIS 中不同材质、不同形状的自由微粒的局部放电特性。

当颗粒自由运动时，超声信号主要体现颗粒撞击外壳机械振动的声波信号特性，其相位相关性较小，且信号幅值较大；颗粒静止不动发生放电时，超声信号有单峰或双峰的相位分布形式，信号幅值较低。

颗粒的飞行时间均随着施加电压的升高而增大，且丝状颗粒较为明显，尺寸较大的颗粒要比尺寸小的颗粒飞行时间长。

超声信号幅值随施加电压的增大而有较强的周期性变化，其变化周期约为 20ms（工频周期）。

5.1 固定异物检测案例

5.1.1 252kV GIS 隔离开关固体异物检测案例

1. 案例经过

某电科院评价中心相关检测人员于 2018 年 4 月 18 日对某 220kV 变电站 39219-2 隔离开关处异常放电信号进行分析。诊断 39219-2 隔离开关 C 相下方母线侧盆式绝缘子处存在悬浮放电缺陷。2018 年 5 月 16 日，供电公司联系设备厂家进行停电处理，安排电科院、供电公司、厂家进行开盖验证，于下午 14 点将手孔打开，在盆式绝缘子底部法兰部位发现吸附剂盖板掉落的螺丝与垫片，解体结果与缺陷性质、缺陷部位一致。

2. 检测分析方法

（1）特高频局部放电检测。检测人员采用 EC4000P 手持式多功能局部放电检测仪对 39219-2 隔离开关 A 相、B 相、C 相进行特高频局部放电检测，测试数据见表 5-1。

表 5-1 　　　　　　　　　　 39219-2 隔离开关特高频局部检测图谱

检测位置	PRPS 图谱	PRPD 图谱
背景	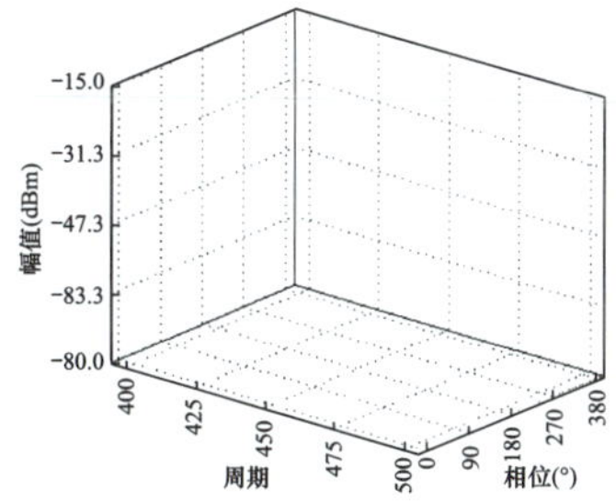	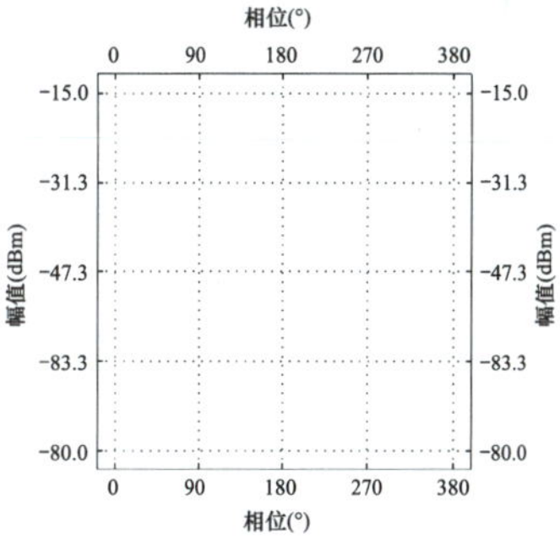
A 相	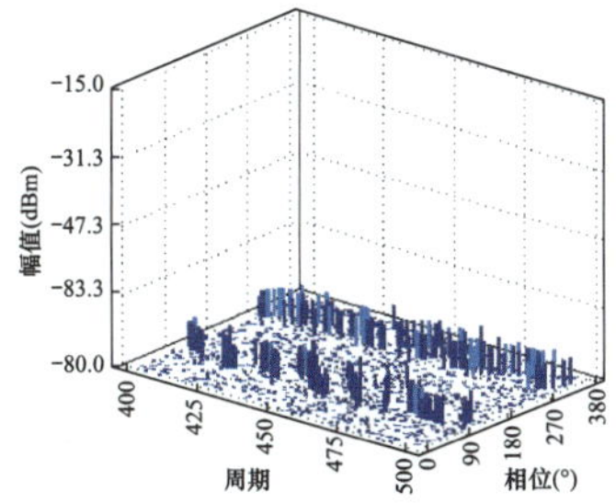	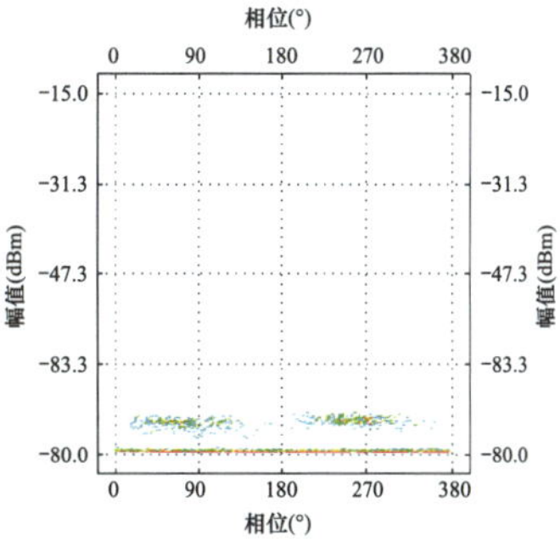

检测位置	PRPS 图谱	PRPD 图谱
B 相		
C 相		

表 5-1 中 39219-2 隔离开关 A 相、B 相、C 相特高频局部放电检测 PRPS 与 PRPD 检测图谱与背景区分度大，呈现悬浮放电特征，彼此相关性明显，且在同一阈值下图谱峰值逐级递减的趋势明显。

（2）超声波局部放电检测。根据表 5-1 中的 EC4000P 特高频局部放电检测图谱，检测人员采用 AIA-1 超声波局部放电检测仪对 39219-2 隔离开关 A 相、B 相、C 相进行超声波局部放电检测，测试数据见表 5-2。

表 5-2　　　　　　　　　　39219-2 隔离开关超声波异常信号

检测位置	连续图谱	相位图谱
背景		

续表

检测位置	连续图谱	相位图谱
A 相	连续模式 有效值 20mV 峰值 50mV 频率成分1 5mV 频率成分2 5mV	相位图（纵轴 幅值(mV) 0~50，横轴 相位(°) 0~360）
B 相	连续模式 有效值 6mV 峰值 15mV 频率成分1 1.5mV 频率成分2 1.5mV	相位图（纵轴 幅值(mV) 0~50，横轴 相位(°) 0~360）
C 相	连续模式 有效值 500mV 峰值 150mV 频率成分1 150mV 频率成分2 150mV	相位图（纵轴 幅值(mV) 0~1400，横轴 相位(°) 0~360）

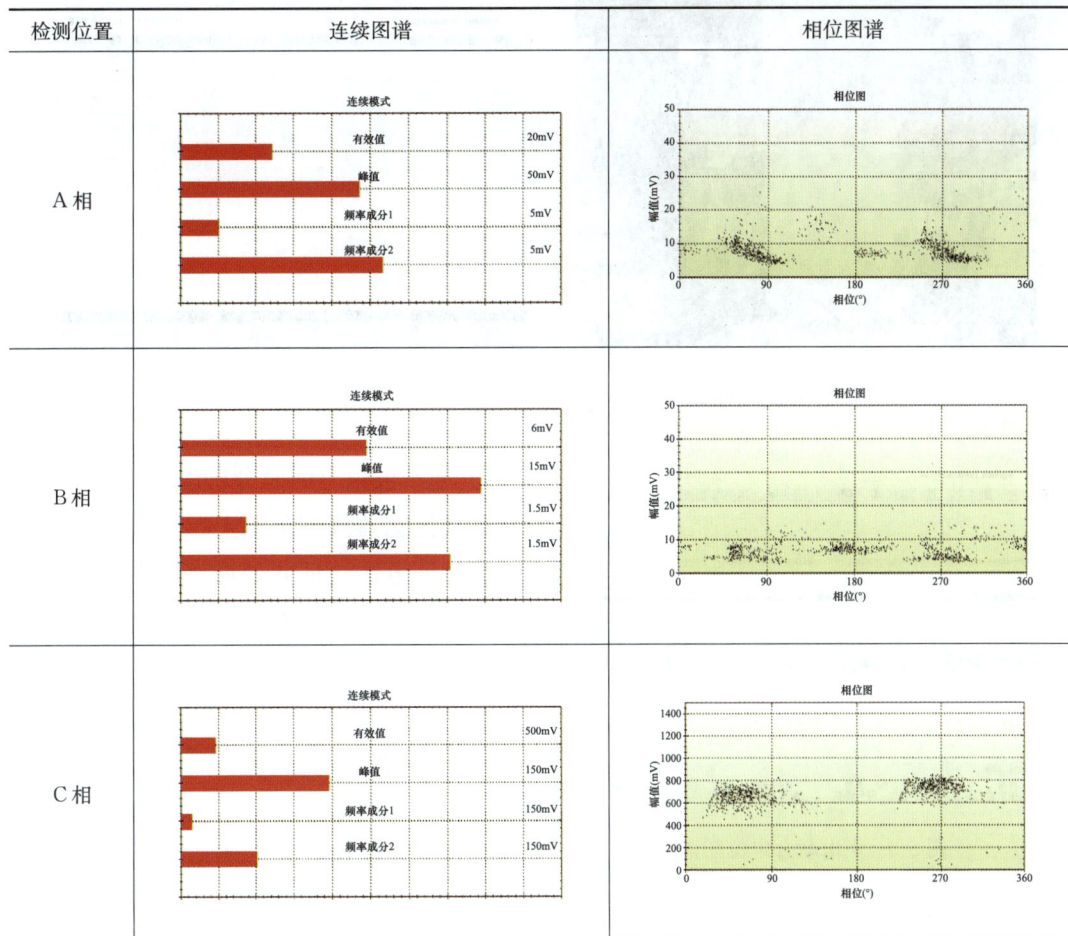

表 5-2 中 39219-2 隔离开关 A 相、B 相、C 相超声波局部放电检测图谱有效值、峰值与背景值区分度明显，呈现出悬浮放电缺陷特征。与特高频局部放电检测图谱相同，39219-2 隔离开关 C 相、B 相、A 相连续图谱检测峰值存在递减趋势，其中 C 相峰值达 600mV。

（3）局部放电定位分析。

1）特高频信号时延分析法。采用 PDS-G1500 局部放电定位仪对 39219-2 隔离开关进行特高频局部放电定位，根据表 5-1、表 5-2 的 EC4000P 特高频局部放电与 AIA-1 超声波检测图谱知异常局部放电信号来自 C 相隔离开关的位置。相应的特高频传感器阵列布置位置如图 5-1 所示。

与图 5-1 所示特高频传感器阵列布置图相对应的 PDS-G1500 检测图谱如图 5-2 所示。

由图 5-1 及图 5-2 可知，特高频局部放电信号传至黄色、绿色特高频传感器时间接近，红色特高频传感器与黄色特高频传感器接收信号时差 0.6ns，根据隔离开关内部结构及机械尺寸，放电源位于靠近母线下方盆式绝缘子上表面处。为了在缺陷处理前对放电源的位置进行精确定位，采用 PDS-G1500 进行超声波信号时延分析。

图 5-1　特高频传感器阵列布置图

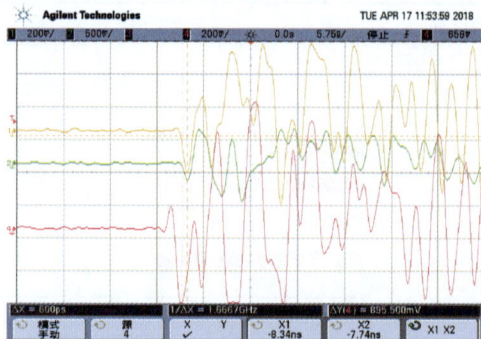

图 5-2　特高频定位图谱

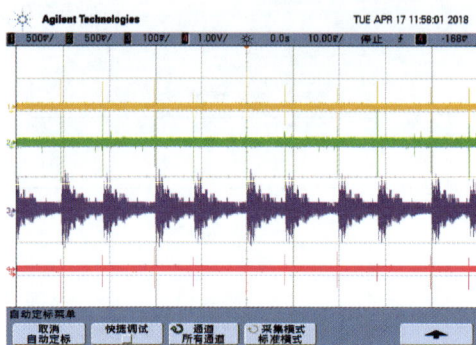

图 5-3　声电联合定位图谱

2）超声波信号时延分析法。在图 5-1 所示特高频传感器阵列基础上布置超声波传感器，通过该方法验证此处局部放电信号的同源性，排除外部信号对定位的干扰，相应的检测图谱如图 5-3 所示。

根据图 5-3 所示的声电联合定位图谱知 C 相隔离开关气室内部放电信号属于同一放电源，可以排除外界背景对定位结果的干扰。在特高频局部放电定位与声电联合定位的基础上，对其进行超声波时差定位分析。相应的超声波传感器布置阵列如图 5-4 所示。

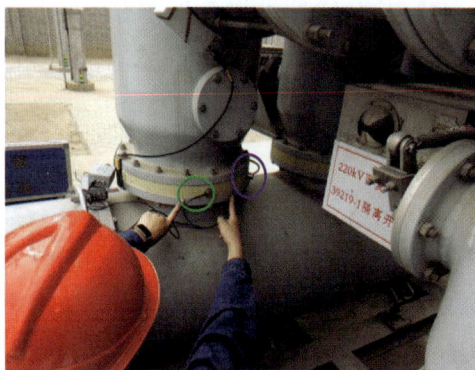

图 5-4　超声波传感器阵列布置及检测图谱

图 5-4 所示的超声波检测图谱中，绿色超声波传感器检测信号超前于紫色超声波传感器检测信号，根据表 5-2 中 AIA-1 C 相超声波局部放电检测图谱可知，放电源位置与绿色超声波传感器位置距离更近。具体位置如图 5-5 中的红色区域所示。

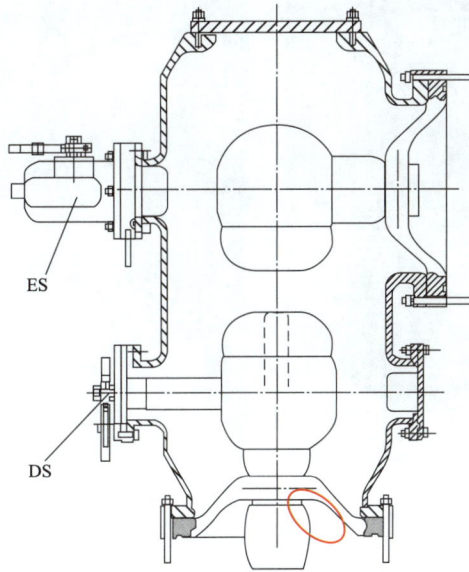

图 5-5　局部放电源定位结果

3. 处理及分析

（1）现场解体检查。2018 年 5 月 16 日，考虑安全运维的可靠性，对西夏甲线 39219-2 隔离开关停电。供电公司联系设备厂家进行解体处理，打开 39219-2 C 相隔离开关气室手孔，发现靠近母线盆式绝缘子处存在垫片，如图 5-6 所示。

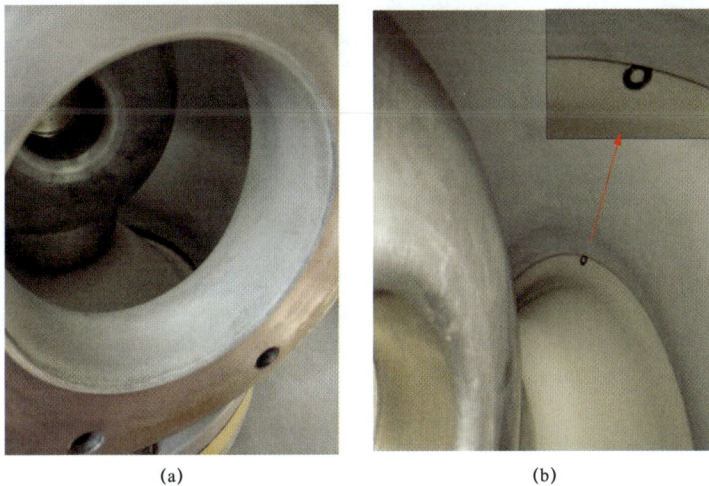

(a)　　　　　　　　　　　　　　　(b)

图 5-6　缺陷位置

（a）手孔打开位置（正视）；（b）异物位置（斜视）

检修人员将 39219-2 C 相隔离开关上方吸附剂盖板打开寻找垫片来源，判断是否存在其他缺陷，相应的解体图谱如图 5-7 所示。

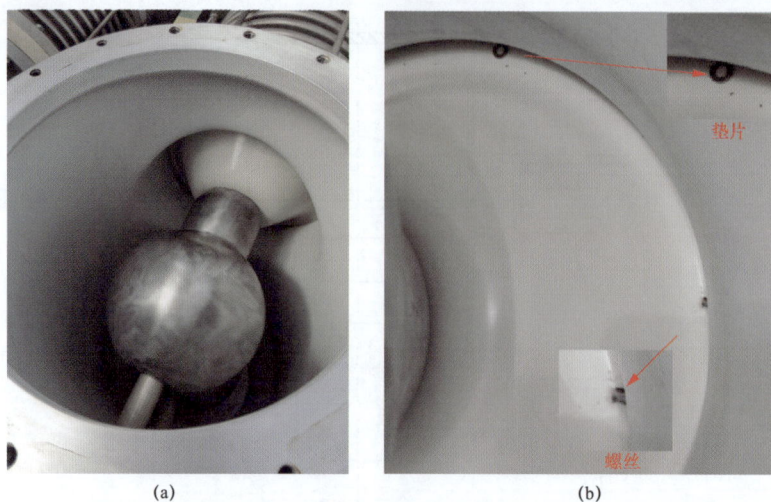

图 5-7　缺陷位置

(a) 盖板打开位置（俯视）；(b) 异物位置（俯视）

（2）原因分析。为控制水分和分解产物的含量，GIS 内部需配置相应的吸附剂，以保证气室内 SF_6 的纯度。39219-2 C 相隔离开关所配备吸附剂为袋装结构，通过盖板将其固定，如图 5-8 所示。相应的解体结果如图 5-9 所示。

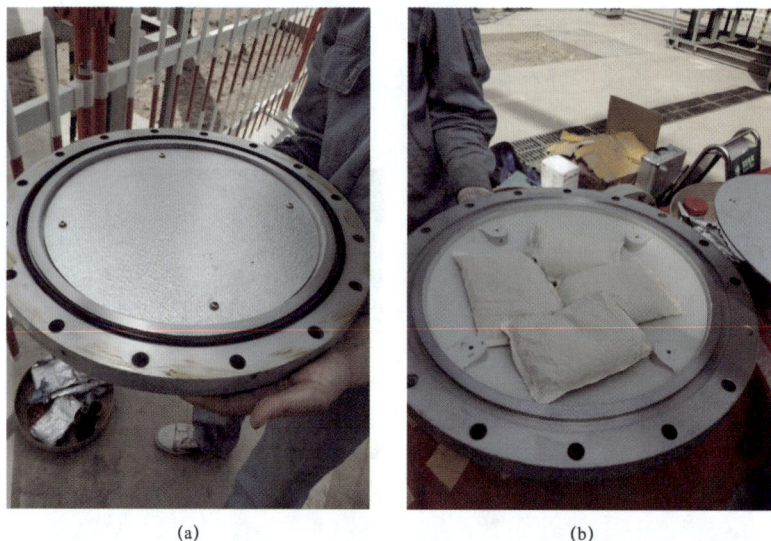

图 5-8　装有吸附剂盖板

(a) 盖板结构；(b) 内部结构（袋装吸附剂）

（3）故障处理。检测人员在对 39219-2 C 相隔离开关内存在异物进行处理时发现以下问题。

1）39219-2 C 相隔离开关吸附剂固定挡板另一螺丝松动，A 相隔离开关吸附剂固定挡板一螺丝松动一扣半，若该缺陷不能够及时处理，最终将导致吸附剂挡板脱落而触碰隔离开关，造成严重事故。

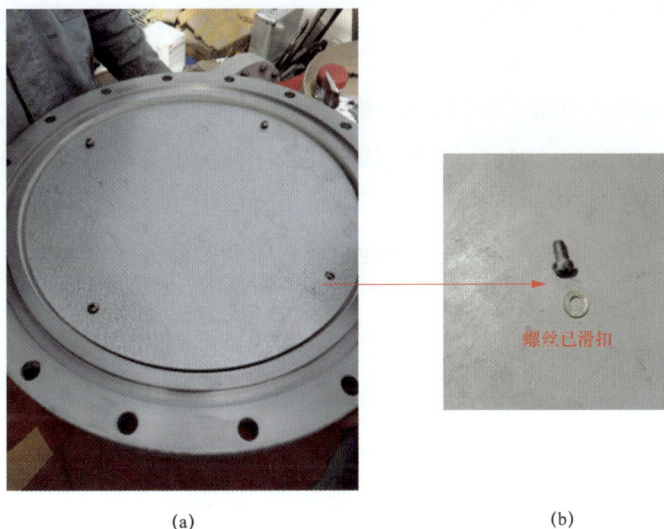

(a)　　　　　　　　　　　　(b)

图 5-9　解体结果

(a) 螺丝滑落位置；(b) 滑落螺丝

2) 清理 C 相盆式绝缘子处螺丝时，其放电时间较长，已经给盆式绝缘子带来一定程度的灼伤，如图 5-10 所示。若该缺陷没有及时消除，最终可能导致盆式绝缘子发生闪络，导致单相短路事故。

4. 经验体会

(1) 局部放电带电检测能有效发现 GIS 内部的潜伏性故障和缺陷，当同时存在特高频、超声波局部放电信号时，超声波局部放电具有较高的定位精度。

(2) 应加强运行中 GIS 和罐式断路器的带电局部放电检测工作，一旦发现设备局部放电数据异常，应立即加强跟踪，防止缺陷进一步扩大，导致事故发生。

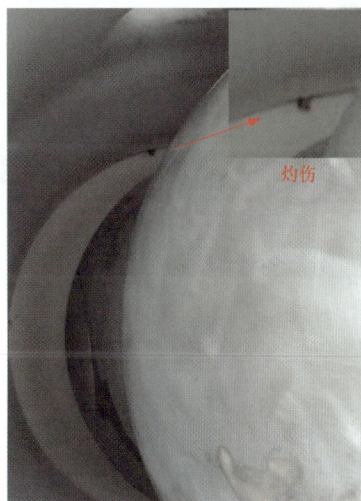

图 5-10　处理后灼伤痕迹

5.1.2　±400kV 某换流站 330kV 分支母线气室局部放电案例

1. 异常概况

2015 年 9 月 2 日，在对 ±400kV 某换流站交流滤波场 GIS 进行带电检测时，通过超声波和特高频局部放电检测发现 330kV 3 号交流滤波器组 63 分支母线 C 相编号为 314322H368 的盆式绝缘子附近气室测试数据异常，检测到超声波信号有效值、峰值明显高于环境背景值，50Hz 相关性较明显；检测到特高频信号 PRPS 和 PRPD 图谱在一个周期内有一簇明显的集聚，具有典型的尖端放电图谱特征。经综合分析，判断分支母线气室内部中心导体存在尖端放电缺陷。

2. 检测情况

（1）检测依据。

1）Q/GDW 1896—2013《SF₆气体分解产物检测技术现场应用导则》。

2）Q/GDW 11059.1—2013《气体绝缘金属封闭开关设备局部放电带电测试技术现场应用导则　第1部分：超声波法》。

3）Q/GDW 11059.2—2013《气体绝缘金属封闭开关设备局部放电带电测试技术现场应用导则　第2部分：特高频法》。

（2）超声波局部放电检测。

1）330kV 3号交流滤波器组 63分支母线 C相气室检测环境见表 5-3。

表 5-3　　　　　　　　　　　63分支母线 C相气室检测环境

变电站名	±400kV 某换流站	设备编号	63分支母线
环境温度（℃）	24.7	相对湿度（%）	20.2
测试天气	晴	检测日期	2015.9.5

2）330kV 3号交流滤波器组 63分支母线 C相气室超声波检测背景图谱如图 5-11 所示。

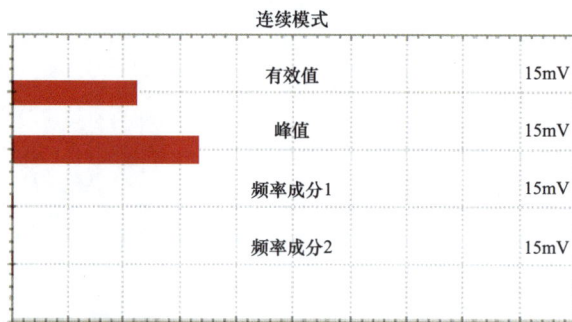

图 5-11　超声波背景图谱

3）应用 GIS 超声波局部放电检测仪对 330kV 3号交流滤波器组间隔 GIS 开展检测，检测到 330kV 3号交流滤波器组 63分支母线 C相有异常超声波信号，并且现场借助检测仪器用耳机能听到异常声音。超声波检测位置示意如图 5-12 所示。检测结果见表 5-4。峰值分布图如图 5-13 所示。

（a）　　　　　　　　　　　　（b）

图 5-12　330kV 3号交流滤波器组 63分支母线 C相及超声波测点布置示意图

（a）3号交流滤波器组 63分支母线；（b）超声波测点布置

表 5-4 超声法连续模式检测数据

测点	有效值	峰值	50Hz 相关性	100Hz 相关性
测点 1	0.46	3.65	0.09	0.06
测点 2	0.38	2.99	0.08	0.06
测点 3	0.24	1.98	0.04	0.03
测点 4	0.32	2.15	0.04	0.03
测点 5	0.14	1.13	0.03	0.02
测点 6	0.12	0.60	0	0
背景	0.11	0.51	0	0

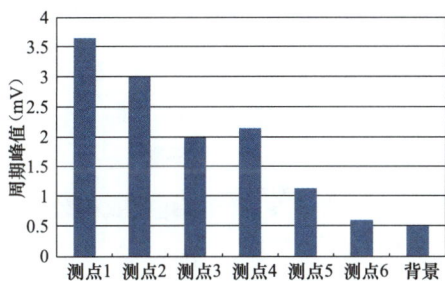

图 5-13 超声峰值分布图

由表 5-4 可知,测点 1 的超声信号幅值最大,测点 1 超声波检测图谱如图 5-14 所示。测点 2~测点 6 的超声连续模式图谱如图 5-15 所示。

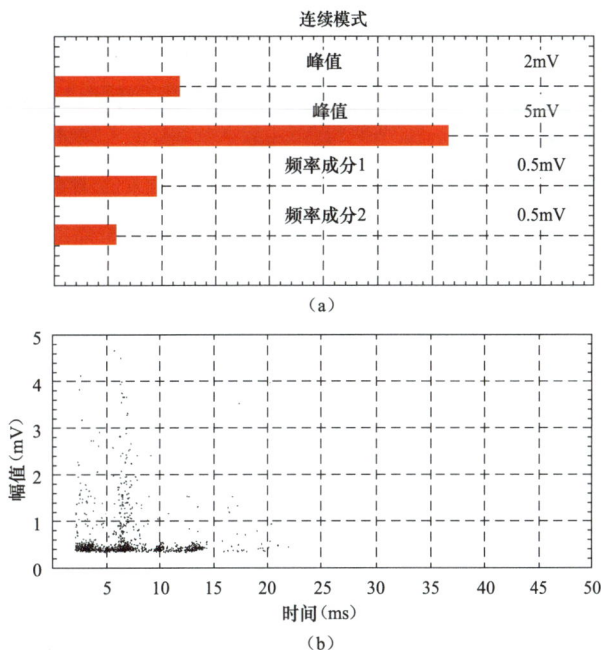

图 5-14 3 号交流滤波器组分支母线 C 相超声波局部放电检测图谱(一)

(a) 连续模式;(b) 脉冲模式

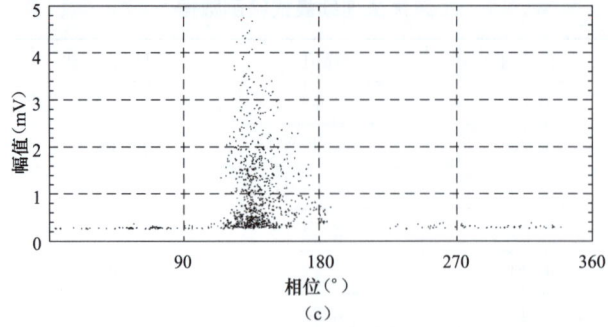

图 5-14　3 号交流滤波器组分支母线 C 相超声波局部放电检测图谱（二）

（c）相位模式

（a）

（b）

（c）

（d）

（e）

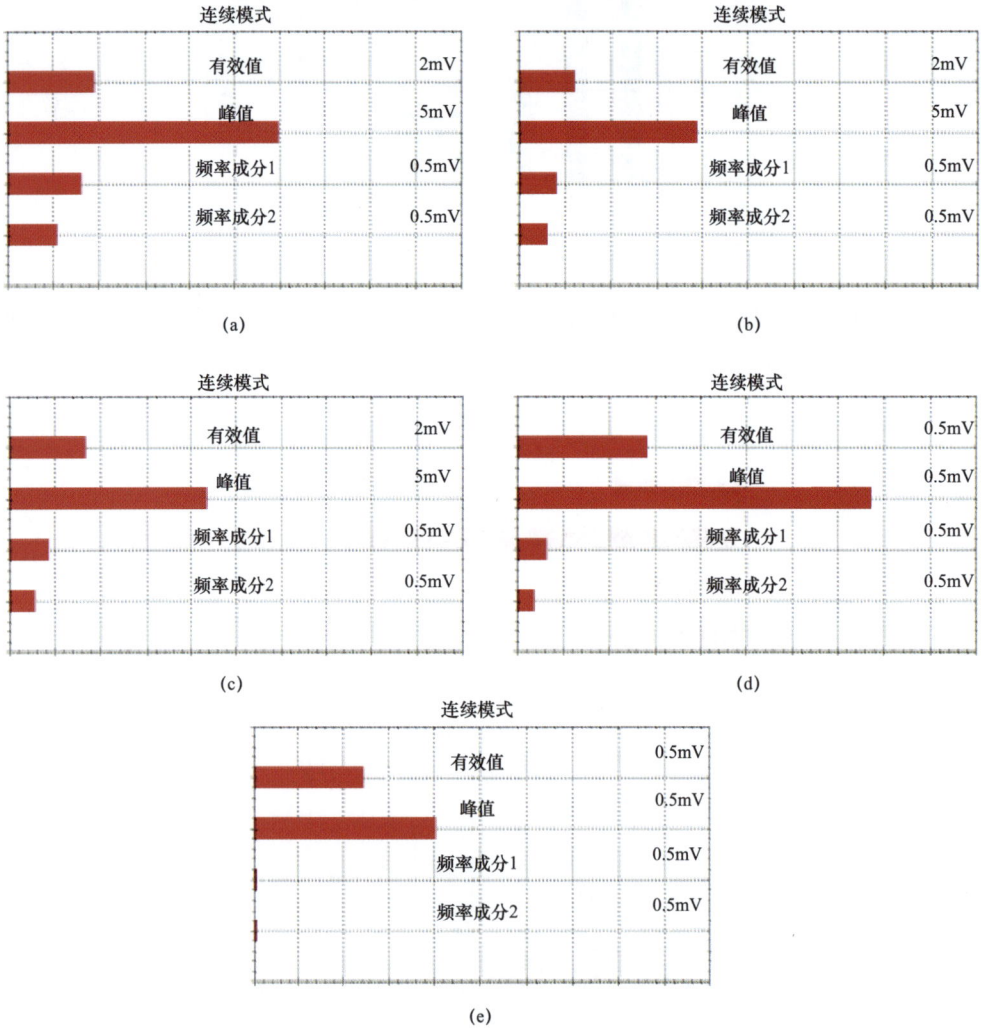

图 5-15　测点 2～测点 6 超声连续模式图谱

（a）测点 2；（b）测点 3；（c）测点 4；（d）测点 5；（e）测点 6

4）为了排除外部干扰（如电晕图 GIS 外壳上产生的感应电），采用非接触式超声局部放电检测仪在分支母线周围各个方向进行测试，检测结果均一致，如图 5-16 所示。并且，现场还采用了屏蔽布包裹分支母线 C 相，仍然能检测到异常信号，如图 5-17 所示。

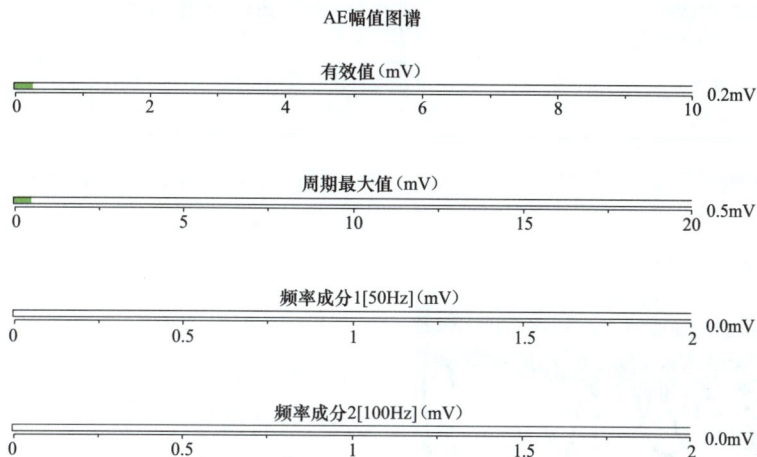

AE幅值图谱

有效值（mV）

周期最大值（mV）

频率成分1[50Hz]（mV）

频率成分2[100Hz]（mV）

图 5-16　非接触式超声幅值检测图谱

5）现场检查了 GIS 外壳接地情况，接地良好，可排除 GIS 外壳表面在电场影响下积聚一定的电荷，由于电容效应与固定 GIS 外壳的绝缘块穿芯螺杆进行放电导致干扰的可能性。

综合分析，由于只能在分支母线 C 相 314322H368 盆式绝缘子附近靠交流滤波场方向的一个气室检测到异常超声信号，另外一侧以及分支母线 A 相和 B 相均未检测到异常信号；因此，结合干扰排除结果，可认为异常信号来自分支母线 C 相气室本身。

图 5-17　现场排除干扰

3．分析判断

（1）缺陷类型分析。

1）根据测得的飞行时间图谱［见图 5-14（b）］不具有"三角驻峰"特征，飞行图的颗粒飞行时间小于 20ms，因此可以排除自由颗粒在电场作用下迁移放电的可能。

2）根据图 5-14 和图 5-15 的连续图谱和相位图谱可以看出，50Hz 相关性明显，相位图谱在一个工频周期内有一簇明显的集聚，可以排除分支母线 C 相气室内悬浮放电和绝缘件内部气隙放电的可能，具有尖端放电的特征。

（2）SF_6 气体成分检测对比验证。对 330kV 3 号交流滤波器组 63 分支母线 C 相气室进行 SF_6 气体成分检测。检测结果见表 5-5。

表 5-5　　　　　　　　　　　　　　　　　SF₆ 气体成分检测结果

变电站名	±400kV 某换流站	间隔名称	63 分支母线 C 相气室
环境温度（℃）	24.7	相对湿度（%）	20.2
测试天气	晴	检测日期	2015.9.5
63 分支母线 C 相气室 SO₂ 含量（mL/L）	0	63 分支母线 C 相气室 H₂S 含量（μL/L）	0
63 分支母线 C 相气室 CO 含量（mL/L）	1.2	—	—

图 5-18　特高频检测现场测试图

检测结果显示，330kV 3 号交流滤波器组 63 分支母线 C 相气室气体成分分析无异常。

（3）特高频局部放电带电检测对比验证。

1）应用局部放电测试仪对 330kV 3 号交流滤波器组分支母线 C 相开展特高频局部放电检测，特高频传感器放置在图 5-12（b）中的 1 号盆式绝缘子处，如图 5-18 所示。测试到的特高频信号以及背景特高频检测信号如图 5-19 所示。

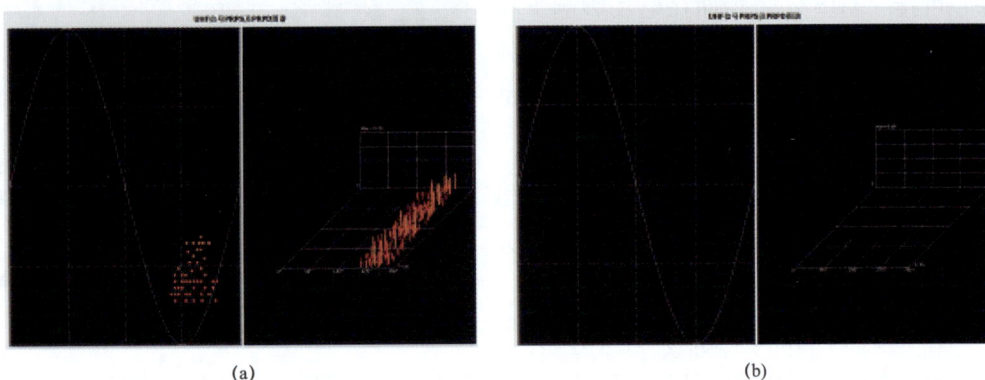

(a)　　　　　　　　　　　　　　　　(b)

图 5-19　特高频检测 PRPD 和 PRPS 图谱

(a) 1 号盆式绝缘子处信号；(b) 背景信号

2）根据图 5-19 中的 PRPS 和 PRPD 图谱，一个工频周期内只有一簇放电信号，具有尖端放电特征，结合超声波检测情况，可判断该缺陷由内部尖端放电引起。

（4）缺陷定位及原因分析。

1）采用一个特高频传感器和两个超声传感器，借助示波器进行放电源的定位。特高频传感器放置在图 5-12（b）中 1 号盆式绝缘子浇注开口处，两个超声传感器分别放置在图 5-12（b）中的测点 1 和测点 4 处，检测到的时域信号波形如图 5-20 和图 5-21 所示。

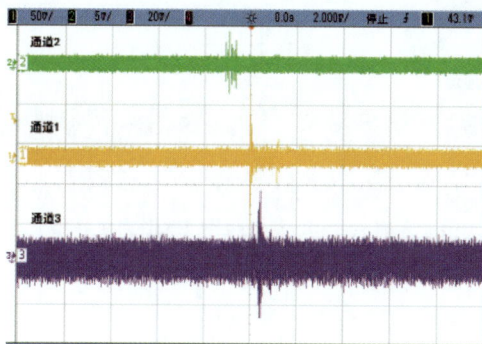

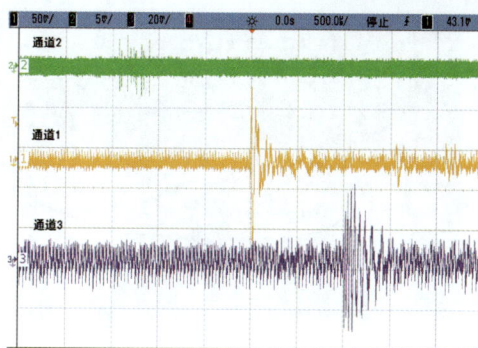

图 5-20　单周期时域波形

通道 2—特高频信号；通道 1—测点 1 超声信号；
通道 3—测点 4 超声信号；由于超声信号幅值比较
小，超声时域波形均是通过前置放大器放大 10 倍
后采集的

图 5-21　展开后的时域波形

通道 2—特高频信号；通道 1—测点 1 超声信号；
通道 3—测点 4 超声信号

从图 5-20 和图 5-21 可以看出，通道 1 的超声信号上升沿比较陡，与特高频信号时延差 Δt 约为 $1200\mu s$，其接收到的超声信号应为从放电源直接通过 SF_6 介质传播过来的，超声波在 SF_6 介质中的传播速度约为 $140m/s$，考虑到特高频信号传播速度很快（光速），可认为 Δt 等于放电源到测点 1 超声传感器的超声波传播时间，两者相距约 $16.8cm(140 \times 1200/10000)$。

进一步精确定位，采用两个超声信号进行声—声定位，定位结果如图 5-22 所示。其中，图 5-22（a）中两个超声传感器放置在超声信号最大点（测点 1）对称两侧；图 5-22（b）和图 5-22（c）中一个超声传感器放置在超声信号最大点（测点 1），另外一个测点随机挪动。通道 1 对应 1 号传感器，通道 3 对应 2 号传感器。

从图 5-22（a）可以看出，两路超声信号几乎同时到达，说明放电源位于两个传感器中垂面上。从图 5-22（b）和图 5-22（c）中可看出，2 号超声传感器信号总是超前 1 号传感器信号，说明放电源距离 1 号传感器位置最近。

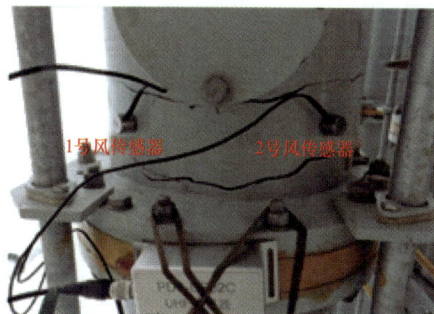

(a)

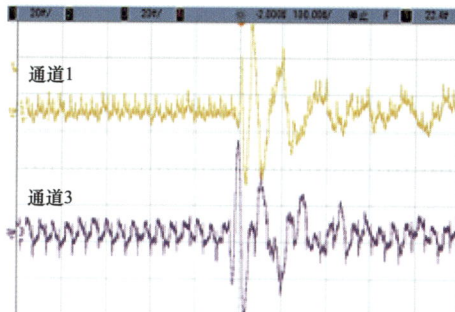

(b)

图 5-22　声—声定位时域波形图（一）

(c)

(d)

(e)

(f)

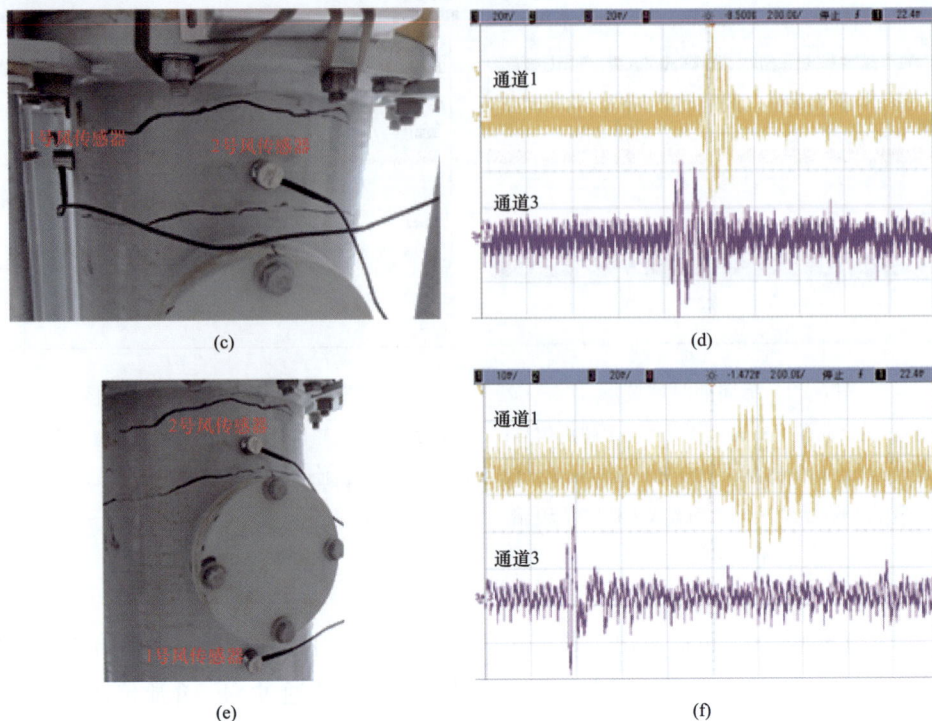

图 5-22　声—声定位时域波形图（二）

现场通过测量周长约 126cm 分支母线，半径为 20cm，分支母线载流导体、半径为 5cm，则导体外表面到 GIS 外壳内表面距离为 15cm。根据表 5-4 中的测量结果，超声信号在较大范围内均能检测到；结合声—电和声—声定位结果，放电源位于测点 1 对应位置的 GIS 导体处，现场测量到测点 1 距 1 号盆式绝缘子约 16cm，如图 5-23 所示。图 5-24 所示为事故已解体的盆式绝缘子实物图。通过测量发现，16cm 位置刚好位于屏蔽罩处。

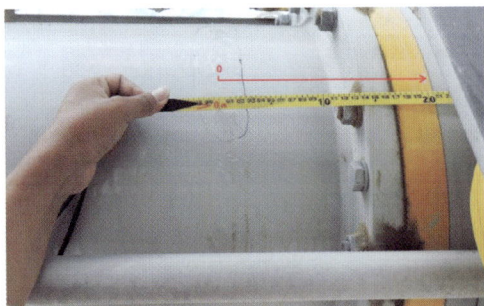

图 5-23　放电源位置现场测量图

图 5-24　已解体的同型号盆式绝缘子

根据定位结果，初步判断缺陷可能在分支母线 C 相内部对应的中心导体或屏蔽罩处。

2）被测单位提供的交流滤波器组分支母线内部结构示意图如图 5-25 所示。根据图 5-25 判断，缺陷可能在图中红色框标记的屏蔽罩或中心导体上。

综合分析，判断该分支母线内部存在尖端放电的原因为屏蔽罩或中心导体上有毛刺，导致局部电场畸变，在电压作用下导致局部放电。毛刺可能为：①屏蔽罩本身质量问题，存在缺口或凸起等；②GIS 振动导致屏蔽罩外壳或导体上有金属屑；③昼夜温差较大，GIS 来回不断伸缩导致导体与屏蔽罩紧固螺栓摩擦产生金属碎屑。

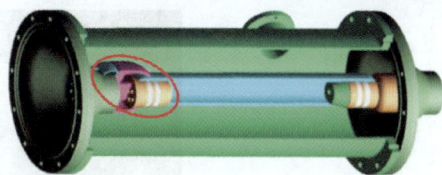

图 5-25　分支母线内部结构示意图

4．解体验证情况

2015 年 10 月，对局部放电带电检测存在异常信号的母线 C 相气室进行解体检查。在气室下部发现黑色异物，异物位置于局部放电带电检测定位结果轴向位置（与盆式绝缘子中心距 160mm），位置示意图如图 5-26 所示。实物图如图 5-27 所示。异物大小约 2mm×3mm。异物来源为设备安装时工艺控制不良导致异物吸附在盆式绝缘子与屏蔽罩连接处。现场对缺陷气室进行清洁处理，对盆式绝缘子开展局部放电试验和 X 射线探伤检测，经检测两项试验结果均合格，表明异常信号来自 GIS 解体过程中发现的疑似放电源，而与盆式绝缘子无关。复电后带电检测结果正常，未发现局部放电信号。

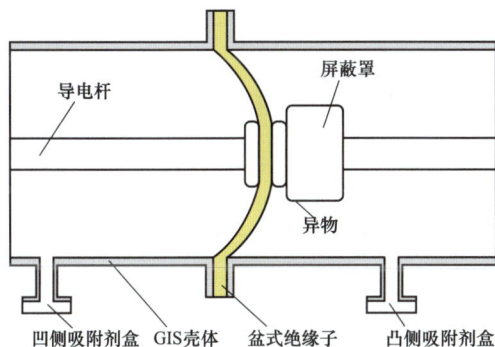

图 5-26　位置示意图

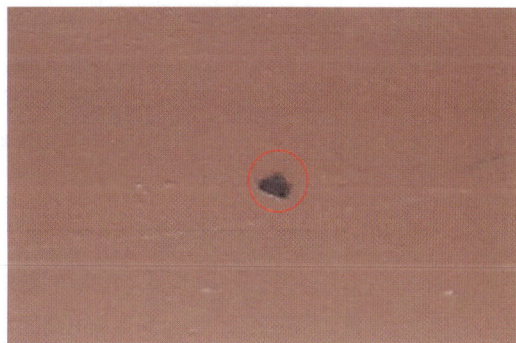

图 5-27　异物位置图

5.1.3　800kV GIS 超声波局部放电带电检测局部放电案例

1．案例经过

2016 年 10 月，某电科院对某新建 750kV 变电站 800kV GIS 进行超声波局部放电测试时，检测到变电站 800kV GIS 7520 断路器 A 相气室存在异常信号。经诊断分析，该变电站 7520 断路器 A 相气室存在自由颗粒放电缺陷，综合考虑建议解体检查。2016 年 11 月对该异常放电气室进行解体检查，发现该气室存在异物，并对其进行清除处理。

2．现场检测

2016 年 10 月，对该 750kV 变电站 800kV GIS 7520 断路器 A 相气室进行超声波局部放电测试，其测试位置如图 5-28 所示。

图 5-28　7520 断路器 A 相超声波局部放电测点图

上述 7520 断路器 A 相气室超声波局部放电测试时的背景信号与相应的测试结果如图 5-29～图 5-33 所示。

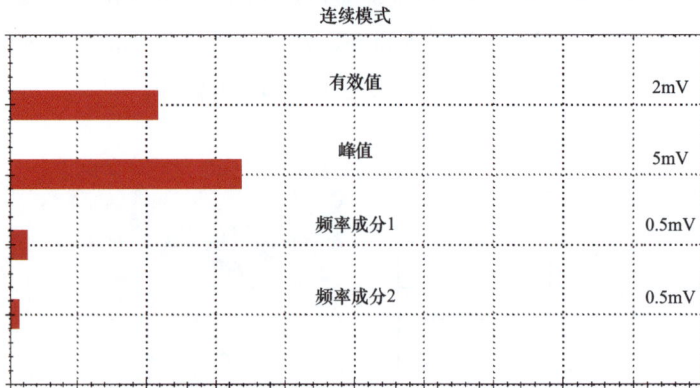

图 5-29　7520 断路器 A 相气室超声波

局部放电测试背景信号连续图谱

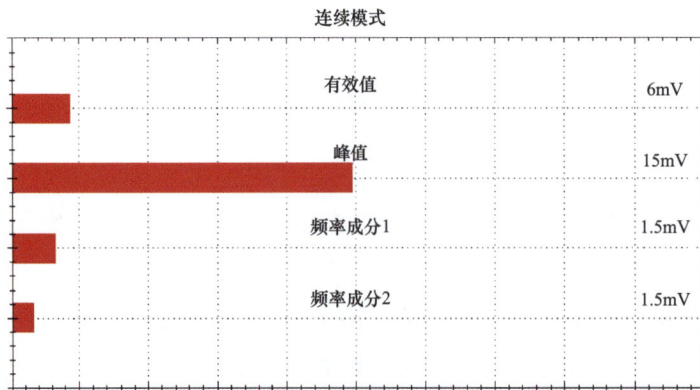

图 5-30　7520 断路器 A 相气室测点 2

超声波局部放电连续图谱

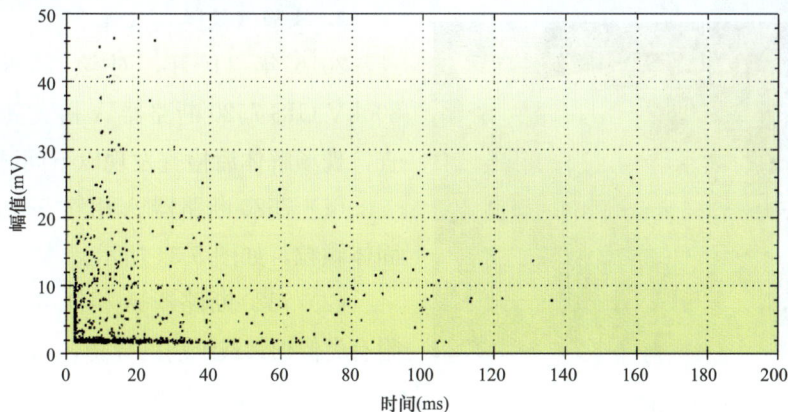

图 5-31　7520 断路器 A 相气室测点 2 超声波局部放电脉冲图谱

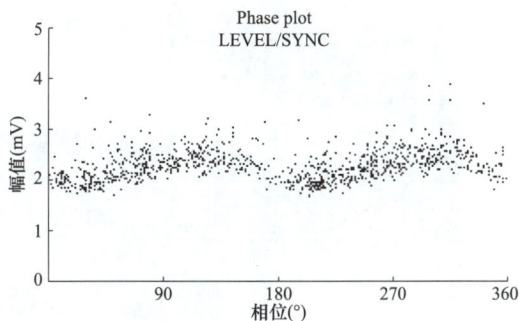

图 5-32　7520 断路器 A 相气室测点 2
超声波局部放电相位图谱

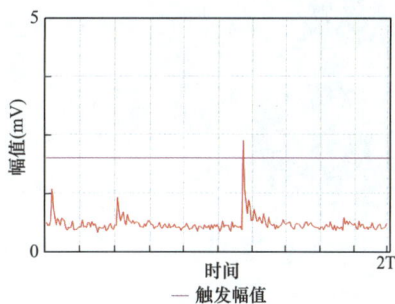

图 5-33　7520 断路器 A 相气室测点 2
超声波局部放电波形图

图 5-30 所示该部位超声波局部放电有效值和周期最大值高于背景信号值，且测试时信号周期最大值不稳定，50Hz 和 100Hz 频率成分较少；图 5-31 所示脉冲模式图谱（飞行图）显示该处信号有明显的"三角驼峰"形状特点；图 5-32 所示相位图谱无明显相位聚集效应；图 5-33 所示波形图说明该处存在自由颗粒缺陷特征。

对现场采用幅值定位法分析：测点 1、测点 5 处超声波局部放电信号无异常，测点 2、测点 3、测点 4 处存在超声波局部放电信号；幅值分析测点 4 超声波局部放电幅值信号最小，测点 2、测点 3 超声波局部放电信号最大；考虑测点 2 与测点 3 间存在断路器加热器无法进行超声局部放电检测，综合判断超声波局部放电源位于 7520 断路器 A 相气室测点 2 与测点 3 之间。

3. 检查结果

该 750kV 变电站 800kV GIS 7520 断路器 A 相气室存在自由颗粒缺陷，由于缺陷位于断路器气室且自由颗粒飞行时间较长，根据 DL/T 1250—2013《气体金属绝缘封闭开关设备带电超声局部放电检测应用导则》、Q/GDW 11059.1—2013《气体金属绝缘封闭开关设备局部放电带电测试技术现场应用导则》判断 7520 断路器 A 相气室内部存在的颗粒是有害的。当颗粒掉进壳体陷阱中不再运动时，可等同于毛刺。建议对其进行解体检查处理。

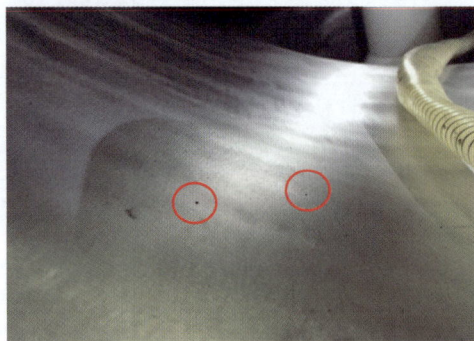

图 5-34　7520 断路器 A 相气室
底部存在黑色固体颗粒

4. 缺陷（故障）处理

2016 年 11 月，对该 750kV 变电站
800kV GIS 7520 断路器 A 相气室进行解体检
查，现场解体后检查发现以下问题。

（1）7520 断路器 A 相气室底部存在黑色
固体颗粒，如图 5-34 所示。

（2）7520 断路器 A 相气室绝缘支撑件黏
附有类似棉絮或纸屑的异物，如图 5-35 所示。

（3）金属屏蔽罩内存在金属颗粒粉末，
如图 5-36 所示。

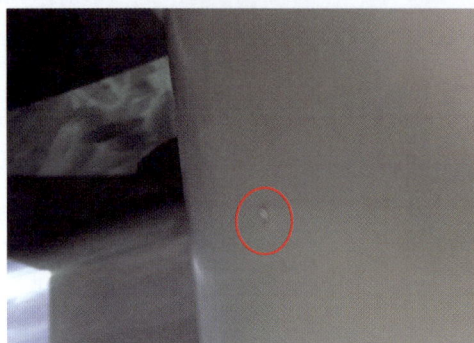

图 5-35　7520 断路器 A 相气室绝缘
支撑件黏附类似棉絮或纸屑

图 5-36　7520 断路器 A 相气室金属
屏蔽罩内存在金属颗粒粉末

现场解体并采用吸尘器对上述异物进行清理后，2016 年 11 月 29 日，再次对该 750kV
变电站 800kV GIS 7520 断路器 A 相气室进行超声波局部放电测试，此次超声波检测未发
现异常，相应的超声波测试结果如图 5-37～图 5-39 所示。

从图 5-38、图 5-39 知 7520 断路器 A 相经解体处理后，该处超声波局部放电连续图谱
幅值与背景幅值接近，无频率相关性，脉冲图无堆积特性。从而可知，7520 断路器 A 相
气室经解体检查处理后，异常放电信号消失。

图 5-37　7520 断路器 A 相气室超声波局部放电背景信号

连续模式

	有效值		2mV
	峰值		5mV
	频率成分1		0.5mV
	频率成分2		0.5mV

图 5-38　7520 断路器 A 相气室局部放电超声波局部放电连续图谱

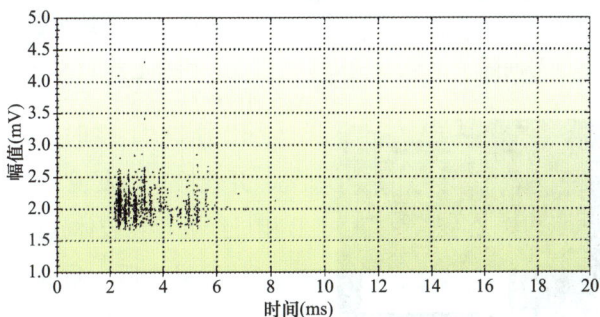

图 5-39　7520 断路器 A 相气室局部放电超声波局部放电脉冲图谱

5. 经验体会

（1）局部放电带电检测能有效发现 GIS 内部的潜伏性故障和缺陷，当同时存在特高频、超声波局部放电信号时，超声波局部放电具有较高的定位精度。

（2）应加强运行中 GIS 和罐式断路器的带电局部放电检测工作，一旦发现局部放电数据异常的设备，应立即加强跟踪，防止缺陷进一步扩大，导致事故发生。

5.1.4　110kV 变电站 110kV GIS 内部异物缺陷案例

1. 异常概况

2012 年 12 月 19 日 10 时，对某 110kV 变电站 110kV GIS 进行超声波局部放电检测，发现Ⅰ段 11 号间隔母线超声与背景及其他间隔相比存在异常，连续测量方式下，B 相母线气室有效值和周期峰值比背景值大且稳定，分别为 0.2mV 和 4.2mV，50Hz 和 100Hz 信号明显。与相邻气室以及同气室 A、C 两相的测量结果对比后，初步判定 11 号间隔 B 相母线导体存在放电缺陷。随后，12 月 22 日 13 时，对该气室进行了解体检修，重新进行试验，试验顺利通过。

2. 检测情况

2012 年 12 月 19 日 10 时，对某 110kV 变电站 GlS 设备进行交流耐压和超声波局部放电联合检测，在交流耐压顺利通过之后，进行超声波局部放电检测，发现段 11 号间隔母线 B 相超声检测异常，具体位置如图 5-40 所示。峰值大于背景值 10 倍以上，且 50Hz 和 100Hz 相关性明显，如图 5-41 所示。考虑到Ⅰ段 11 号间隔 A、C 两相超声局部放电检测顺利通过，初步判定原因为 B 相Ⅰ段 11 号间隔母线黏有异物。

图 5-40　110kV 组合电器
Ⅰ段 11 号间隔

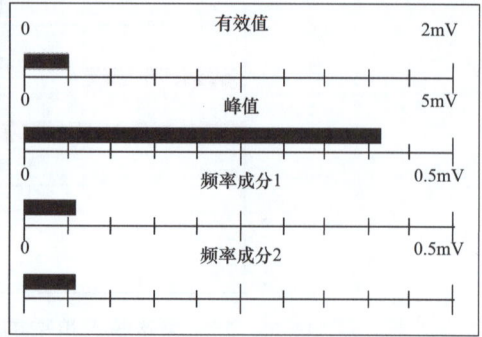

图 5-41　连续测量方式下 110kV
组合电器 11 号间隔 B 相图谱

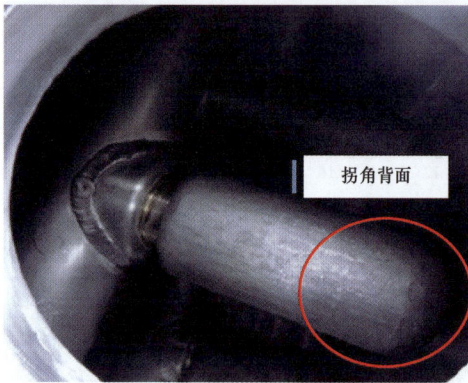

图 5-42　B 相母线拐角背面残余
包装用塑胶残留物

12 月 22 日 13 时，厂家对异常气室进行排气、开仓检查，发现 110kV GISⅠ段 11 号间隔 B 相母线处存在胶体残留物，如图 5-42 所示。

清除异物后，重新对该 GIS 进行耐压局部放电试验，数据合格，试验顺利通过。

3. 经验体会

（1）超声波局部放电检测能够有效地检测出 GIS 内部的绝大部分缺陷，在 GIS 交接耐压试验顺利通过的情况下依然也有可能存在绝缘缺陷，发生局部放电。因此为保证 GIS 正常送电投运，应在 GIS 现场交流耐压试验通过之后，进行 GIS 局部放电检测项目，作为对现有交接试验项目的补充。

（2）在 GIS 交接试验过程中，应按标准严格开展局部放电，只要是发现有局部放电异常信号，即使低于运行设备检修的经验值，也应该进行处理，把缺陷消除在初始状态，做到零缺陷移交，防止送电后缺陷发展成为事故。

5.1.5　110kV 变电站 110kV GIS 100-1 气室异物放电缺陷案例

1. 异常概况

2016 年 4 月 25 日，对某 110kV 变电站 110kV GIS 进行超声波（AE）、特高频（UHF）局部放电联合带电测试，发现"110kV 母联间隔 100-1 隔离开关气室"超声波检测异常，超声波信号周期最大值为 20dB，特高频检测未见异常脉冲信号。

通过定位分析，最终判断信号来自 110kV 母联间隔 100-1 隔离开关气室靠近气室底部位置，为异物引起的局部放电。

2. 检测情况

（1）超声波局放电检测。检测发现在 110kV 母联间隔 100-1 隔离开关气室 AE5 测点超声波检测异常，检测仪耳机中有明显的放电声响，超声波信号周期最大值为20dB，频率成分1［50Hz］＞频率成分2［100Hz］，脉冲波形上升沿极其陡峭，飞行图谱异常，判断该气室存在异常局部放电信号，初步判断为金属颗粒放电。相关试验图谱如图5-43和图5-44所示。

(a)

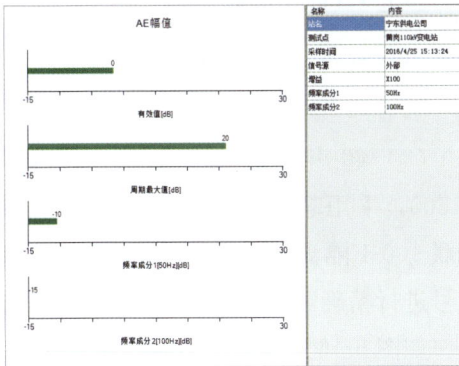

(b)

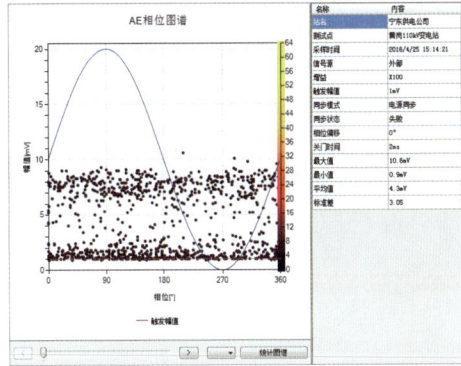

(c)

图 5-43　AE现场测点/幅值图谱/AE相位图谱

（a）AE测点分布图；（b）AE幅值图；（c）AE相位图谱

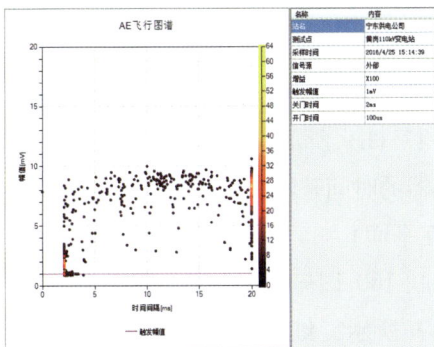

(a)

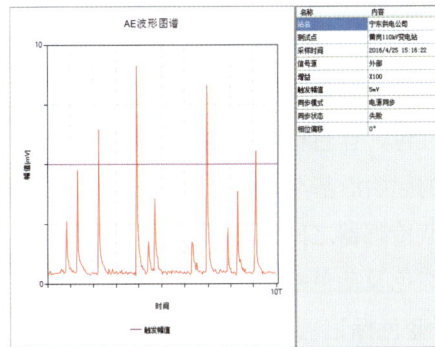

(b)

图 5-44　AE飞行图谱/AE波形图谱

（a）AE飞行图谱；（b）AE波形图谱

（2）特高频局部放电检测。使用 PDS-T90 的特高频模式对该变电站 110kV 母联 100-1 隔离开关气室进行特高频信号普测，未发现 110kV 母联 100-1 隔离开关气室存在异常特高频信号，具体数据及图谱如图 5-45 所示。

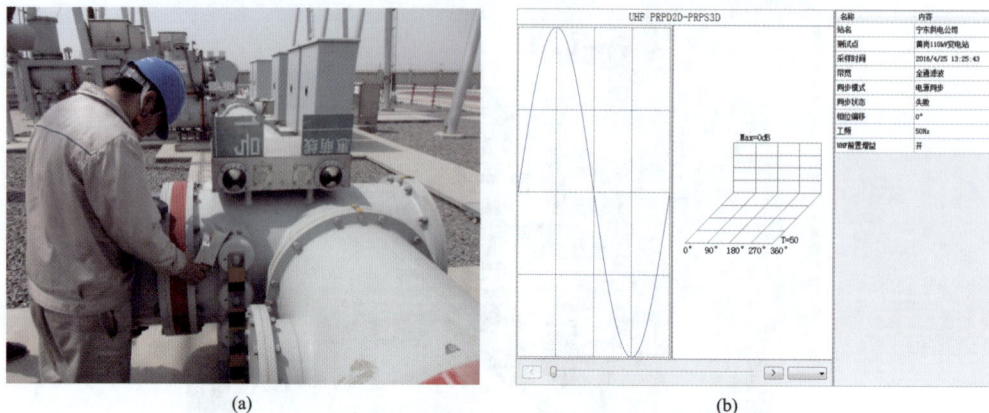

图 5-45　特高频检测及特高频 PRPD/PRPS 图谱

（a）特高频检测现场图；（b）特高频 PRPD/PRPS 图谱

特高频测试照片及特高频 PRPD/PRPS 图谱无异常脉冲信号，该气室未发现异常特高频信号。

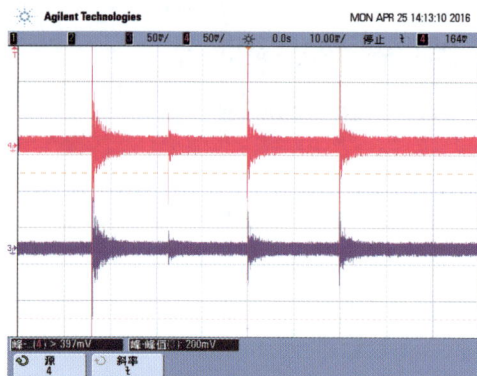

图 5-46　放电类型图谱

（3）超声波法定位分析。使用 PDS-G1500，采用超声波时差定位法，对 110kV 母联 100-1 隔离开关气室存在的异常超声波信号进行精确定位，查找放电源具体位置。

如图 5-46 所示，可以观察到每个工频周期（20ms）内超声波脉冲信号出现的频率不稳定，脉冲信号上升沿陡峭，超声信号幅值最大达到 1.31V，工频相关性不明显，波形与手持式设备测试结果一致，综合判断为颗粒放电。

将红色及蓝色超声传感器放置在 110kV 母联 100-1 隔离开关气室中如图 5-47 所示的位置（红色、蓝色标记）。示波器波形图如图 5-47（b）所示，红色传感器波形与蓝色传感器波形的起始沿基本一致，可知信号到达两传感器的时间基本一致，说明信号源位于图 5-47 所示红蓝传感器之间平分面上（如图黄色线所在平面）。

将红色及蓝色超声传感器放置在 110kV 母联 100-1 隔离开关气室图 5-48 所示的位置（红色、蓝色标记）。示波器波形图如图 5-48（b）所示。红色传感器波形超前蓝色传感器波形的起始沿 $45\mu s$，根据超声波时差换算约 20cm（按声波在固体介质中的传播速度 4500m/s 计算），和红色传感器所在位置相符，可知信号源靠近红色传感器位置。

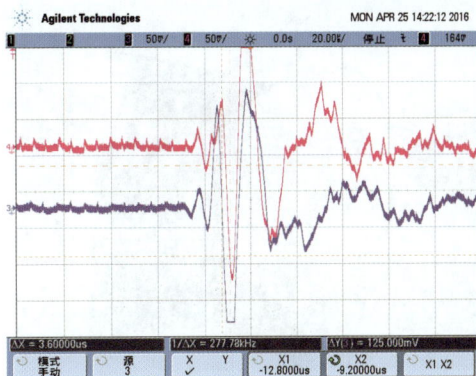

(a)　　　　　　　　　　　　　　(b)

图 5-47　横向定位传感器布置图/定位波形

（a）横向定位传感器布置图；（b）示波器采集定位波形图

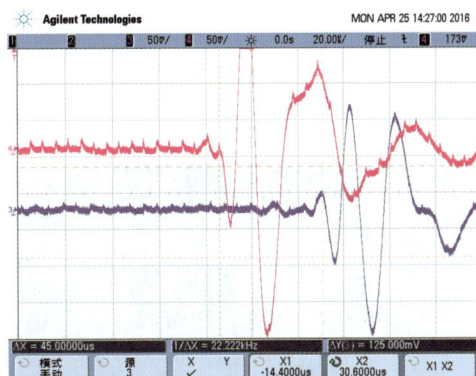

(a)　　　　　　　　　　　　　　(b)

图 5-48　纵向定位传感器布置图/定位波形

（a）纵向定位传感器布置图；（b）示波器采集定位波形图

将红色及蓝色超声传感器放置在 110kV 母联 100-1 隔离开关气室如图 5-49（a）所示的位置（红色、蓝色标记），红色超声传感器放置与图 5-49 所示位置相同，蓝色传感器在

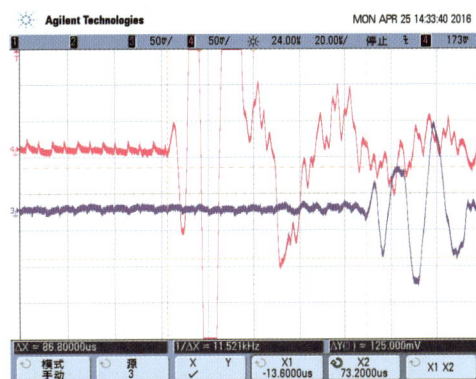

(a)　　　　　　　　　　　　　　(b)

图 5-49　垂直深度定位/定位波形

（a）垂直定位传感器布置图；（b）示波器采集定位波形图

图 5-50 放电源位置

气室顶部。示波器波形图如图 5-49（b）所示。红色传感器波形超前蓝色传感器波形的起始沿约 86.8μs，根据超声波时差换算约 39.1cm（按声波在固体介质中的传播速度 4500m/s 计算），可知信号源位于红色传感器上方约 3cm 处。

3. 处理情况

综上，局部放电源位于 110kV 母联 100-1 隔离开关气室底部红色圈标记区域，如图 5-50 所示。

2016 年 6 月 11 日对该气室进行了解体检查，发现绝缘盆子内壁黏附 2mm 长的金属细丝。图 5-51（b）所示直对绝缘盆子的内侧面位置处。由此可以看出：①此位置和超声波时差定位位置有约 4cm 距离；②在设备运行中，金属丝也可能发生位移；③GIS 气室定位准确，提高了检修效率。

(a)

(b)

(c)

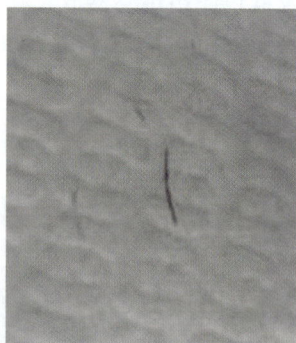

(d)

图 5-51 解体后金属丝位置

(a) GIS解体图；(b) 金属丝外部直对位置；(c) 解体后金属丝位置；(d) 解体后金属丝

经现场分析：此金属丝疑似安装过程未采取防尘措施，安装时金属部件有金属丝脱落，封罐时未彻底清洁罐体内部，导致部分杂质进入。随即对吸附剂壳体表面和此段气室罐体内部进行清理，处理完毕后再次进行局部放电检测，检测数据正常。

4. 经验体会

（1）GIS 超声波局部放电检测对发现 GIS 内部自由颗粒缺陷具有较高的灵敏度。对新建的 GIS，建议在做交流耐压试验时配合超声波局部放电检测，可以有效发现 GIS 内部缺陷。

（2）根据缺陷发现情况，在 GIS 现场安装时应加强设备安装工艺的管理。对于风沙大的地区，应采取搭建作业帐篷、地面铺工程塑料布等防尘措施，抽真空前必须对罐体内部进行彻底清理，特别是缝隙、角落的除尘。验收时认真查验施工记录、监理记录，安装时的天气情况、装配顺序、安装工艺、气室的清理等是否满足要求。

（3）超声波时差定位法能够较准确地定位放电源的位置，从而提高检修效率。

5.1.6　220kV 变电站 110kV GIS 异物放电缺陷案例

1. 案例经过

2016 年 3 月，对某 220kV 变电站 110kV 岚潘线进行特高频信号普测，在该间隔测到明显的异常特高频信号，同时在岚潘线 B 相母线靠近电缆出线气室检通过表贴式超声传感器检测到异常超声波信号，需用精确定位系统 PDS-G1500 变电站局部放电检测与定位系统进一步确定信号性质及具体位置。

2. 检测分析

（1）特高频测试。进行特高频普测，在岚潘线间隔母线气室盆子附近检测到明显特高频信号。

通过使用 PDS-T90 局部放电测试仪对 110kV GIS 岚潘线间隔进行普测，发现在该间隔检测到特高频周期图谱、PRPD/PRPS 图谱如图 5-52 所示。从图谱看，工频周期正负半周具有明显的不规则的电极放电特征，同时该信号具有明显的间歇性。

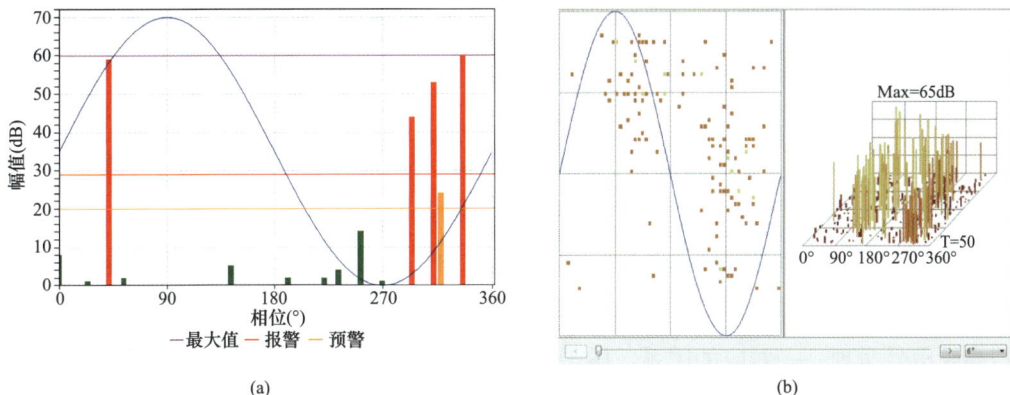

(a)　　　　　　　　　　　　　　(b)

图 5-52　特高频周期图谱、特高频 PRPD/PRPS 图谱

（a）特高频周期图谱；（b）特高频 PRPD/PRPS 图谱

（2）超声波测试。超声波普测时发现在岚潘线 B 相母线靠近电缆出线气室检测到异常超声波信号，测试图谱及位置如图 5-53～图 5-56 所示。

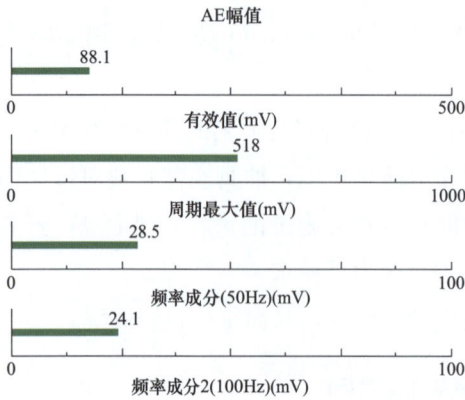

图 5-53　超声波幅值图谱

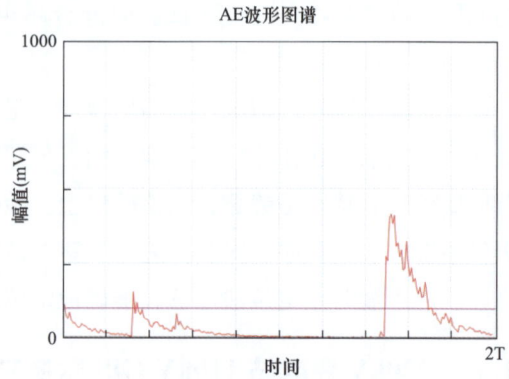

图 5-54　超声波波形图谱

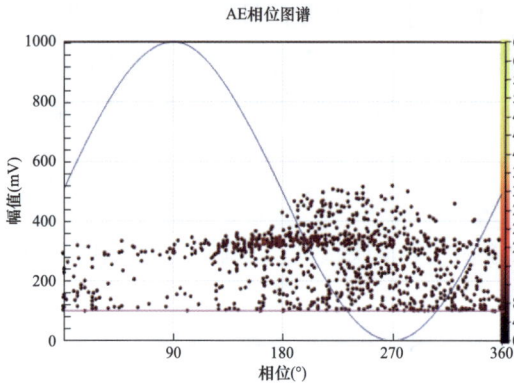

图 5-55　超声波相位图谱

图 5-56　超声波测试图

（3）局部放电定位分析。

1）特高频局部放电信号定位分析。时差定位传感器布置图如图 5-57 所示。使用局部放电检测及定位系统对岚潘线间隔特高频信号进行定位分析，追踪信号来源。通过固定一只绿色传感器，不断地改变另一只蓝色传感器位置，发现固定在 B 相盆子的传感器信号（绿色）时基始终超前于蓝色传感器，波形如图 5-58 所示。进一步确定信号来源于岚潘线 B 相母线气室，但需结合超声信号进一步确定信号源的最终位置。

2）声电联合进行定位分析。对岚潘线间隔 B 相靠近电缆出线的母线气室异常信号进行声电联合定位，通过图 5-59 所示的特高频超声波的多周期图谱可以看出，超声波信号与特高频信号呈现一一对应的关系，属于一个信号源产生。通过时差分析，不断地去改变超声传感器的位置，最终测出超声波信号和特高频信号时差如图 5-60 所示，约为 $63\mu s$ 左右，基本确定异常信号就在黄色超声传感器所在的范围，具体位置为图 5-61 所示黄圈所在范围内。

图 5-57　时差定位传感器布置图

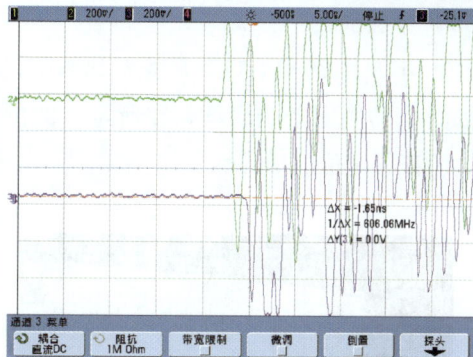

图 5-58　时差定位特高频信号图

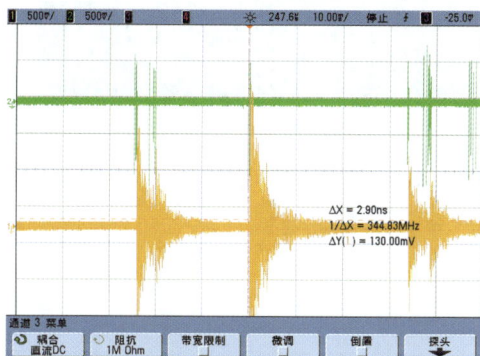

图 5-59　声电联合声电信号多周期图谱

图 5-60　声电联合特超声传感器测试位置

3）测试结论及建议。

a. 通过测试确定 110kV 岚潘线出线电缆间隔 B 相母线气室内存在局部放电信号，信号幅值最大为 1.8V，综合判断信号类型为尖端放电引起，且信号存在于 GIS 的壳体内表面。

b. 局部放电源的位置如图 5-62 标示处所示，在该气室 GIS 筒壁的红圈位置靠下的位置。因放电信号幅值较大，因此建议立即处理。

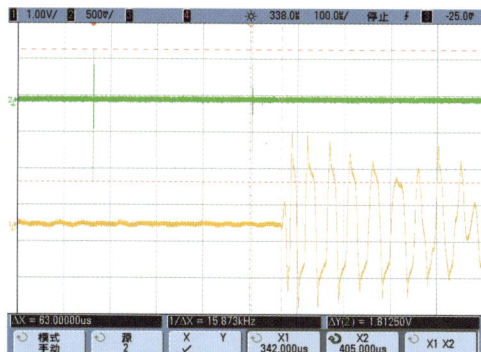

图 5-61　声电联合声电信号多周期图谱

图 5-62　放电源位置

3. 解体验证

2016 年 3 月 26 日，GIS 厂家对该缺陷进行停电检查发现，在所定位位置通过内窥镜发现如图 5-63 所示的金属丝，在所定位的位置有明显的灼烧痕迹。同时恢复送电后信号消失，验证了定位的准确性。

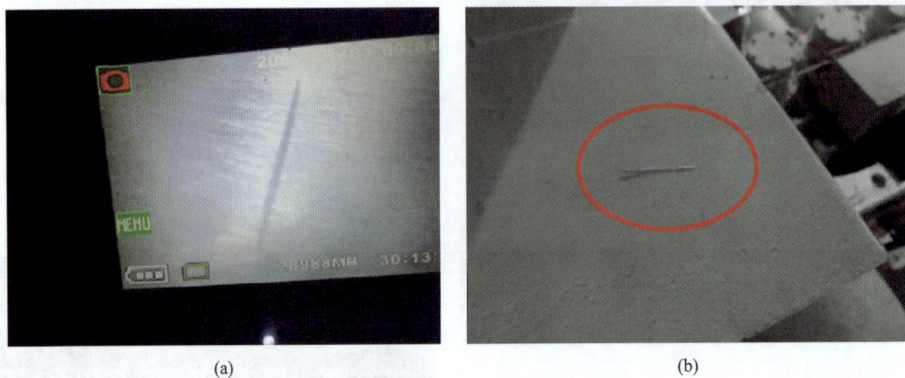

图 5-63　解体发现的金属丝

(a) 内窥镜发现异物；(b) 解体取出金属异物

5.1.7　220kV 变电站 110kV GIS 局部放电案例

1. 案例经过

某年 4 月 7 日，对某 220kV 变电站 110kV 高压设备室开展特高频和超声波局部放电检测，检测定位初步确定放电位置位于 110kV 峪城线线路 PT 气室，对图谱进行分析发现超声波测和特高频信号呈现出很强的悬浮电位放电特征。4 月 8 日进行复测，放电信号强度与 4 月 7 日基本相同，通过使用精确定位仪 PDS-G1500 对该信号进行精确定位，发现放电类型定位信号与普测信号一致，放电位置定位于距线路 PT 盆式绝缘子约 10cm，与外壳内壁的距离小于 6.1mm。

2. 检测分析方法

(1) 特高频检测。由图 5-64 可知各位置的特高频信号在工频周期内均呈现两簇明显的放电脉冲信号，正负半周波形对称，是典型悬浮放电的特征。特高频信号最大幅值在峪城线线路 PT 盆式绝缘子处，初步判断局部放电信号位于峪城线线路 PT 气室或相邻气室。

(2) 超声波检测。用超声波检测，发现 110kV 峪城线 105 间隔线路 TV 气室有异常信号，进一步检测发现该气室中下部超声波异常信号强度最为明显，有效值为 1.3mV，周期最大值为 4.8mV，有效值及周期峰值较背景值明显偏大，50Hz 和 100Hz 相关性均出现且稳定，100Hz 相关性明显大于 50Hz 相关性，一个工频周期内表现为两簇，即"双峰"，超声波呈现较为典型的悬浮放电特征，如图 5-65～图 5-69 所示。

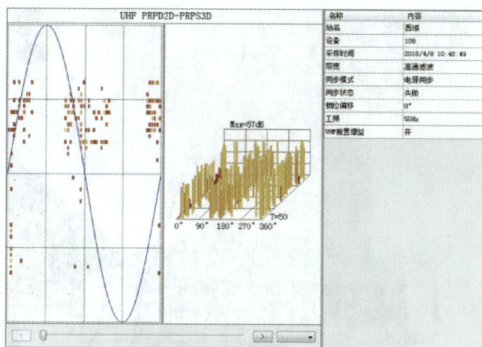

图 5-64 特高频 PRPD-PRPS 背景图谱

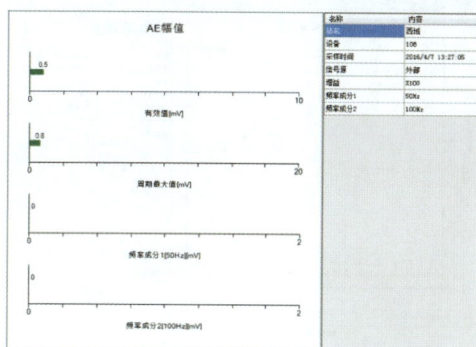

图 5-65 110kV 高压室超声波背景图谱

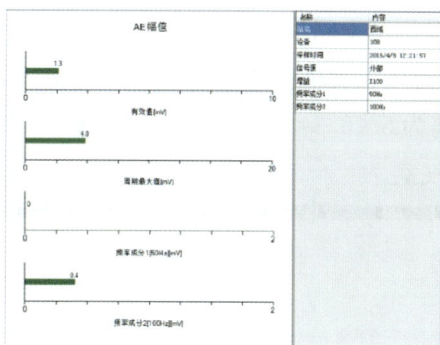

(a)

(b)

图 5-66 峪城线线路 TV 气室超声波及检测位置图
（a）峪城线线路 TV 气室超声波图谱；（b）检测位置图

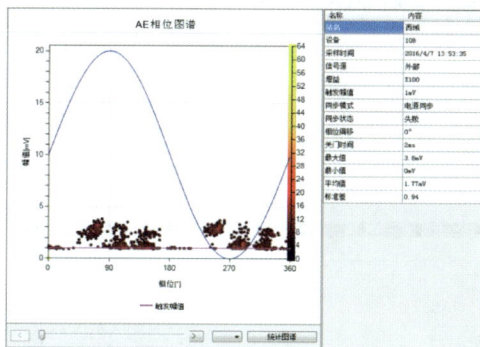

图 5-67 峪城线线路 TV 气室超声波相位图谱

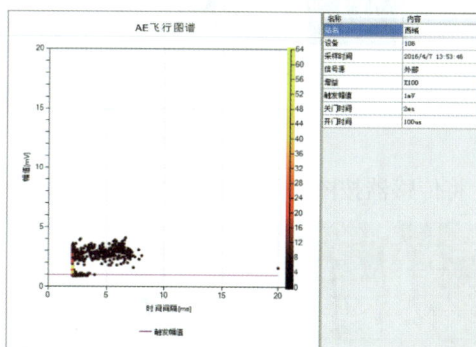

图 5-68 峪城线线路 TV 气室超声波飞行图谱

综合分析超声波局部放电信号，110kV 峪城线线路 TV 超声波幅值明显大于背景值及相同运行方式和设备型号的 110kV 峪街线线路 TV，100Hz 相关性明显大于 50Hz 相关性，一个工频周期内表现为两簇，即"双峰"，超声波呈现较为典型的悬浮放电或振动。由于有特高频信号，因此确定内部存在悬浮放电，放电位置初步定为图 5-70 超声波探头所示横切面上。

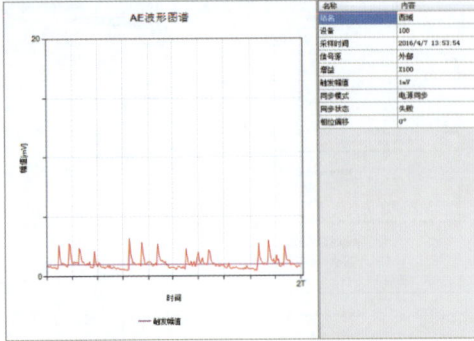

图 5-69　峪城线线路 TV 气室超声波波形图谱

图 5-70　放电位置示意图

（3）放电位置定位。将示波器和一个传感器放在峪城线线路 TV 盆式绝缘子处，将另一个传感器沿该盆式绝缘子四周的盆式绝缘子及周围空间移动，发现位于 TV 盆式绝缘子传感器的特高频信号始终超前于其他位置。将蓝色、黄色传感器放置在如图 5-71 所示位置，发现蓝色波形超前于黄色波形约 5ns，距离为 $5 \times 0.3 = 1.5m$，约为两传感器之间的距离，说明放电点靠近蓝色传感器，即靠近 TV 气室。

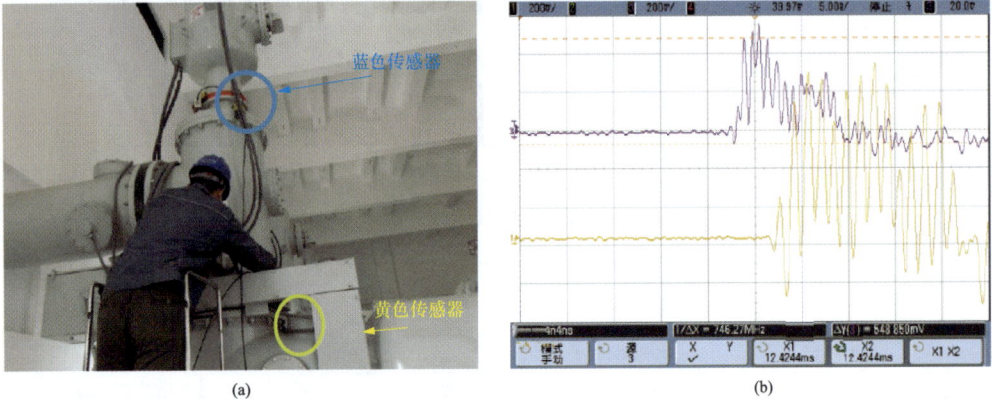

（a）

（b）

图 5-71　特高频传感器位置图/定位波形图

（a）特高频传感器位置图；（b）定位波形图

将传感器按图 5-72 所示进行排列，通过示波器波形可以看出蓝色传感器波形超前于黄色

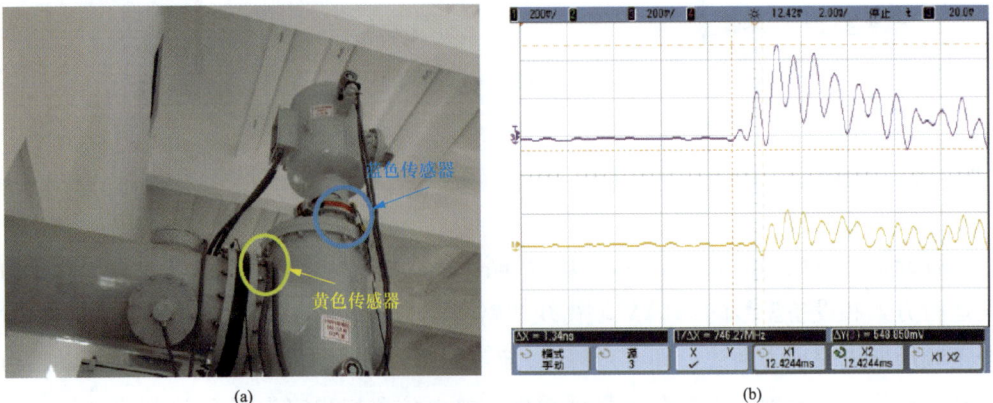

（a）

（b）

图 5-72　特高频传感器位置图/定位波形图

（a）特高频传感器位置图；（b）定位波形图

传感器波形约 1.34ns，距离约 0.402m，约为两传感器间的距离，即放电位置靠近 TV 气室。

将传感器按图 5-73 所示进行排列，通过示波器波形可以看出蓝色传感器波形超前于黄色传感器波形约 1.02ns，距离约 0.306m，即放电位置位于两传感器之间，且靠近 TV 气室蓝色传感器所在盆式绝缘子侧。

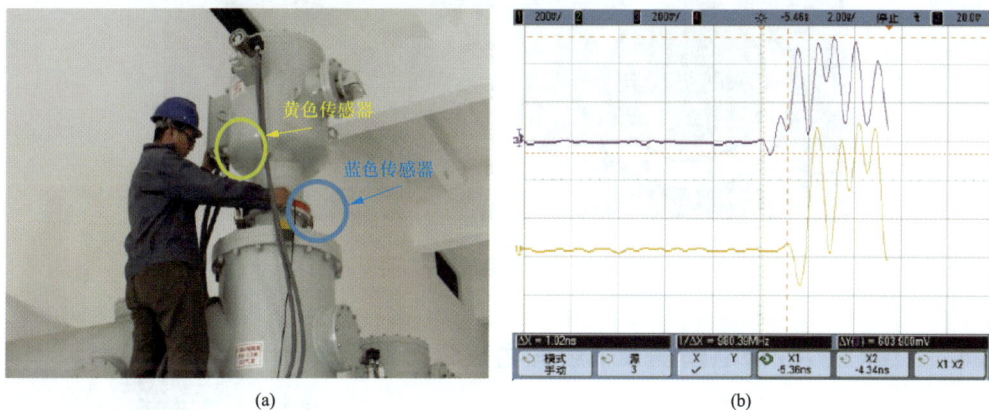

图 5-73　特高频传感器位置图/定位波形图
（a）特高频传感器位置图；（b）定位波形图

通过声电联合定位发现，传感器所测的特高频信号、超声波信号呈现一一对应的关系，说明该局部放电信号来自同一信号源，从图 5-74 和图 5-75 所示的声电联合法定位检测波形图可以看出，声波信号与特高频信号时差约为 43.6μs，放电源与超声传感器之间的距离约为 6.1mm，考虑到 GIS 外壳有一定的厚度，该放电源应该邻近 GIS 外壳，与外壳内壁的距离小于 6.1mm。

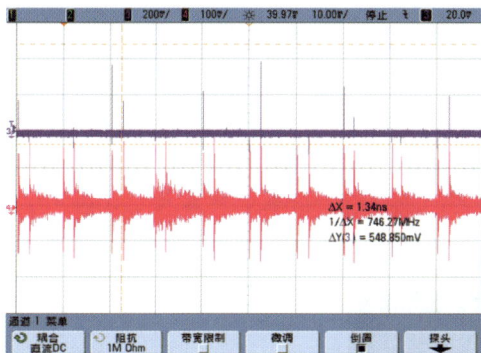

图 5-74　声电联合时域图谱

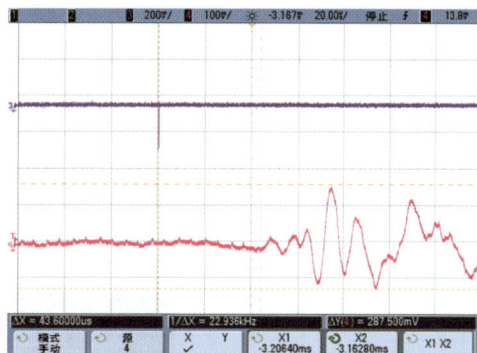

图 5-75　声电联合法定位检测波形图

3. 解体验证

停电后发现，在所定定位位置处存在一遗留物，并且绝缘子处有明显的放电粉末，如图 5-76 所示。恢复送电后异常信号消失。

图 5-76　解体后放电痕迹图

5.1.8　110kV GIS 带电检测 867 线异物缺陷案例

1. 案例经过

2016 年 8 月 24 日，对某 110kV GIS 开展综合带电检测，通过特高频局部放电检测发现 867 线路间隔存在特高频异常信号，超声波局部放电检测也发现异常信号。经检测、复测与精确定位，分析认为，110kV 867 线路避雷器气室处存在特高频异常信号，信号可能来源于避雷器下方红盆附近（可能是触点或屏蔽罩松动），为悬浮电位引起，建议尽快安排停电处理。

2. 检测分析方法

现场测点设置情况如图 5-77 所示。其上下为全环氧树脂盆式绝缘子，中间为金属环带浇注孔的盆式绝缘子。

（1）超声波检测。超声波检测结果见表 5-6。

图 5-77　测点示意图

表 5-6　　　　　　　　　　　超声波数据图谱

序号	测量部位	图谱文件	检测数值	备注
1	背景		34dB	无异常

续表

序号	测量部位	图谱文件	检测数值	备注
2	中盆附近		45dB	异常

（2）特高频检测。特高频测试见表 5-7。867 线上中下测点存在特高频异常信号。

表 5-7　　　　　　　　　　　　　　　　特高频测试数据图谱

序号	测量部位	图谱文件	备注
1	空气背景		空气中已经接收到疑似局部放电信号，越靠近盆式绝缘子，信号越大
2	上		局部放电信号类型判断为悬浮放电
3	中		局部放电信号类型判断为悬浮放电
4	下		局部放电信号类型判断为悬浮放电

图 5-78 测试的上中下三个位置

（3）局部放电定位。用 EC4000PLUS＋局部放电定位仪分别对上中下三个位置进行测试及定位，如图 5-78 所示。测试结果如下。

从图 5-79 中可以看出，中（避雷器下）的传感器先收到信号，并且领先于上方传感器约 1.8ns。由此得知放电位置靠近中间传感器附件。

从图 5-80 中可以看出，上（避雷器上）的传感器先收到信号，并且领先于下传感器约 3.8ns。可以得知放电源位置靠近中间传感器位置。通过特高频信号及定位结果对比，可以判定疑似局部放电信号来自避雷器下方盆式绝缘子附近。放电源疑似位置如图 5-81 和图 5-82 所示。

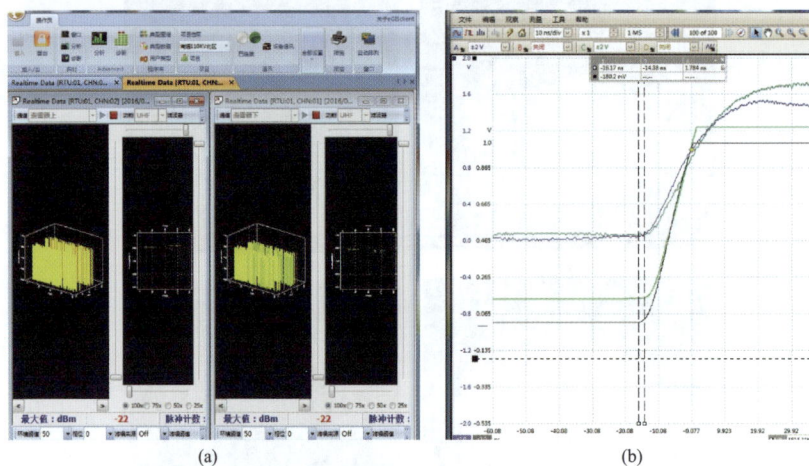

(a)

(b)

图 5-79 上中两个位置的局部放电图谱及定位图
（a）局部放电图谱；（b）定位波形图

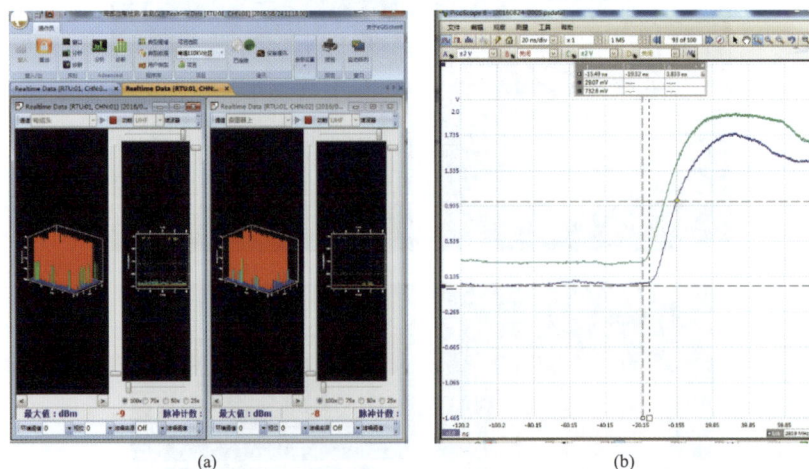

(a)

(b)

图 5-80 上下两个位置的局部放电图谱及定位图
（a）局部放电图谱；（b）定位波形图

图 5-81　放电源疑似位置图

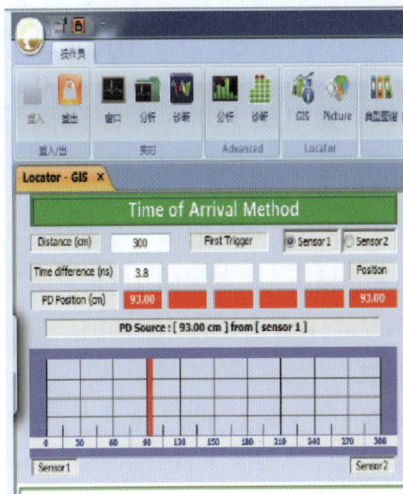

图 5-82　定位结果图（上下两个传感器）

（4）示波器定位验证。从示波器时差验证结果可以看出，结果跟 EC4000PLUS＋局部放电定位仪测得的时差基本一致，如图 5-83 和图 5-84 所示。

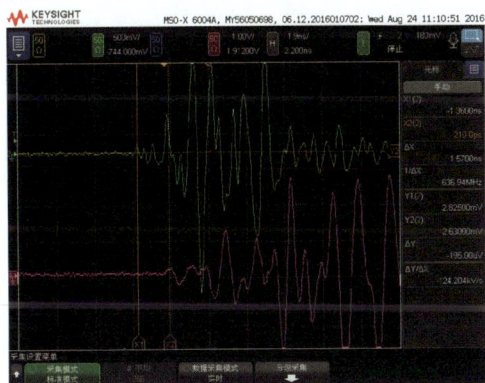

图 5-83　上中两个位置时差验证（时差约 1.6ns）

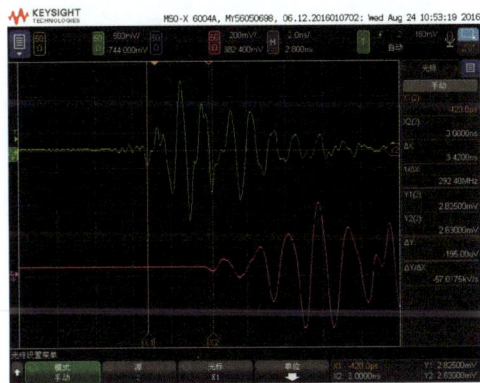

图 5-84　上下两个位置时差验证（时差约 3.4ns）

根据上述检测数据及谱图特征，分析结论为：110kV 867 线路避雷器气室处存在特高频异常信号，信号可能来源于避雷器下方红盆式绝缘子附近，为悬浮电位引起，建议尽快安排停电处理，在实施检修前，应缩短检测周期，加强监测。

3. 解体检查

解体以后，发现一个螺丝套筒头掉在盆式绝缘子上，如图 5-85 所示。该位置和 EC4000 PLUS＋的定位位置完全相同。

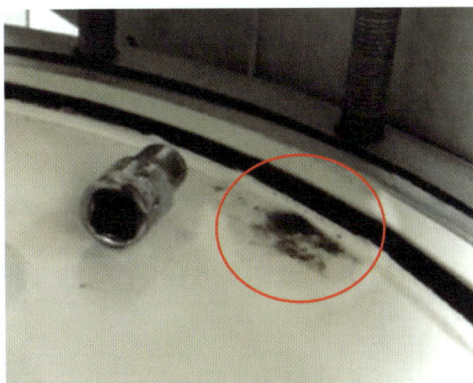

图 5-85　脱落的螺丝套筒

5.2　可跳动微粒检测案例

5.2.1　110kV 变电站 110kV 母联隔离开关气室自由颗粒缺陷

1. 异常概况

2017 年 9 月 13 日，对某 110kV 变电站 110kV GIS 投运前验收，采用 PDS-T90 型局部放电测试仪进行超声波、特高频局部放电检测时，发现在 110kV 母联 100-2 隔离开关与 102-2 隔离开关气室间母线筒存在明显的局部放电信号。经诊断分析，判断可能存在自由颗粒放电缺陷。

2. 检测情况

110kV 母联 100-2 隔离开关与 102-2 隔离开关气室间的母线筒存在明显的局部放电信号，如图 5-86 所示。

2017 年 9 月 14 日，进行复测确诊并定位，放电源位于靠近 102 断路器盆式绝缘子处母线套筒下方，如图 5-87 所示。

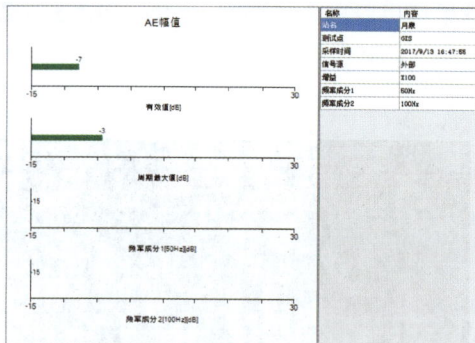

图 5-86　背景值

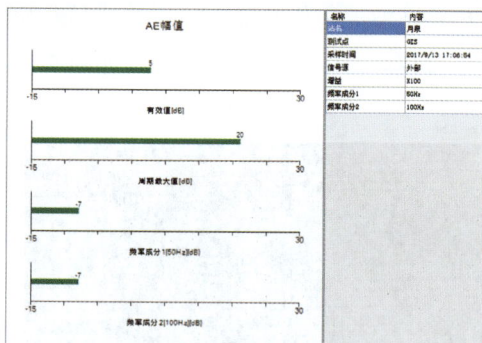

图 5-87　测试值

依据 Q/GDW 11059.1—2013《气体绝缘金属封闭开关设备局部放电带电测试技术现场应用导则》第 1 部分　超声波法中的对应图谱，判断该异常放电信号疑似为自由颗粒放电，规程规定：对于运行中的 GIS，颗粒信号的幅值：背景噪声＜V_{peak}＜5dB 可不进行处理，5dB＜V_{peak}＜10dB 应缩短检测周期，监测运行；V_{peak}≥10dB 应进行检查。其信号幅值远超规程中的要求数值，属于严重缺陷，应立即停电处理。

3. 解体处理

2017 年 9 月 18 日，对该 110kV 变电站 110kV GIS 气室解体检查，发现 102-2 隔离开关气室靠母线筒盆式绝缘子处发现金属固体颗粒，测试数据、解体图及异物图如图 5-88～图 5-90 所示。

5.2.2　110kV 变电站 110kV 母联 100-1 隔离开关气室超声波检测异常

1. 异常概况

2017 年 3 月 15 日，对某 110kV 变电站 110kV 母联 100-1 隔离开关气室进行超声波带电检测，检测信号异常，疑似存在自由颗粒异常放电。随后应用 G1500 局部放电定位系统进行测定，初步判断局部放电位置处于气室底部正中位置。

1	背景	连续模式	
		有效值	0.5mV
		峰值	1.5mV
		频率成分1	0.5mV
		频率成分2	0.5mV
2	100母联间隔与102间隔之间母线气室	连续模式	
		有效值	50mV
		峰值	150mV
		频率成分1	15mV
		频率成分2	15mV
		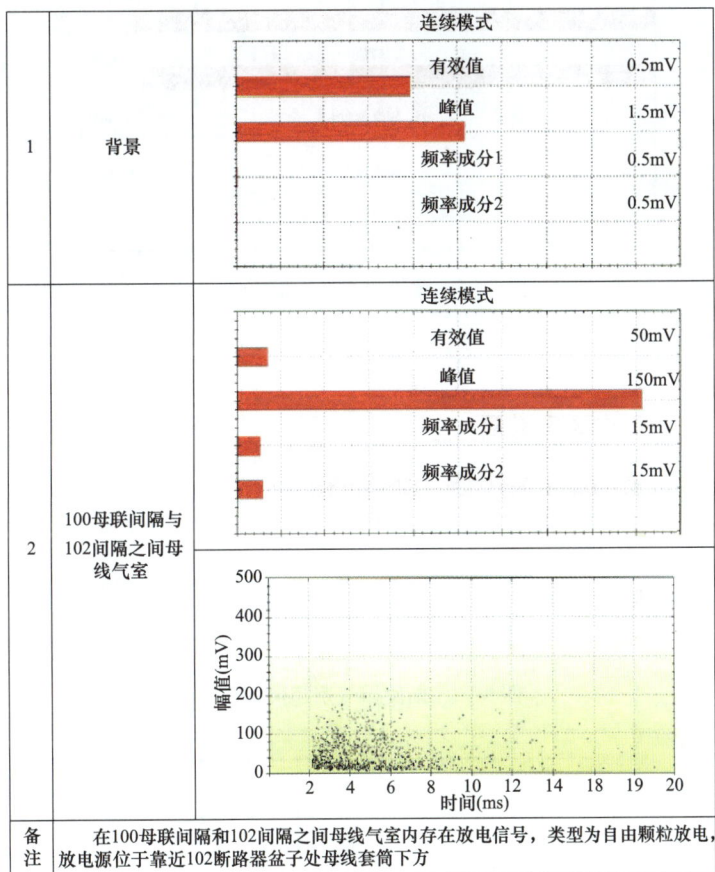	
备注	在100母联间隔和102间隔之间母线气室内存在放电信号，类型为自由颗粒放电，放电源位于靠近102断路器盆子处母线套筒下方		

图 5-88　测试数据

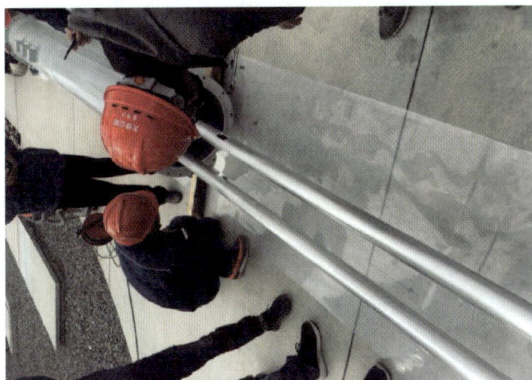

图 5-89　解体检查

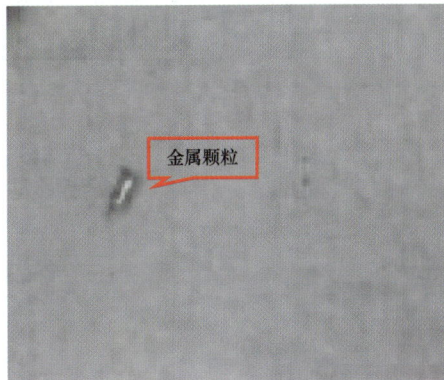

图 5-90　金属颗粒

2. 检测情况

对某 110kV 变电站 110kV 母联设备的超声波局部放电检测数据如图 5-91～图 5-94 所示。

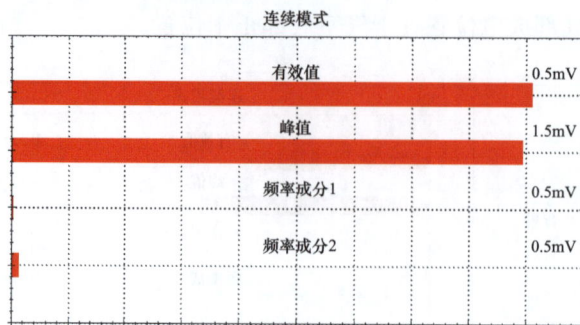

图 5-91　背景图谱（构架信号）

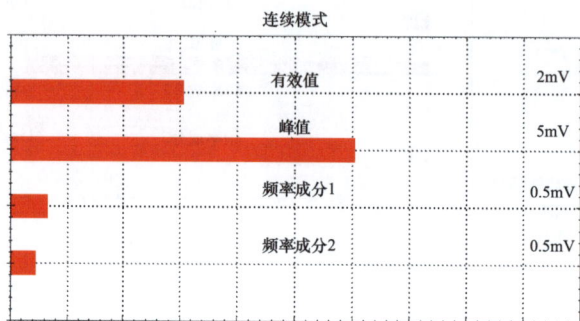

图 5-92　断路器气室超声图谱

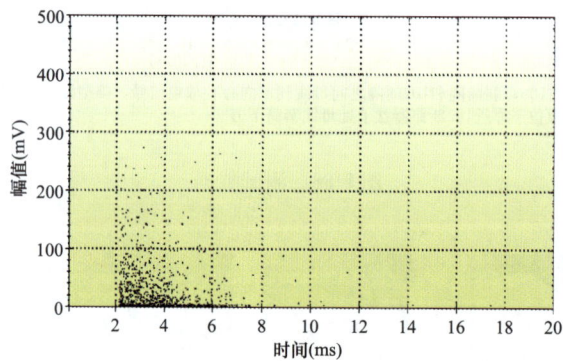

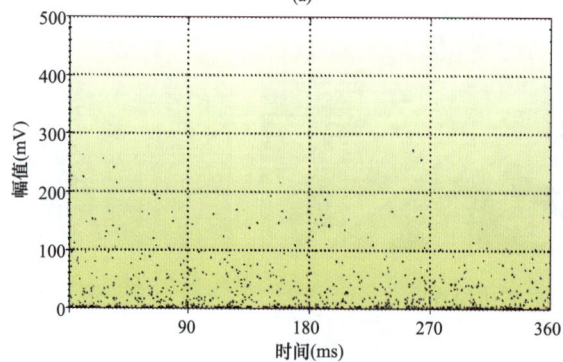

图 5-93　隔离开关气室超声图谱

（a）飞行图谱；（b）相位图谱

图 5-94　母线气室超声图谱

　　由检测数据可知，超声波检测信号幅值较大点均位于隔离开关气室，相邻气室（断路器气室、Ⅰ母线气室）超声信号都在正常范围内。通过横纵变化检测位置，初步确定疑似放电信号位于气室底部。为了进一步得到局部放电位置，应用 G1500 局部放电定位系统进行检测。

　　（1）传感器横向水平布置（紫色在黄色左边），如图 5-95 所示。

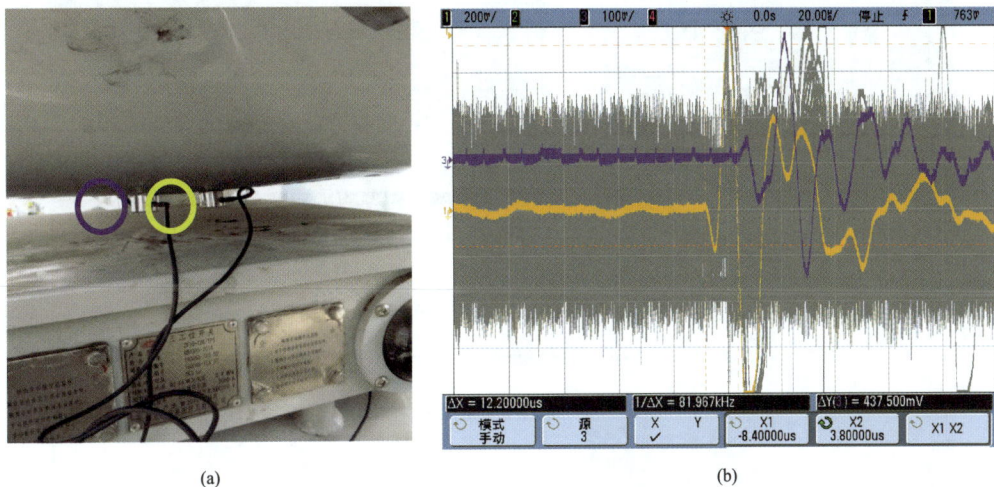

(a)　　　　　　　　　　　　(b)

图 5-95　传感器横向水平布置（紫色在黄色左边）

（a）传感器布置；（b）图谱

　　（2）传感器横向水平布置（紫色在黄色右边），如图 5-96 所示。

　　（3）传感器纵向布置（紫色在黄色右上），如图 5-97 所示。

　　（4）传感器纵向布置（紫色在黄色左上），如图 5-98 所示。

　　由表 5-8 所示的检测结果可知，横向布置传感器时，黄色信号总是超前于紫色，纵向布置时，根据不同的位置，黄色信号超前紫色信号的时间不同。由此可知，内部异常放电部位位于隔离开关气室底部正中。

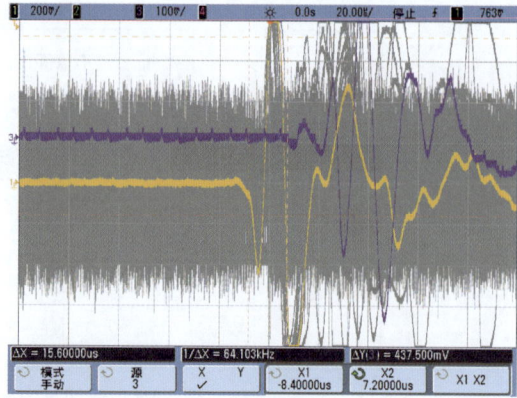

(a)　　　　　　　　　　　　　　(b)

图 5-96　传感器横向水平布置（紫色在黄色右边）

（a）传感器布置；（b）图谱

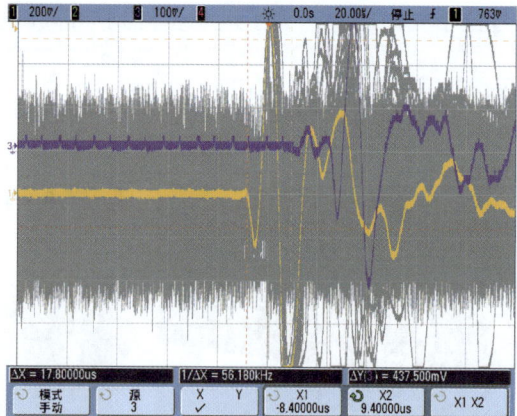

(a)　　　　　　　　　　　　　　(b)

图 5-97　传感器纵向布置（紫色在黄色右上）

（a）传感器布置；（b）图谱

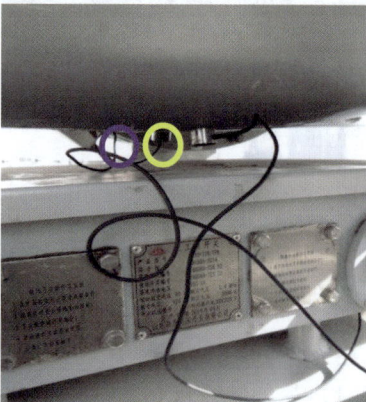

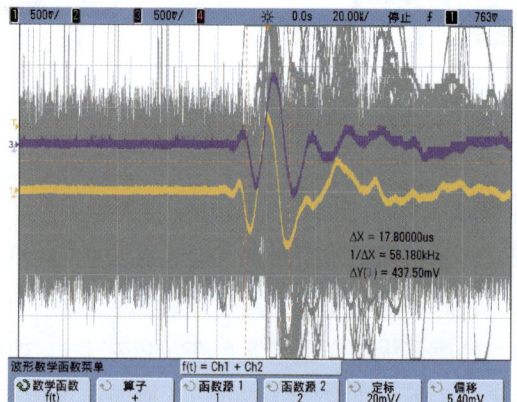

(a)　　　　　　　　　　　　　　(b)

图 5-98　传感器纵向布置（紫色在黄色左上）

（a）传感器布置；（b）图谱

3. 现场解体

2017 年 2 月 28 日，对某 110kV 变电站 110kV GIS 100-1 隔离开关气室解体检查，发现：100-1 隔离开关气室底部存在两处金属固体颗粒，如图 5-99～图 5-101 所示。现场解体做好无尘措施后打开该隔离开关气室发现上述异物后采用吸尘器进行清理，取出的金属颗粒由厂家回收进行成分分析。

2017 年 3 月 1～2 日，对某 110kV 变电站 110kV GIS 100-1 隔离开关气室解体检查后，

图 5-99　110kV 母联 100-1 隔离开关
气室内部局部放电位置

重新充气并静置 24h，经检测 SF$_6$ 气体湿度、纯度合格后，再次进行交流耐压试验，耐压通过后进行超声波局部放电测试，此次检测发现超声波局部放电无异常，与背景值基本一致，如图 5-102 所示。

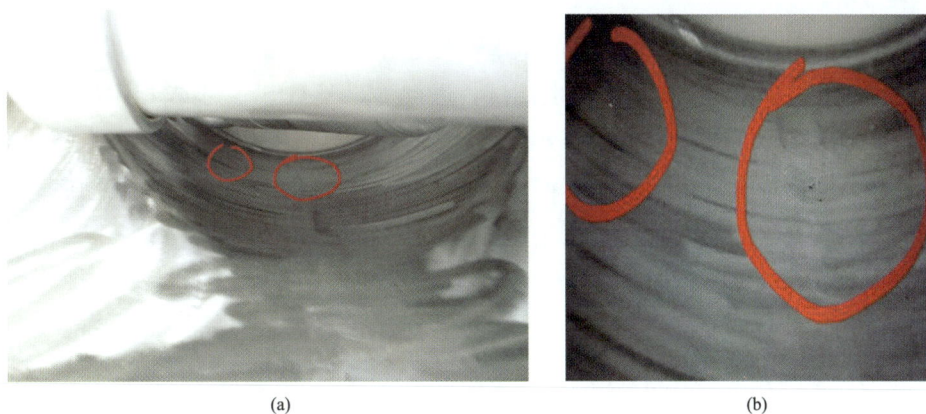

图 5-100　隔离开关气室底部发现两个金属颗粒

（a）隔离开关气室底部金属颗粒；（b）局部放大图

图 5-101　金属颗粒清理后对比图

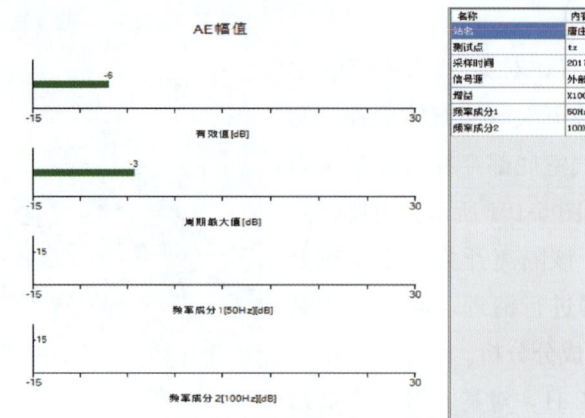

图 5-102　气室局部放电超声波局部放电连续图谱

5.2.3　330kV 变电站 126kV GIS 超声波局部放电检测发现自由颗粒缺陷

1. 异常概况

2015 年 11 月 28 日和 12 月 2 日某 330kV 变电站 126kV GIS Ⅲ母和Ⅳ母进行投运前进行交流耐压试验过程中超声波局部放电测试，进行 126kV GIS Ⅳ母 A 相耐压试验时超声局部放电检测存在异常信号。经诊断分析，判断该 126kV GIS Ⅳ母存在自由颗粒放电缺陷，解体检查发现 GIS 母线罐体底部存在杂质及颗粒。12 月 7 日，对母线彻底清理后进行交流耐压超声局部放电试验，超声局部放电检测未见异常。

2. 检测情况

11 月 28 日，对该变电站 126kV GIS 进行交流耐压试验超声局部放电测试，检测发现Ⅳ母 A 相超声检测异常。检测数据见表 5-8。

表 5-8　　126kV GIS Ⅳ母超声局部放电检测数据

检测内容	PDS-T90 型	AIA-1 型
背景信号		

续表

检测内容	PDS-T90 型	AIA-1 型
连续图谱		
飞行图谱		

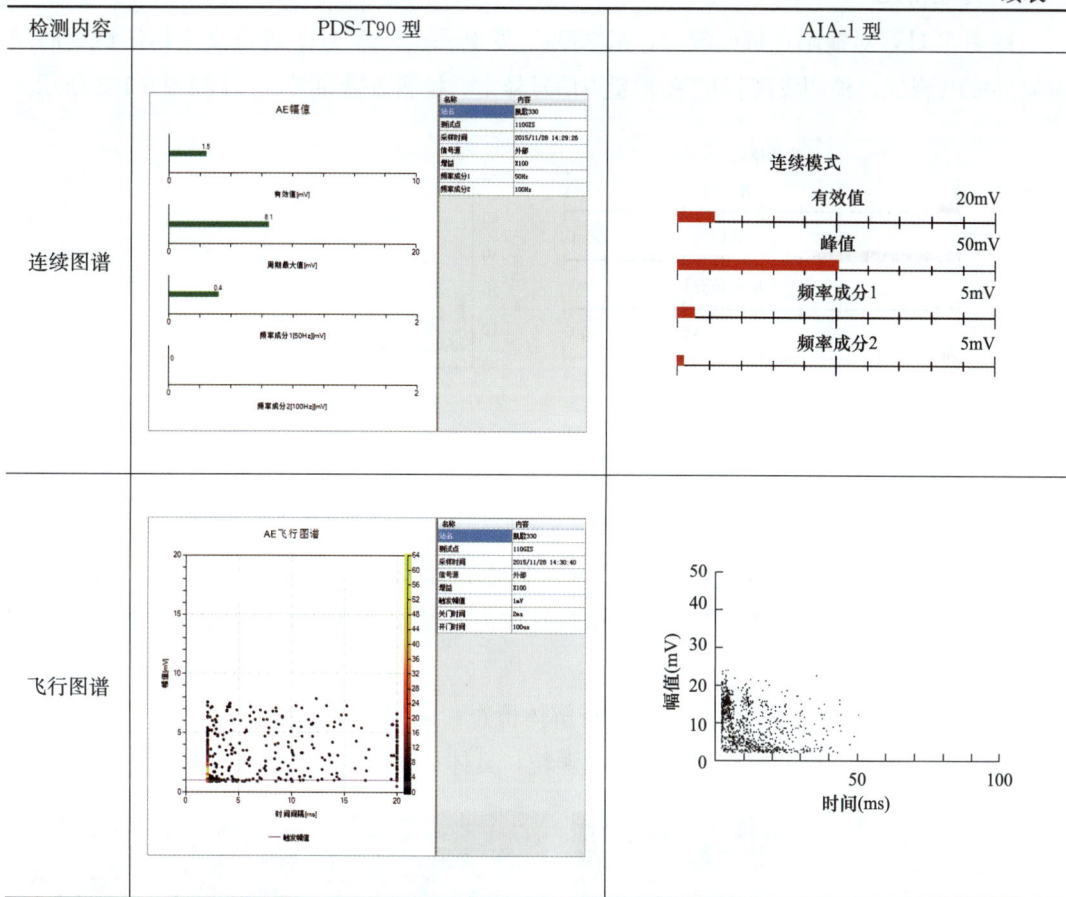

从以上检测数据可以看出，Ⅳ母 121 间隔至 122 间隔之间区域超声局部放电异常，超声局部放电有效值和周期最大值高于背景信号值，且测试时信号周期最大值不稳定；两种不同超声局部放电检测仪脉冲模式图谱（即飞行图）显示信号有明显的飞行时间，呈现出颗粒放电特征。两个不同测试时间段罐体内信号幅值最大区域由区域 1 漂移至区域 2，并且均表现为颗粒放电缺陷，分析判断Ⅳ母罐体内部存在自由颗粒放电缺陷，原因可能为 GIS 母线在现场进行重新组装、对接等过程时被二次污染，或现场装配时灰尘、异物未彻

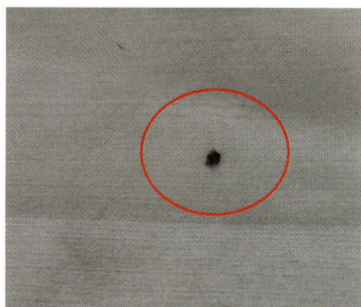

图 5-103　126kV GIS Ⅳ母
解体检查结果

底清理干净。由于采用两种不同的超声波局部放电测试仪均测试到Ⅳ母 121 间隔至 122 间隔之间气室存在自由颗粒放电缺陷，因此于 11 月 29 日，对某 330kV 变电站 126kV GIS Ⅳ母 121 间隔至 122 间隔之间气室进行解体检修。由于母线较长且罐径小，外观检查未见明显金属颗粒，因此采用专用试纸对手孔周围底部壳体进行擦拭，可见大小约为 2mm×2mm 类似导电胶的胶状颗粒及 0.5mm×1mm 的金属碎屑，检查结果如图 5-103 中红圈所示。

3. 处理情况

12月2日，对缺陷进行处理后，某330kV变电站126kV GIS进行交流耐压试验时超声局部放电测试，检测发现Ⅳ母A相超声信号异常。检测数据如图5-104和图5-105所示。

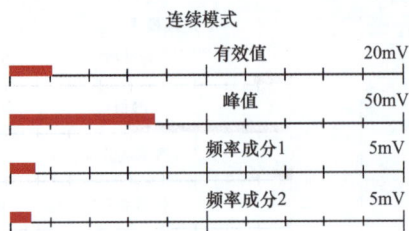

图 5-104　126kV GIS Ⅳ母1号区域
超声局部放电连续图谱

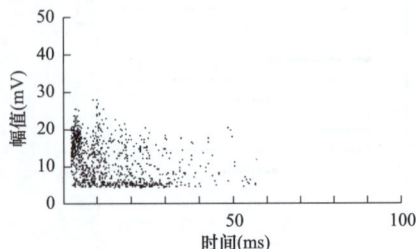

图 5-105　126kV GIS Ⅳ母1号区域
超声局部放电飞行图谱

从以上测试结果可以看出，对某330kV变电站126kV GIS Ⅳ母进行解体处理后，Ⅳ母1号区域超声局部放电测试仍存在自由颗粒放电特征，并且峰值接近20mV，飞行时间大于50ms。

12月4日，再次对Ⅳ母1号区域进行解体检查，采用专用试纸进行擦拭，检查发现漆皮颗粒、胶状颗粒、金属碎屑及透明球状颗粒，具体如图5-106所示。

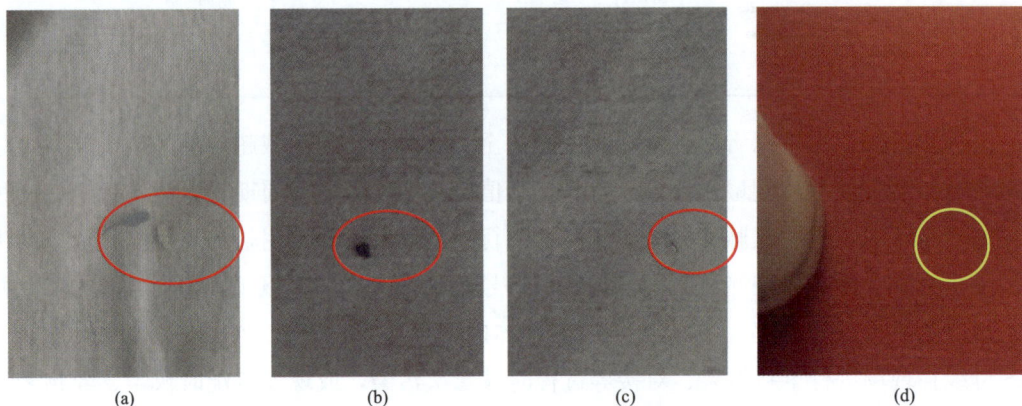

图 5-106　Ⅳ母1号区域解体检查结果
（a）漆皮颗粒；（b）胶状颗粒；（c）金属碎屑；（d）透明球状颗粒

解体检查结果发现罐体内部仍存在杂质及颗粒，可见11月29日进行清理时由于母线罐体较长，Ⅳ母1号区域内部未清理干净导致颗粒放电现象仍然存在。

12月7日，对Ⅳ母1号区域及2号区域内部进行彻底清理后再次进行交流耐压试验及超声局部放电测试，交流耐压试验合格，超声局部放电检测未见异常。

由于对某330kV变电站126kV GIS进行交流耐压试验，进行超声局部放电检测时在A相耐压时呈现明显自由颗粒放电特征，在B、C相耐压时超声局部放电检测未见异常，解体发现罐体内部存在杂质及颗粒，特对交流耐压过程中罐体底部电场分布情况进行仿真

分析（交流耐压试验时，对其中一相耐压时，其他两相接地），结果如图 5-107～图 5-109 所示。

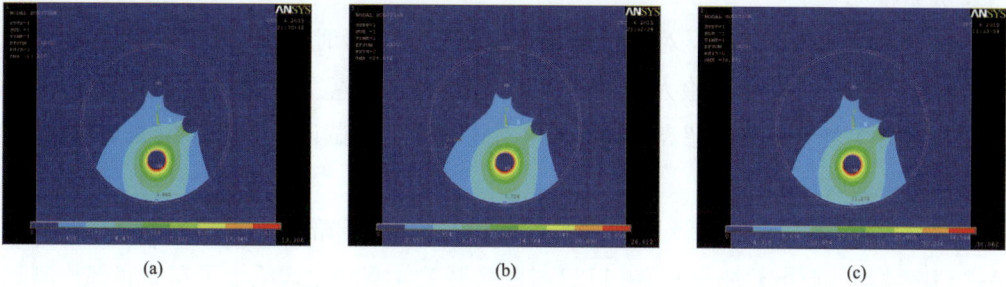

图 5-107　A 相交流耐压不同电压等级下电场分布情况

(a) 63.5kV；(b) 126kV；(c) 184kV

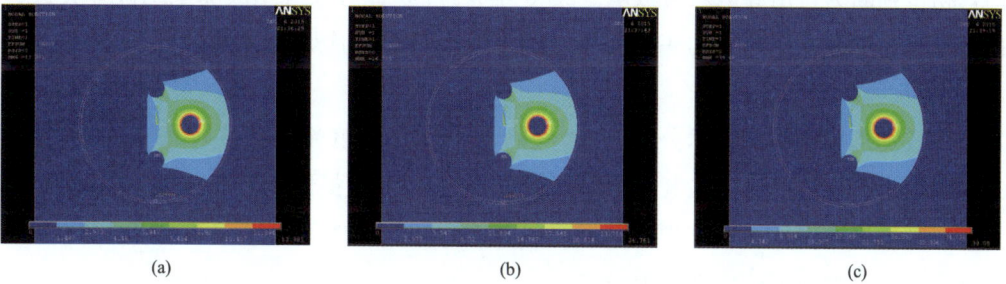

图 5-108　B 相交流耐压不同电压等级下电场分布情况

(a) 63.5kV；(b) 126kV；(c) 184kV

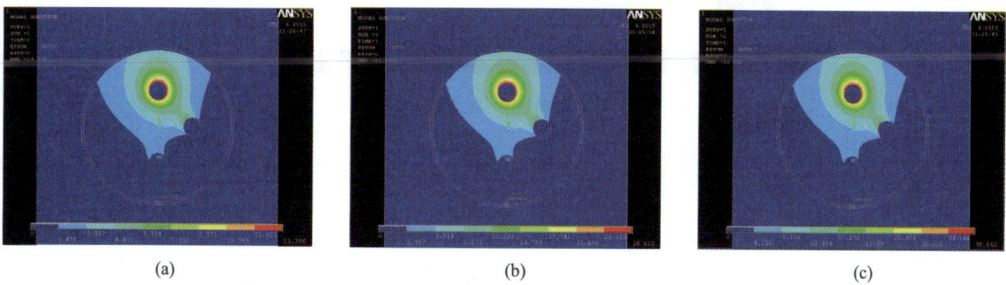

图 5-109　C 相交流耐压不同电压等级下电场分布情况

(a) 63.5kV；(b) 126kV；(c) 184kV

对三相进行交流耐压过程电场分布情况的仿真结果可以看出，A 相位于母线内部最下方，在 A 相运行电压条件下罐体底部电场强度为 3.862kV/cm；在 B、C 相进行交流耐压时（A 相处于接地状态），罐体底部电场强度几乎为零。因此，在电场力、粒子力等综合作用下，罐体底部存在杂质及颗粒时，A 相交流耐压过程中运行电压情况下会呈现出自由颗粒特征，B、C 相随电压升高未检测出自由颗粒放电特征，与现场检测及解体检查结果相符。

5.2.4　110kV 变电站 GIS 隔离开关气室内部自由金属颗粒缺陷

1. 异常概况

2013 年 9 月 26 日 10 时，对 110kV 某变电站进行巡检时发现 112 间隔超声波局部放电信号异常，电气试验班试验人员对 1122 号隔离开关气室、相邻 163 号断路器气室和 1631 号隔离开关气室进行了超高频局部放电对比测试（测试设备为 PDCheck）。测试表明该气室存在局部放电。

2013 年 9 月 26 日 18 时，对 112 母联间隔进行超声波局部放电精确检测（检测设备为 AIA-2 超声波局部放电检测仪），在 1122 号隔离开关气室的盆式绝缘子左侧底部检测到信号最大点。在该点测试的信号峰值已达到 150mV。信号特征表现为：有效值、峰值较大，50Hz 频率与 100Hz 相关性较低，通过脉冲模式检测，信号呈现明显的自由导电颗粒放电图谱，初步判断为自由导电颗粒放电。2013 年 9 月 29 日对该气室故障三工位开关进行现场拆解检查，发现壳体内部的底部有两个长约 0.5～1cm 的螺旋状铝屑。

2. 检测方法

超声波局部放电检测技术分析。112 间隔 1122 号气室底部超声波局部放电测试结果如图 5-110 和图 5-111 所示。放电有效值和峰值较大，且峰值不稳定，50Hz 和 100Hz 相关度较低；采用脉冲模式后，发现呈典型自由金属颗粒放电图谱特征；通过对 1122 号隔离开关气室多处进行检测，该处幅值最大。

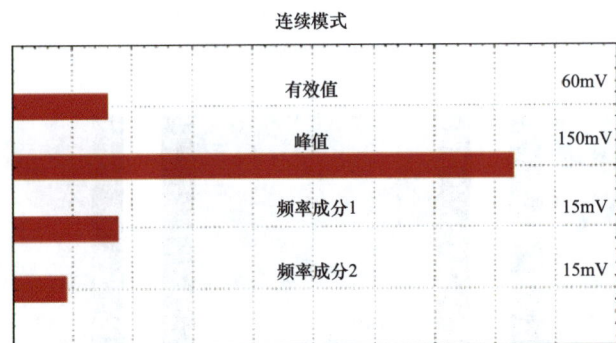

图 5-110　112 间隔 1122 气室底部超声波局部放电测试连续图谱

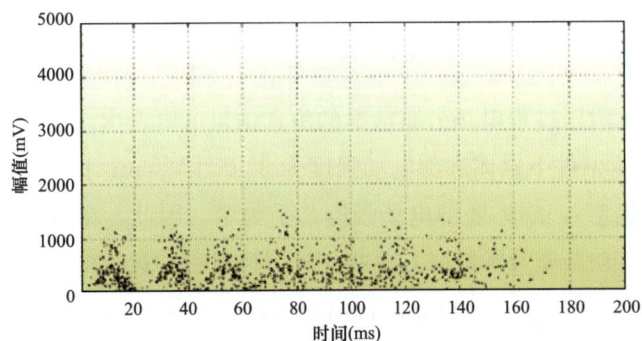

图 5-111　112 间隔 1122 气室底部超声波局部放电测试脉冲模式图谱

112 间隔盆式绝缘子右侧母线气室底部超声波局部放电测试结果如图 5-108 和图 5-109 所示。测试结果发现放电有效值和峰值较大，且峰值不稳定，50Hz 和 100Hz 相关度较低，脉冲模式图谱呈典型自由金属颗粒放电图谱特征。因此，判断此处信号为 1122 号隔离开关气室传递衰减信号。

112 间隔 1122 号气室中部超声波局部放电测试结果如图 5-112～图 5-114 所示。该处信号为 1122 号气室底部传递衰减信号。1122 隔离开关气室的超声波局部放电检测信号连续模式的有效值和峰值较大，且信号峰值不稳定，50Hz 和 100Hz 相关度较低，脉冲模式图谱呈典型自由金属颗粒放电特征。通过对 1122 号隔离开关气室多处进行检测，112 间隔 1122 号气室底部（近检修手孔右侧）幅值最大。

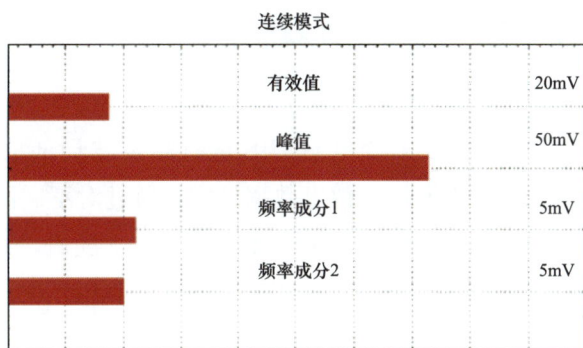

图 5-112　112 间隔盆式绝缘子右侧母线气室底部
超声波局部放电测试连续图谱

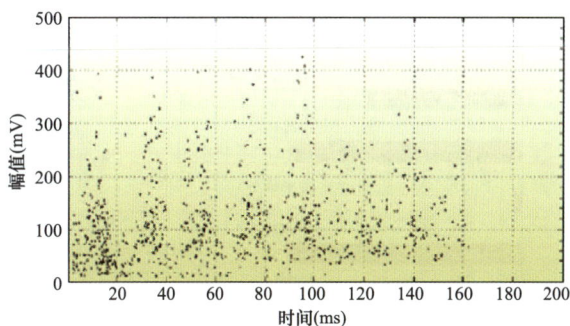

图 5-113　112 间隔盆式绝缘子右侧母线气室底部
超声波局部放电测试脉冲模式普通

3. 解体情况

9 月 29 日，对 1122 号隔离开关气室进行拆解，发现壳体内部的底部有两个长约 0.5～1cm 的螺旋状铝屑，如图 5-115 所示。经仔细检查，其他零部件未发现异常。这一检查结果验证了高频局部放电及超声波局部放电试验的有效性和准确性。

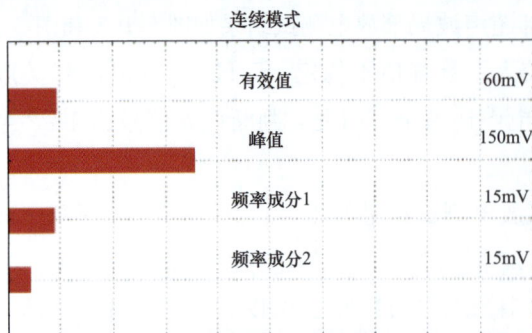

图 5-114   112 间隔 1122 气室中部
超声波局部放电测试连续图谱

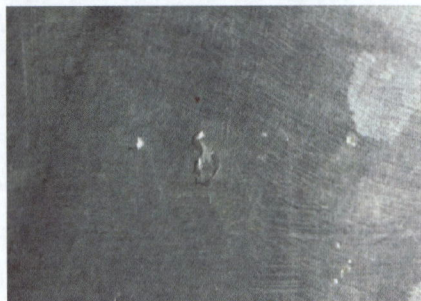

图 5-115   GIS 内部两个
螺旋状铝屑

5.2.5   220kV 变电站 220kV GIS 内部颗粒放电

1. 异常概况

2012 年 7 月 5 日，对 220kV 某变电站 GIS 进行超声波局部放电带电检测，发现 220kV Ⅱ 母 6022 隔离开关段超声波局部放电数据异常。通过对不同测量点及试验数据的综合分析，判断 6022 隔离开关 C 相气室存在内部放电缺陷。随后，利用该站停电检修的机会对 220kV Ⅱ 母 6022 隔离开关气室进行开盖检查，发现隔离开关气室内壁已覆盖了一层微小颗粒，清除金属颗粒后复测超声波局部放电信号恢复正常。

2. 检测分析方法

通过分析超声波测试数据可以发现 220kV Ⅱ 母 6022 隔离开关段母线超声信号的峰值、有效值和 100Hz 相关性偏大，且脉冲模式较为集中，如图 5-116 和图 5-117 所示。现场无明显异响。

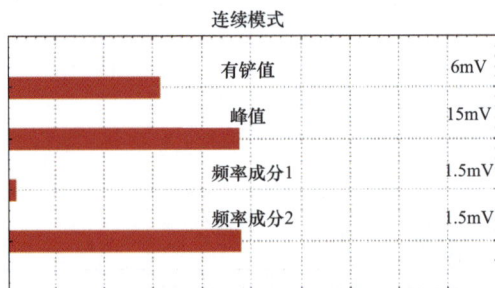

图 5-116   6022 隔离开关段超声检测连续模式图

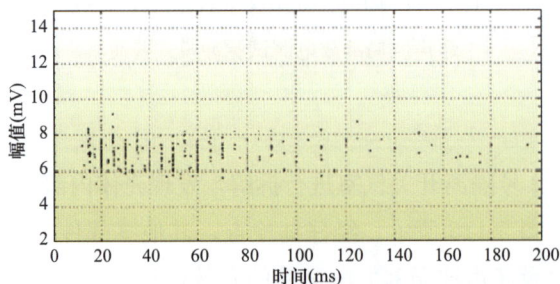

图 5-117   6022 隔离开关段超声检测脉冲模式图

进一步在 6022 隔离开关段选取检测点，各检测点位置及测量值见表 5-9。

表 5-9 检 测 位 置 及 测 量 值

检测点		1	2	3	4
位置描述		Ⅱ 母 6022 隔离开关段	6022 隔离开关 A 相	6022 隔离开关 B 相	6022 隔离开关 C 相
连续模式/mV	有效值	1.9	0.5	0.5	9
	峰值	6.5	1.8	1.8	94
	50Hz 相关性	0.02	0.01	0.01	0.1
	100Hz 相关性	0.65	0.01	0.01	6.5
脉冲模式		低，集中于正负峰值处	低	低	高，集中于正负峰值处

由表 5-9 可知，6022 隔离开关 C 相气室的超声信号最强，如图 5-118 和图 5-119 所示。A 相和 B 相的超声信号正常。因此，故障位置应在 6022 隔离开关 C 相气室。图 5-120 中，故障源信号与 100Hz 有较强的相关性，而图 5-121 所示脉冲模式中也有明显的放电故障迹象。Ⅱ 母 6022 隔离开关段的检测图与 6022 隔离开关 C 相检测图谱相似，因此 Ⅱ 母的超声信号偏大可能是隔离开关 C 相的超声信号传播过来所致。

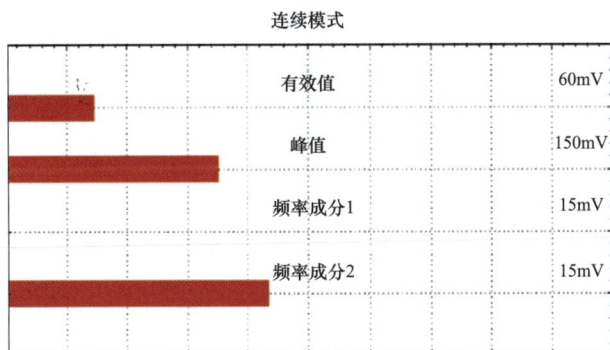

图 5-118　6022 隔离开关 C 相气室超声检测连续模式图

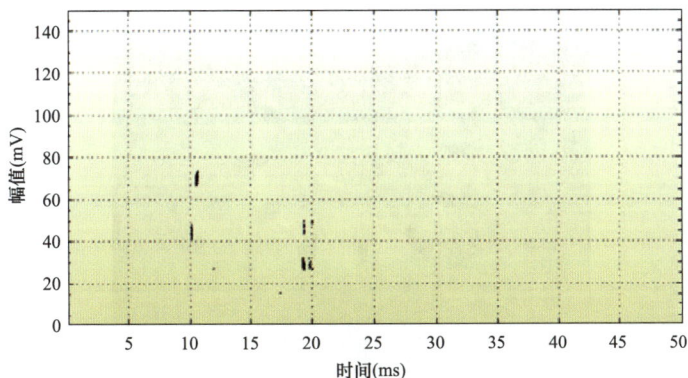

图 5-119　6022 隔离开关 C 相气室超声检测脉冲模式图

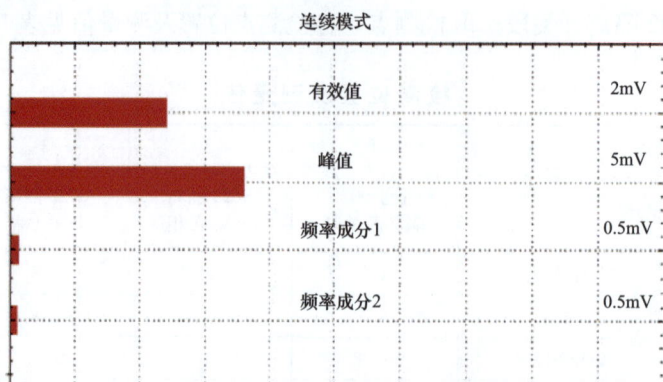

图 5-120　6022 隔离开关 A 相气室超声检测连续模式图

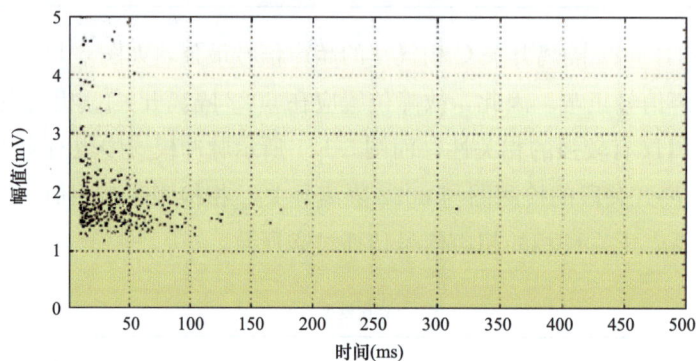

图 5-121　6022 隔离开关 C 相气室超声检测脉冲模式图

3．解体情况

2012 年 11 月 8 日，利用停电检修机会对 220kV Ⅱ母 6022 隔离开关气室开盖检查，发现隔离开关气室内壁已覆盖了一层微小颗粒，如图 5-122 所示。分析产生原因可能是装配过程中进入气室的灰尘，或者隔离开关运行时在频繁操作过程中由于电弧烧蚀作用而生成的残余颗粒，如不及时清除，可能发生运行中放电故障。

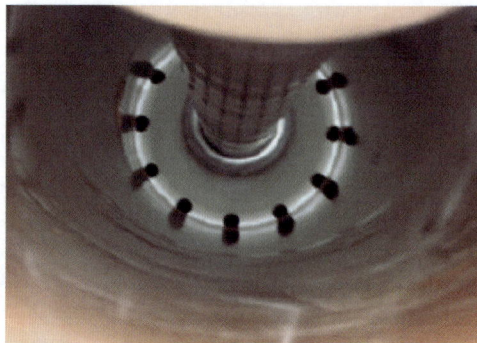

图 5-122　6022 隔离开关 C 相气室解体图

5.2.6　220kV 变电站 220kV GIS 超声波局部放带电检测

1．案例经过

2015 年 9 月 30 日，在对某 220kV 变电站 220kV GIS 进行设备投运后一周内超声波局部放电检测时，发现 220kV GIS Ⅰ B 母 TV 间隔 A 相隔离开关气室存在异常信号。经诊断分析，判断该隔离开关底部存在自由颗粒放电缺陷。10 月 14 日，对该气室进行解体检修，解体后发现隔离开关底部存在自由金属颗粒，该 220kV 变电站 220kV GIS 局部放电带电检测正常。

2．检测分析方法

9 月 30 日，对该 220kV 变电站 220kV GIS 超声波局部放电测试，背景信号如图 5-123 所示。220kV GIS Ⅰ B 母 TV 间隔 A 相隔离开关局部放电测试结果如图 5-124～图 5-126 所示。

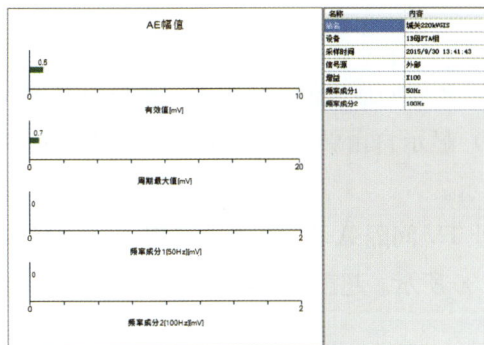

图 5-123　220kV 变电站 220kV
GIS 超声测试背景信号

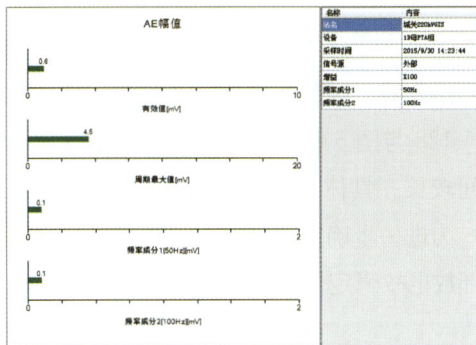

图 5-124　220kV GIS Ⅰ B 母 TV 间隔 A 相
隔离开关超声局部放电连续图谱

如图 5-124 所示，该部位超声局部放电有效值和周期最大值高于背景信号值，且测试时信号周期峰值不稳定，50Hz 和 100Hz 频率成分较小；图 5-125 所示脉冲模式图谱（即飞行图）显示信号有明显的"三角驼峰"形状特点；图 5-126 所示相位图谱无明显相位聚集效应，耳机具有"噼噼啪啪"自由金属颗粒放电声音，分析该处存在自由颗粒缺陷特征。

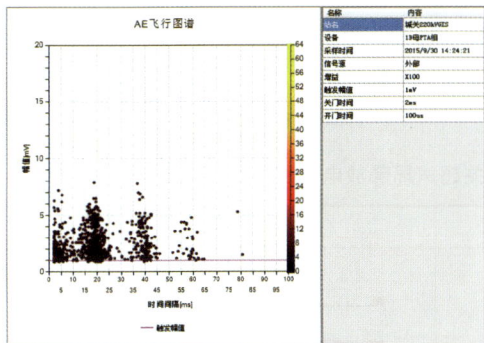

图 5-125　220kV GIS Ⅰ B 母 TV 间隔 A 相
隔离开关超声局部放电脉冲图谱

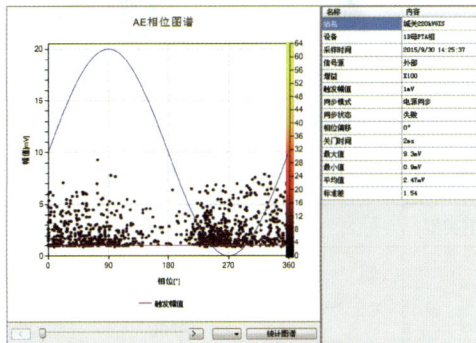

图 5-126　220kV GIS Ⅰ B 母 TV 间隔 A 相
隔离开关超声局部放电相位图谱

为进一步确定缺陷性质，对 220kV GIS Ⅰ B 母 TV 间隔 A 相隔离开关使用橡皮锤轻微敲击，敲击后超声局部放电图谱如图 5-127 和图 5-128 所示。

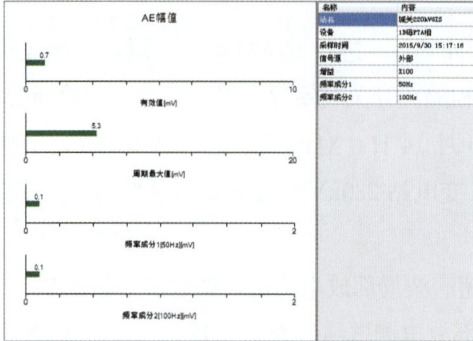

图 5-127　220kV GIS Ⅰ B 母 TV 间隔 A 相隔离开关超声局部放电连续图谱

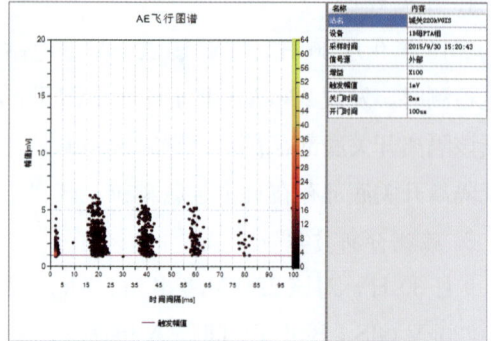

图 5-128　220kV GIS Ⅰ B 母 TV 间隔 A 相隔离开关超声局部放电脉冲图谱

图 5-127 与图 5-128 相比而言，信号有效值以及周期最大值相比敲击前幅值略有增大；图 5-128 与图 5-125 相比较，脉冲图谱（飞行图）显示自由颗粒聚集效应较明显，且飞行时间较长。具体检测位置如图 5-129 中的红圈所示。

为进一步确定缺陷性质，对 220kV GIS Ⅰ B 母 TV 间隔 A 相隔离开关采用 AIA-1 型 GIS 局部放电故障定位仪进行复测，测试背景如图 5-130 所示。超声局部放电测试结果见表 5-10。

图 5-129　220kV GIS Ⅰ B 母 TV 间隔 A 相隔离开关超声局部放电检测位置

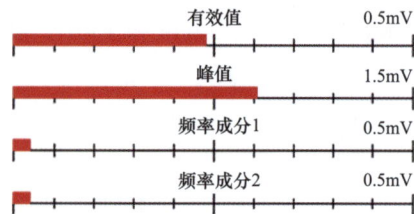

图 5-130　GIS 超声测试背景信号（AIA-1）

表 5-10　　220kV GIS Ⅰ B 母 TV 间隔 A 相隔离开关超声局部放电测试结果（AIA-1）

图谱类型	橡皮锤敲击前	橡皮锤敲击后
连续图谱		

续表

图谱类型	橡皮锤敲击前	橡皮锤敲击后
脉冲图谱		
相位图谱		

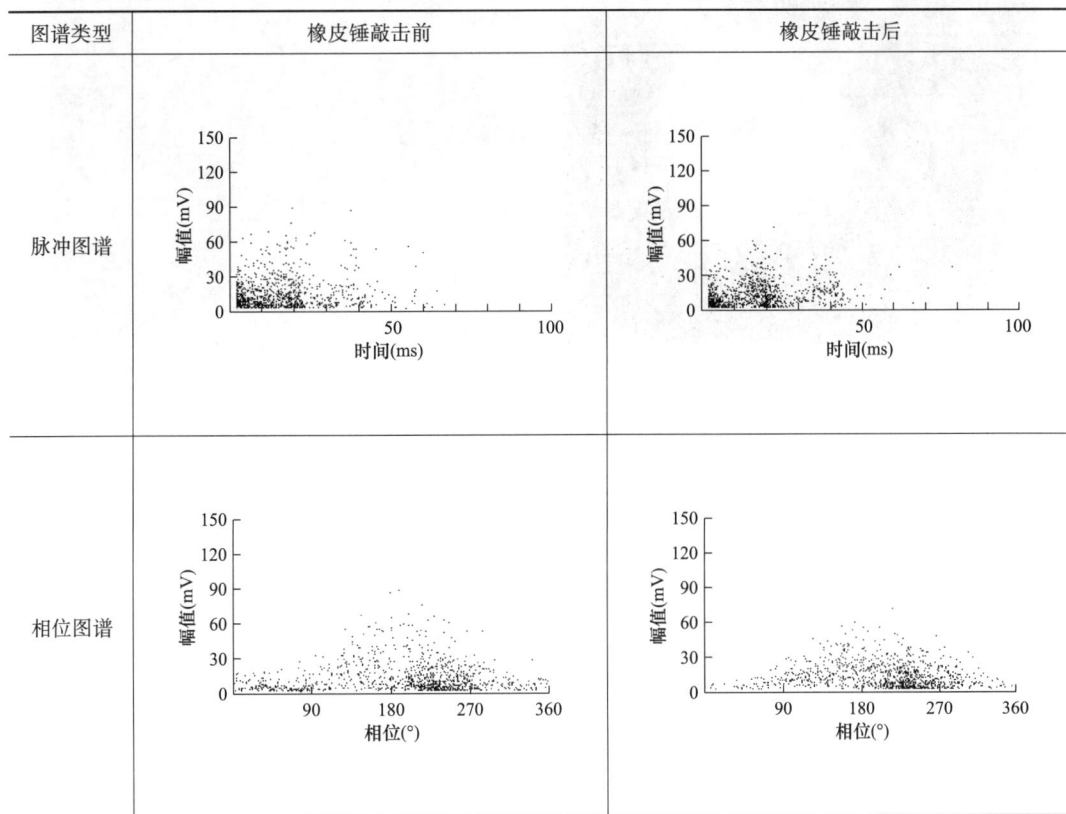

由表 5-10 中的图谱分析可知，使用橡皮锤敲击前、后的连续图谱与背景相比信号有效值和周期最大值均较大，而且敲击后的连续图谱比敲击前的图谱信号幅值略有增大；并且脉冲图谱（飞行图）信号呈现更加明显的"三角驼峰"形状特点；敲击前、后相位图谱无明显的聚集效应，确定该 220kV 变电站 220kV GIS Ⅰ B 母 TV 间隔 A 相隔离开关气室存在自由金属颗粒缺陷。对该气室进行特高频局部放电及 SF₆ 气体成分分析，未见异常。

3. 解体处理

由于采用两种不同的超声波局部放电测试仪均测试到 220kV GIS Ⅰ B 母 TV 间隔 A 相隔离开关气室存在自由金属颗粒缺陷，根据 DL/T 1250—2013《气体绝缘金属封闭开关设备带电超声局放电检测应用导则》中的自由金属颗粒超声局部放电检测经验判据——"对于新投运的 GIS 和大修后的 GIS，当信号的峰值大于 20mV 即应处理"，建议尽快对 220kV GIS Ⅰ B 母 TV 间隔 A 相隔离开关气室进行停电检修处理。

10 月 14 日，对该 220kV 变电站 220kV GIS Ⅰ B 母 TV 间隔 A 相隔离开关气室进行解体检修，外观检查未见明显金属颗粒，采用专用试纸对底部壳体进行擦拭，可见大小约为 1mm×0.5mm 的金属碎屑，检测结果如图 5-131 所示。

(a)

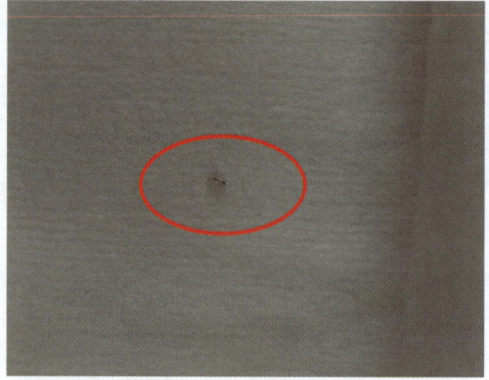

(b)

图 5-131　隔离开关气室解体检查结果

（a）隔离开关气室内部检查图；（b）隔离开关气室发现 1mm×0.5mm 金属碎屑

6.1 厂内处理方法

6.1.1 厂内 GIS 异物防治常见手段

（1）超声波清洗金属零件。

（2）非金属零件打磨之前用吸尘器进行除尘，之后要用酒精或者丙酮进行擦拭。

（3）安装过程中，严格遵照工艺流程，对零件及 GIS 壳体内部用吸尘器进行除尘。

（4）雷电耐压试验，可以发现内部异物，并且放电之后会将部分 GIS 内部异物等烧掉，从而达到净化。

6.1.2 厂内常见异物类型及处理方法

1. 电流互感器线圈铜丝残留

GIS 用 TA 线圈如图 6-1 所示，应对此类金属异物，需做好入厂检验的线圈检查和生产装配前的复查，避免残留铜丝。检查时应使用强光手电筒辅助肉眼观察。

2. 金属零件机加工金属屑残留

GIS 内部的导体、机械传动及按钮、标准件等大量的金属零件多数是通过机械加工制造的，制造过程中存在大量的切、铣、刨、磨、钻等工序。这些工序会产生大量大小不等的金属屑，如果金属屑未能有效清理干净而进入了 GIS 装配工序，就有很大的可能将金属屑带入到设备内部，形成金属异物残留（见图 6-2），继而发生异物放电故障。

图 6-1　GIS 用 TA 线圈

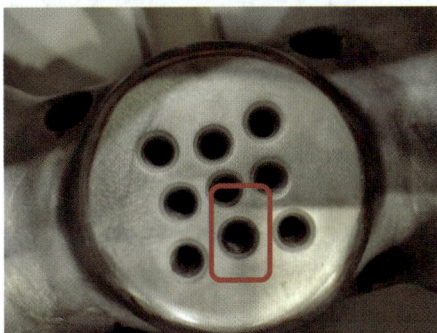

图 6-2　GIS 内部导体安装孔内有机械
加工产生的金属屑残留

应对这类金属异物，需加强机加工完成后的零件清理管控，零部件进入 GIS 制造厂时应加强入厂检验管控，尤其是针对电场敏感部位螺钉孔、螺栓孔及其他异型部位的检查和防控。对于难以清理的零件或部位（如 GIS 空心导体的内腔），需要设计有专门的工装工具进行清理，不能选用临时方法进行处理，以免处理不彻底。

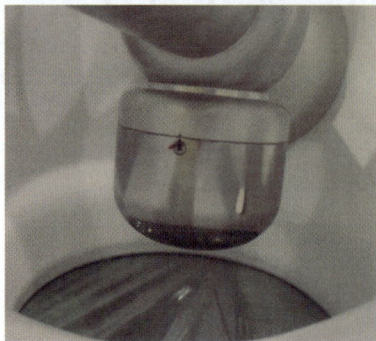

图 6-3　螺钉孔、螺纹孔装配
过程中产生的金属屑

3. 装配过程中产生的异物

由于 GIS 内部有大量的螺钉、螺栓等紧固件，在装配过程中，需要加强工人技师的培训和责任心宣贯，避免暴力装配引起螺钉螺栓在互相咬合过程中产生的金属屑和金属丝。安装过程中，应避免零件磕碰产生毛刺尖端引起放电。对于环氧绝缘子等零件，要轻拿轻放，避免装配过程中的机械碰撞使其表面产生微小碎屑或裂纹。若产生的碎屑未清理干净，就会跟随其他零件一起残留在 GIS 内部，如图 6-3 所示。

4. 盆式绝缘子表面打磨产生的异物残留

GIS 内部大量使用了盆式绝缘子（见图 6-4），该零件为环氧浇注设备。浇注完成之后，它与模具之间的接触面尤其是多尺寸过渡界面、导体嵌件的过渡界面（如图 6-5 所示）附近会有大量的浇注碎屑残留。这些残留物需要有专门的工具和工艺过程来确保清理干净，防止环氧碎屑进入到 GIS 内部。

图 6-4　盆式绝缘子环氧浇注设备

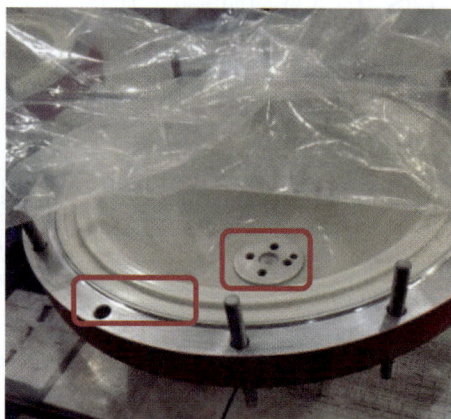

图 6-5　盆式绝缘子与法兰、金属嵌件
过渡界面容易存在环氧碎屑残留

6.2　现场异物控制及处理方法

6.2.1　安装区域条件控制

为确保环境清洁，GIS 在现场安装时需使用防尘棚（见图 6-6）进行安装，防尘棚内部充有微正压的空气。安装过程中，GIS 的法兰对接面用吸尘器进行除尘，盆式绝缘子表面用酒精或者丙酮进行擦拭。尘土较为严重时，应停止现场作业。

图 6-6　现场安装用防尘棚

6.2.2　GIS 部件清洁

1. GIS 气室控制

（1）打开气室时，彻底清洁并用真空吸尘器清洁气室安装区，尤其是待连接法兰的邻近区域，应避免灰尘影响。

（2）目视检查敞开气室的内部状况。

（3）使用浸有清洁剂的抹布擦拭绝缘子和所有聚四氟乙烯部件。必须佩戴一次性乳胶手套接触清洁过的绝缘子。在任何情况下，均不得用水清洁！

（4）清洁 GIS 部件：装配前，清洁需要安装的所有金属部件和子组件以及所有接触面和密封面。

（5）使用浸有清洁剂的非绒毛材料进行清洁。使用此抹布擦拭所有部件。常用材料和清洁剂见表 6-1。

表 6-1　　　　　　　　　　　　　常 用 材 料 和 清 洁 剂

材料	清洁剂
• 法兰的密封面和 O 形圈	• RivoltaM. T. X. 60（优先） • 酒精 99％ • 异丙醇，浓度（99％）
• 导体接触面	
• 接头	
• 连接件	
• 屏蔽罩	
• 绝缘子	
• 聚四氟乙烯部件	
• GIS 的喷漆表面	• 纯净水或肥皂水（0.5％）
• 硅橡胶套管裙套	• Wacker 硅油乳剂 E1044

2. 部件清洁注意事项

（1）尽量避免接触到气室内部的部件。

（2）清洁时戴上一次性手套。

（3）使用喷雾瓶，以防止清洁剂污染。

（4）清洁布上不能含有可溶解到清洁剂中的物质。

（5）浸清洁布时，要避免清洁剂滴下或流下。

（6）用清洁布擦去多余的清洁剂。

3. 清洗 GIS 的喷漆面

仅可以使用纯净水或肥皂水（0.5%）清洁喷漆表面。

4. 清洗带绝缘子的硅橡胶套管

使用不起毛的布料做清洁并浸上 Wacker 硅油乳剂 E1044，擦洗硅橡胶屏蔽层的所有部分，同时注意清洁布上不能含有可溶解到清洁剂中的物质；浸清洁布时，要避免清洁剂滴下或流下；用清洁布擦去多余的清洁剂。

5. 处理即将对接的法兰面

先用吸尘器和汽油布将法兰外表面一圈所有光空的灰尘和金属末清理干净，然后用360 号以上砂纸将法兰面异常突出部分砂平。

6. 金属密封面（槽）的处理

（1）检查密封面有无划痕或类似损伤。

（2）用 600 号以上细砂纸把划痕砂平。

（3）用吸尘器清洁灰尘。

（4）用无毛布浸上 RivoltaM. T. X. 60（优先）或酒精 99%清洁密封面（槽）。

7. 绝缘体表面处理

用浸有酒精的无毛纸，从中心导体向外旋转擦拭进行清理，最后用干净的白布采用同样的方法擦拭一遍。不允许来回擦，以免脏的无毛纸污染已擦净的表面；不戴白手套不得接触绝缘体。

8. 金属导体表面处理

导体的电接触镀银面，用百洁布沿轴线方向进行打磨至光洁平滑后，涂少许氟氯导电油；非镀银表面用 360 号以上砂纸将异常的突出部分砂平，然后用蘸有酒精 99%的无毛布擦拭干净。

9. O 形圈

安装前必须对 O 形圈进行清洁，任何情况下，不得使用有损伤的或变形的 O 形圈。

在封闭法兰连接时，要用吸尘器清洁连接区域和连接组装件，不要用吸尘器的吸头接触到活动零件及绝缘子表面。

6.2.3　试验过程中检验及处理

在运输过程中，内部零件可能有位移或有外界杂物、微粒混入内部，这样将改变原设计的电场分布，造成绝缘薄弱环节，危害设备安全运行，易产生安全隐患（导致绝缘强度急剧下降），这种情况在设备大修时也会发生。另外，由于 SF_6 气体优良的绝缘性能，使绝缘间隙较小，若发生以上情况，后果更为严重。所以，要求交接和大修后进行耐压试验，就是为了检验安装和大修后的质量。

GIS 交流耐压试验前先进行的是"老练净化"，其目的是清除 GIS 内部可能存在的导电微粒或非导电微粒。这些微粒可能是由安装时带入而清理不净或是多次操作后产生的金属碎屑，或是紧固件的切削碎屑和电极表面的毛刺、尖端或杂质而形成的。

"老练净化"可使导电微粒移动到低电场区或微粒陷阱，中和烧蚀电极表面的毛刺，使其对绝缘强度不产生危害作用。"老练净化"电压值应低于耐压试验电压值，时间可取数分钟到数十分钟。

老练试验施加上网电压和时间没有规程进行明确，可由用户与制造厂协商确定。下面根据现场情况，推荐四种老练电压与时间关系的曲线，如图 6-7～图 6-10 所示。

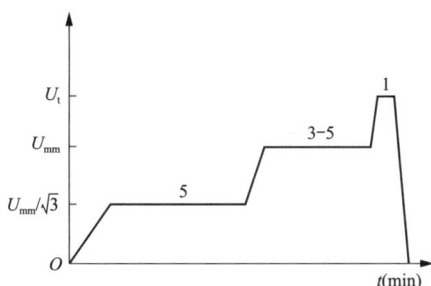

图 6-7　老练电压与时间关系的曲线

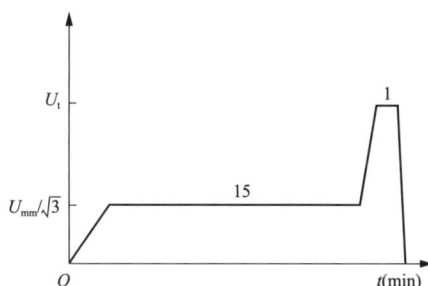

图 6-8　老练电压与时间关系的曲线

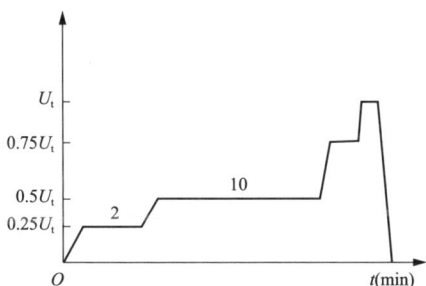

图 6-9　老练电压与时间关系的曲线

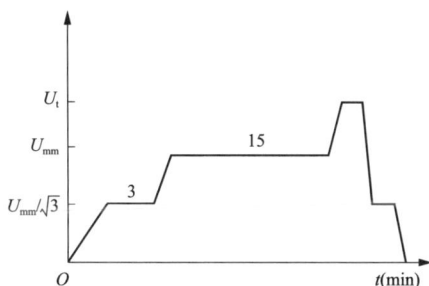

图 6-10　老练电压与时间关系的曲线

6.3　机器人清理技术

伴随现代社会对供电可靠性和安全稳定运行要求的提升，GIS 被各级电网广泛使用，装有量逐年增多，而当 GIS 内部发生故障或检测到缺陷进行解体检查时，由于罐体长度较长、空间较小，或部分设备存在死角位置，无法有效发现设备内部缺陷部位及缺陷原因，更无法直接清理内部异物。考虑到三相共箱式 GIS 管母内部母线排布不同引起空间狭小（见图 6-11）无法检查或清理，另一方面设备或管道内部出现故障时内部分解产物毒性较大，人员进入罐体检查存在生命危险；因此，开关设备内部智能检查机器人，为设备及管道故障分析提供帮助，避免人员受到有毒物质的侵袭，提高设备管道检查效率及安全性。

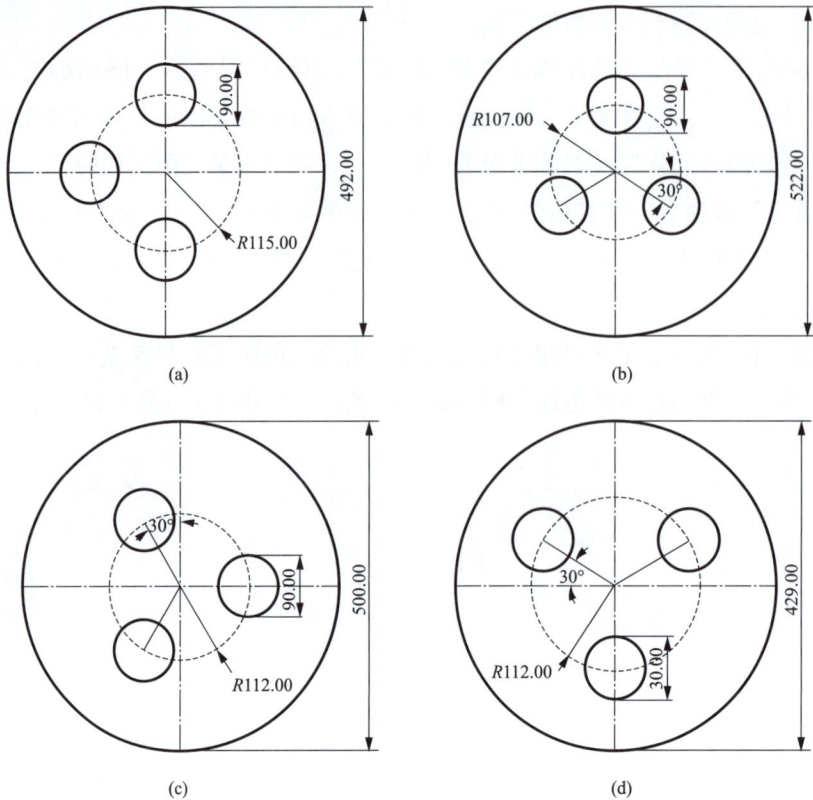

图 6-11　三相共箱式 GIS 管型母线排布图

（a）排布方式一；（b）排布方式二；（c）排布方式三；（d）排布方式四

　　GIS 检测清理机器人可以解决由于 GIS 罐体长度较长、空间较小或部分设备存在死角位置，无法有效发现设备内部缺陷部位及缺陷原因，更无法直接清理内部异物的问题；现场故障 GIS 解体后，它可以实现对故障 GIS 腔体内部结构、故障情况可视，内部异物查看以及异物清理，为 GIS 故障诊断分析验证以及检修策略制定提供技术支撑，缩短检修维护时间。

6.3.1　GIS 检测清理机器人整体设计

　　本体结构分为四部分：可视化系统、移动平台、人机交互系统、电源系统，其整体结构框图如图 6-12 所示。

　　在图 6-12 中，移动平台为 GIS 检测清理机器人的移动机构，控制 GIS 检测清理机器人在 GIS 管道内的行走；在移动平台上，分布有运动控制系统、传感器数据采集系统、GIS 检测清理机器人的扫地装置，用于实现 GIS 检测清理机器人的各项功能；可视化系统用于实现 GIS 腔体内部结构查看，该部分主要由具有四自由度的机械臂和二自由度的旋转云台组成，共同组成了一个六自由度的可调节云台结构；人机交互系统用于控制 GIS 检测清理机器人各功能的实现；电源系统为整台装置提供电能。

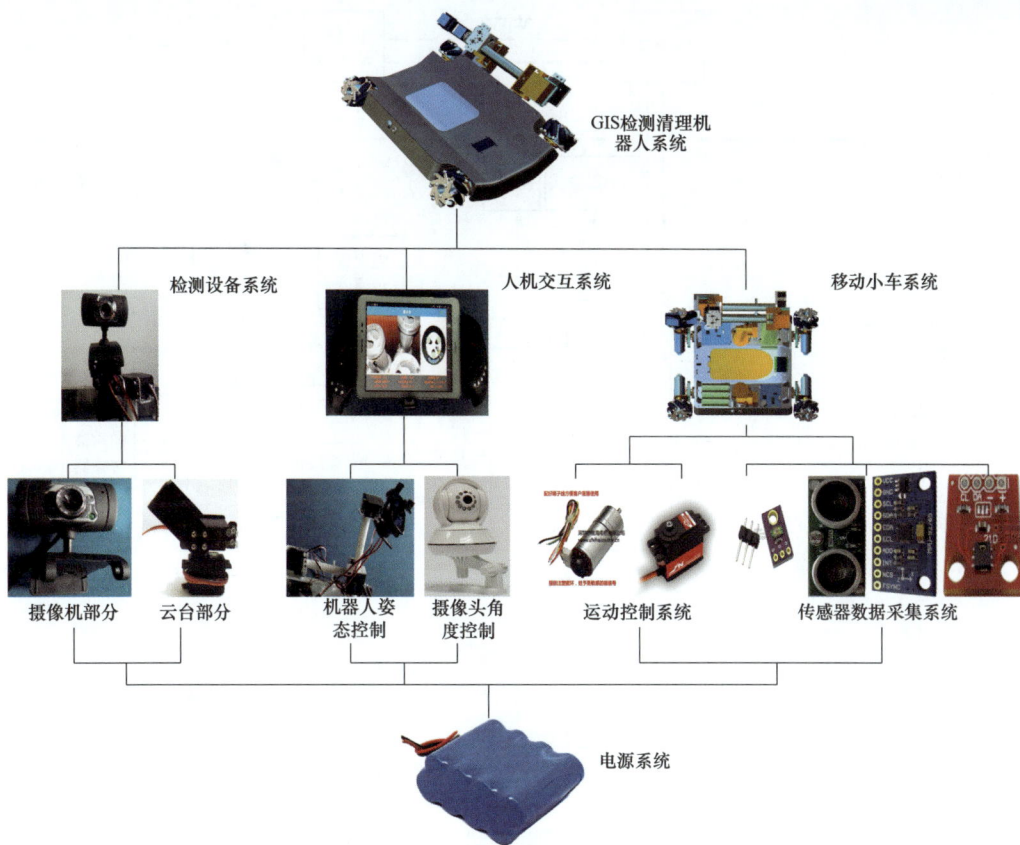

图 6-12　GIS检测清理机器人总原理图

6.3.2　GIS 检测清理机器人的硬件设计

GIS检测清理机器人的硬件主要有可视化系统、移动平台、人机交互系统、电源系统。

硬件部分是整个设备运行的保障，在设计硬件电路时，从电路的原理设计、电子零部件的选型以及制造安装过程，充分考虑到了设备运行的可靠性、可扩展性。该设备电路部分主要由电源、人机交互电路、驱动电路、传感器采集模块等几部分组成，如图 6-13 所示。

1. GIS 检测清理机器人的可视化系统设计

GIS检测清理机器人的可视化系统主要由驱动机构、六自由度云台摄像头、补光设备、传感器等几部分组成，如图 6-14 所示。GIS 检查清理机器人设计尺寸 358mm×300mm×155.6mm（长×宽×高），重量为 3500g，机器臂整体举升为 437mm，GIS 检查清理机器人左右移动角度 20°，能够充分满足无死角检测 GIS 腔体，同时清扫腔体底部异物的要求。

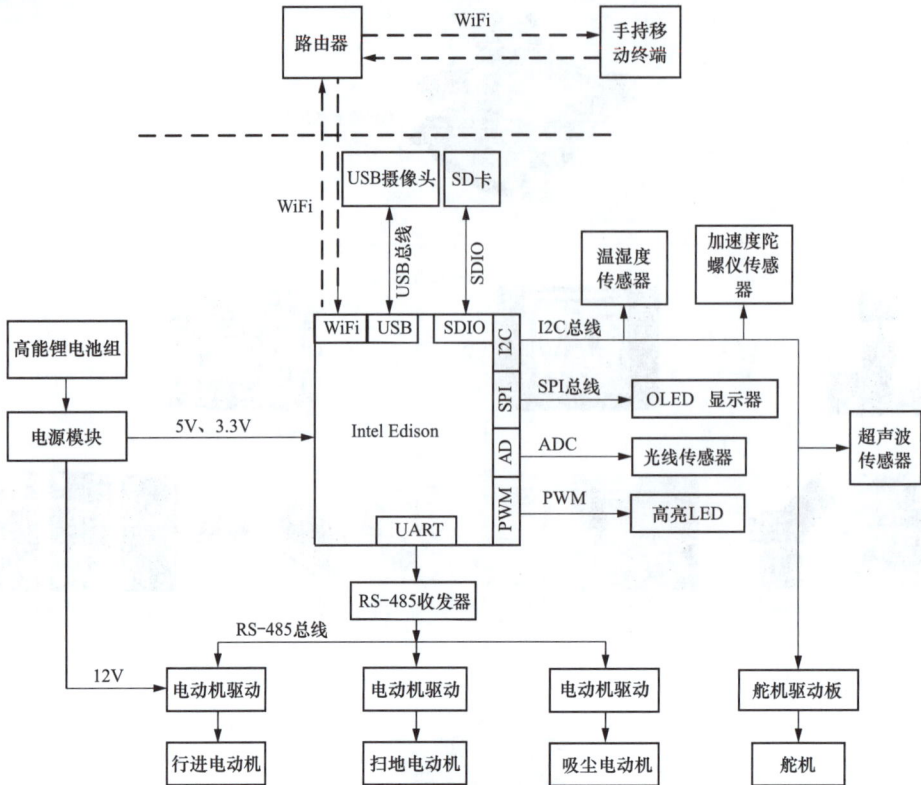

图 6-13　GIS 检测清理机器人控制框图

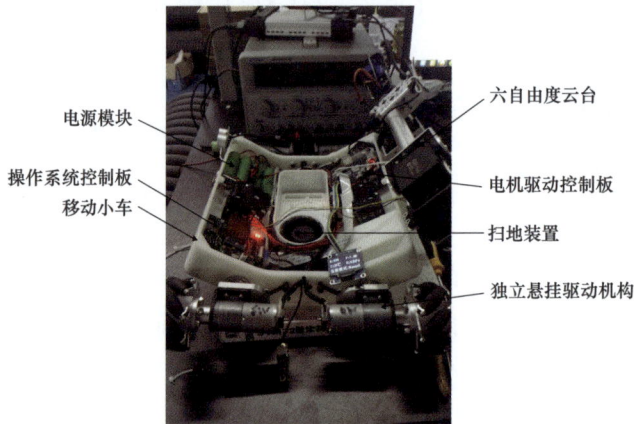

图 6-14　GIS 检测清理机器人整体结构

　　如图 6-15 所示，GIS 检查清理机器人的云台机构由四自由度机械臂和二自由度拍摄云台组成。为实现机械臂举伸的要求，机械臂选用质量较轻、承重较大的材料。其中，机械臂的举升总长度达 437mm，满足在 GIS 腔体内监控举升 300mm 的要求；而二自由度的拍摄云台可在机械臂上 360°旋转，从而实现摄像机在腔体内的无死角拍摄，同时，为了保障摄像机的拍摄质量，在摄像机的拍摄过程中，增加了对应的补光方案，以弥补摄像机在拍摄过程中光线不足的问题。对应的补光方案如图 6-16 所示。

图 6-15　可视化云台机构

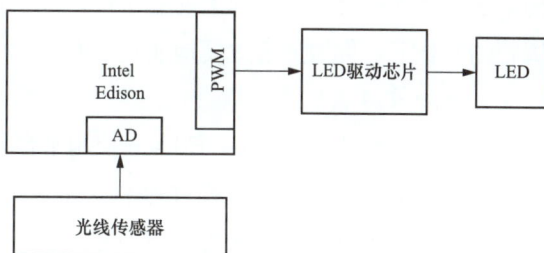

图 6-16　摄像头补光方案框图

2. GIS检查清理机器人移动平台设计

GIS检查清理机器人工作于GIS管道内腔，其移动平台外形采用了弧形结构，以便更好地适应GIS管道内腔，同时为GIS检查清理机器人提供了足够的工作空间。在移动平台的整体设计中，采用配重的方式设计其每部分需要装置的机构，包括驱动机构、控制板、电源系统，清扫装置等，以便GIS检查清理机器人的整体重心位于其几何中心上。在移动平台运动的驱动方式上，为保障其全向移动，实现左右各20°的偏移，同时，在运动过程中各驱动机构之间不存在干扰，选择了带麦克纳姆轮的独立悬挂驱动机构，如图6-17所示。

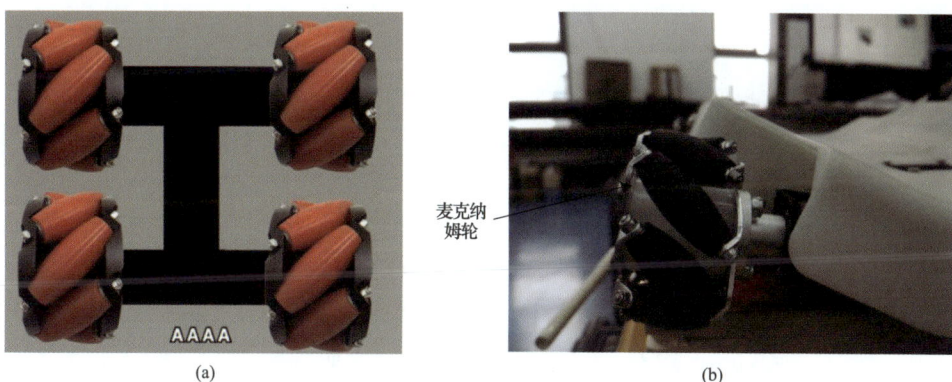

(a)

(b)

图 6-17　GIS检查清理机器人独立悬挂驱动机构
（a）带麦克纳姆轮原理图；（b）实际应用中的带麦克纳姆轮

麦克纳姆轮应用原理：依靠各自机轮的方向和速度，这些力的最终合成在任何要求的方向上产生一个合力矢量，从而保证了这个平台在最终合力矢量的方向上能自由地移动，而不改变机轮自身的方向。在它的轮缘上斜向分布着许多小滚子，故轮子可以横向滑移。小滚子的母线很特殊：当轮子绕着固定的轮心轴转动时，各个小滚子的包络线为圆柱面，所以该轮能够连续地向前滚动。麦克纳姆轮结构紧凑，运动灵活，是很成功的一种全方位轮。有四个这种新型轮子进行组合，可以更灵活方便地实现全方位移动功能。

基于一个有许多位于机轮周边轮轴中心轮的原理，采用麦克纳姆轮全方位运动的移动平台可以实现前行、横移、斜行、旋转及其组合等运动方式，保障GIS检查清理机器人在

有限空间内实现其完整运动的目的，有效地完成其巡检清扫任务。而采用独立悬挂驱动机构增加了移动平台运动过程中的稳定性，该平台采用的四轮独立悬挂驱动机构，在麦克纳姆轮的配合下，更加灵活方便地实现了 GIS 检查清理机器人的全方位移动功能。

3. 人机交互系统及电源设计

人机交互系统采用 Inter Edison 控制平台，并在其上运行 Linux 系统，人机交互部分采用带蓝牙手柄的 Android 操作平台，带蓝牙手柄的 Android 操作平台作为人机交互中心，通过控制各类传感器采集 GIS 管道内的环境数据、GIS 检查清理机器人电动机和舵机完成预定的操作指令，从而完成对 GIS 管道的可视化检测及异物清扫。

电源系统，采用防浪涌、防正负反接的措施，加上充分的电源滤波，给系统提供一个稳定可靠的电源环境。主控电路包括高速高性能的 Inter Edison 控制芯片及 STM32 协处理器，Inter Edison 上运行 Linux 系统，STM32 协处理器运行电动机及传感器驱动程序，从而保证 GIS 检查清理机器人系统能实时、准确可靠地工作。

考虑到现有的驱动芯片驱动能力较差，同时其发热量大的特点，采用 MOS 管搭建了 H 桥，通过 UART 来接收 RS-485 总线的转速指令，然后经 MCU 处理后形成不同脉宽的 PWM 驱动信号，同时，编码器的值还能实时反馈电动机的转速，在整个驱动机构中，隔离芯片的加入有效地隔离了功率级和控制级。具体的驱动控制框图如图 6-18 所示。

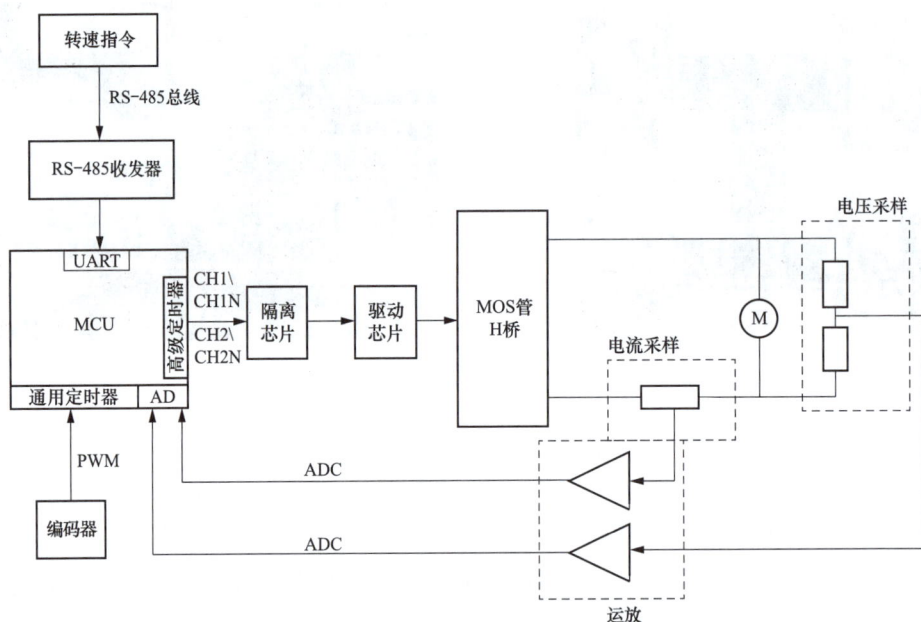

图 6-18　电动机驱动框图

6.3.3　GIS 检查清理机器人的软件设计

嵌入式软件是该设备的重要组成部分，良好的嵌入式软件可以保障设备可靠准确运行，该软件也是与 Android 操作平台上下沟通的桥梁。软件采用先进的模块化、多任务设计理念，使硬件的各部分功能在任务调度机制下协调工作。软件采用抢占式调度实时多任务处理，该处理方式能在系统运行时，任何情况都运行最高的优先级任务，以确保关键任务被及时处理。在整个设备的系统中，硬件电路处于从机地位，因此，串口处理处于最高优先级任务，以确保 Android 操作平台所发送的指令，及时被执行以及反馈上去。多个任务之间，采用信号量、邮箱、消息队列、事件标志等处理相互之间的联系以及进行临界资源的访问。

依照硬件电路的划分，嵌入式软件按照功能相应划分为：通信处理、输入接口处理、输出处理、现场环境信息采集等部分。

良好的硬件电路设计以及嵌入式软件的设计，为 Android 系统人机交互平台的数据处理以及指令执行提供流畅的途径，使硬件设备能流畅地实现设备所需的功能。其整体的流程如图 6-19 所示。

为更好实现对 GIS 管道腔体的可视化检测及腔体底部的异物清扫，GIS 检查清理机器人系统的人机交互平台采用基于蓝牙手柄的 Android 操作平台，从而可以通过调节手柄的按钮来实现相关操作指令的输入。具体的人机交互平台控制框图如图 6-20 所示。

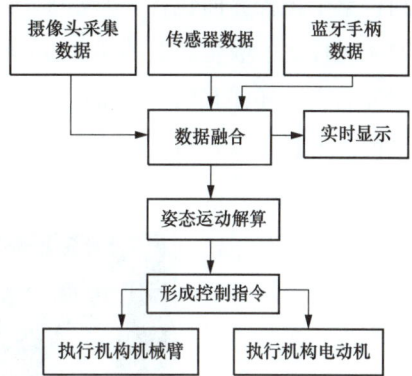

图 6-19 系统软件架构流程图

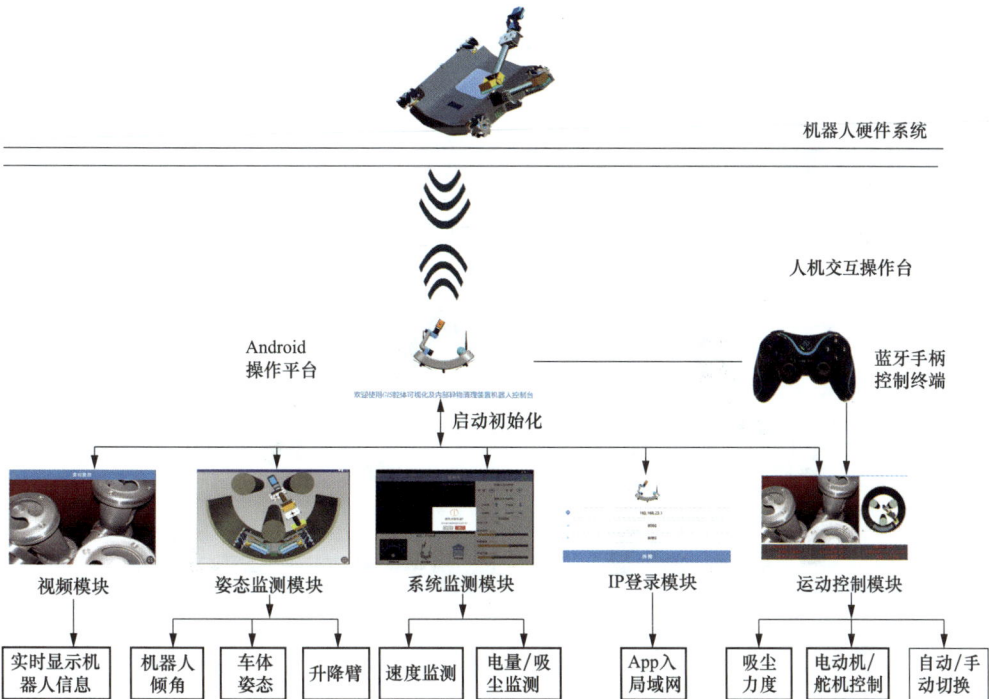

图 6-20 人机交互平台控制框图

从图 6-20 可以看出，GIS 检查清理机器人系统通过无线的方式实现 GIS 检查清理机器人硬件系统与人机交互平台之间的信号交流。在人机交互平台中，其主体为基于 Android 系统的平板控制台，并将其集成到蓝牙手柄控制终端，用以实现 GIS 检查清理机器人视频模块的实时信息显示、运动姿态的监测、系统状态的监测以及运动控制模块的监测。对应各模块的功能及其监控画面如图 6-21 所示。

图 6-21 所示为 GIS 检查清理机器人系统的人机交互平台主控界面。从图 6-21 中可以看到，整个主控界面包含 3D 动画显示模块、现场环境的实时显示模块、移动平台运动姿态的实时控制、吸尘装置的实时控制以及 GIS 检查清理机器人机械臂部分的控制，同时，在主界面中，还伴有当前电量的提示，当人机交互平台的电量过低时，系统会语音提示用户当前的电量较低，请及时充电。

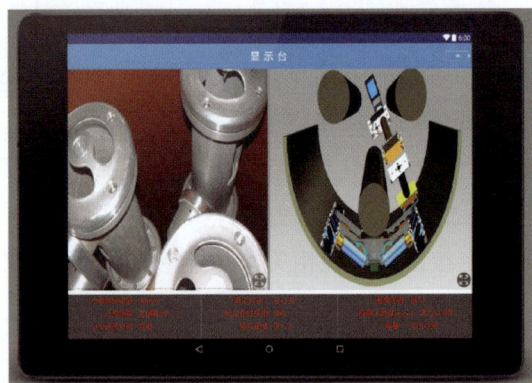

图 6-21　人机交互界面主控图

6.3.4　GIS 检查清理机器人整体结构

GIS 检查清理机器人的部件示意图如图 6-22 所示。各部件的功能见表 6-2。

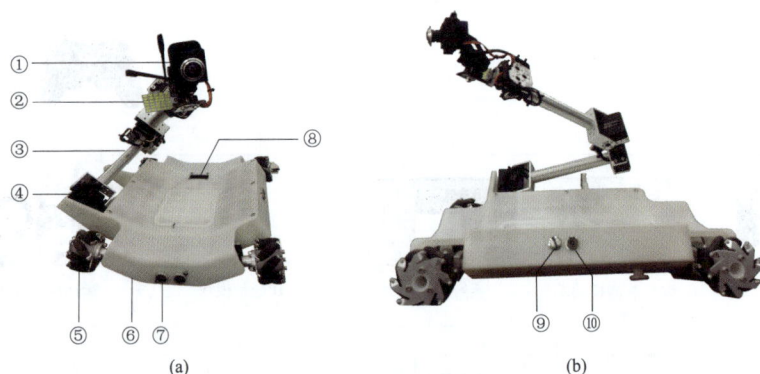

(a)　(b)

图 6-22　部件示意图

（a）正视图；（b）侧视图

表 6-2　　　　　　　　　　　　　　　**各 部 件 的 功 能**

部件	名称	功能说明
①	摄像头	用于视频拍摄，并通过 WiFi 将腔体内部画面实时传输到平板的 App 上位机端
②	高亮 LED	在黑暗的环境下，用于对摄像头进行补光，可通过平板端进行开启
③	4 轴机械臂	通过操作手柄控制机械臂运动，可对腔体内进行可视化监控
④	舵机	机械臂的关节由舵机连接，通过控制舵机到达设定的角度，使机械臂形成不同的姿态
⑤	麦克纳姆轮	4 组麦克纳姆轮可实现机器人在腔体任意角度行进
⑥	机器人本体	机器人本体为光敏树脂材料，由 3D 打印而成，具有重量轻、易加工等优点
⑦	超声波避障传感器	在行进中若遇到障碍物，当障碍物与机器人的距离小于设定值时机器人将停止运行并在上位机 App 端提示用户
⑧	OLED 显示器	主要显示机器人工作模式、电量及机器人自身的相关信息
⑨	电源按钮	按下启动按钮，即可启动机器人，关闭电源按钮前请先退出平板端 App 软件
⑩	充电接口	机器人充电接口，在对机器人进行充电时，需关闭机器人电源按钮，才能进行充电

6.3.5　典型应用案例

1. 110kV GIS 内部异物检查

在某厂家进行 110kV GIS 实验过程中发现异物缺陷，利用 GIS 检查清理机器人进行内部检查，成功查找到异物，如图 6-23 所示的人机交互平台显示了异物位置，并进行了清理。

2. 800kV 罐式断路器故障后应用

2016 年，在某 800kV 换流站 750kV 交流滤波器场罐式断路器发生故障后，利用机器人进行内部故障检查，第一时间查清故障位置及故障程度，代替人员进入内部检查，有效规避了检修人员接触有毒气体的危险，如图 6-24 所示。

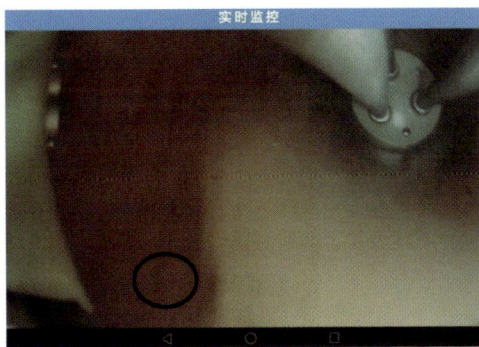

图 6-23　人机交互平台显示异物位置　　　　图 6-24　机器人在罐式断路器内部工作情形

3. 330kV GIS 内部故障检查

2017 年 10 月 15 日，某 330kV 变电站 HGIS 断路器内部击穿故障，为进一步分析断路器内部产生故障的原因，采用 GIS 内部检查及清理机器人进入罐体内部进行检查，根据检查结果初步分析出缺陷原因，提高了现场故障处理效率，如图 6-25～图 6-27 所示。

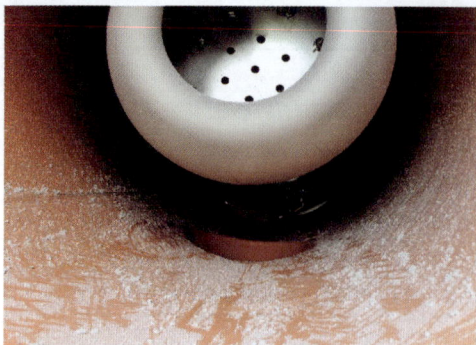

图 6-25　机器人在罐式断路器内拍摄照片

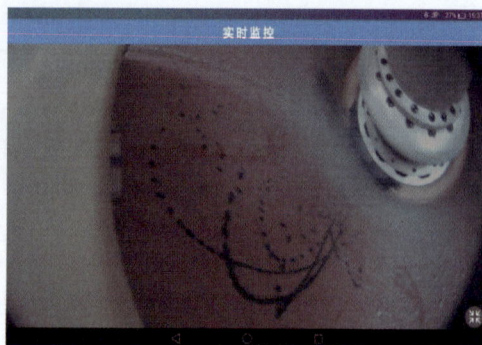

图 6-26　机器人发现罐体底部烧灼现象

图 6-27　机器人发现断路器机构侧底部凹坑

参 考 文 献

[1] 国家电网公司运维检修部. 电网设备带电检测技术 [M]. 北京：中国电力出版社，2014.

[2] 国网技术学院. GIS 特高频与超声波局部放电检测 [M]. 北京：中国电力出版社，2015.

[3] 唐炬，张晓星，肖淞. 高压电气设备局部放电检测传感器 [M]. 北京：科学出版社，2017.

[4] 唐炬，张晓星，曾福平. 组合电器设备局部放电特高频检测与故障诊断 [M]. 北京：科学出版社，2016.

[5] 律方成，谢庆. 电气设备局部放电超声阵列定位 [M]. 北京：中国电力出版社，2016.

[6] 黎斌. SF₆ 高压电器设计 [M]. 北京：机械工业出版社，2019.

[7] 林钰灵. GIS 设备内部缺陷局部放电诊断技术的应用研究 [D]. 广州：华南理工大学，2018.

[8] 庞志开. 冲击力对 GIS 中自由金属颗粒行为影响及其危害性研究 [D]. 北京：华北电力大学，2017.

[9] 郭涛涛. 电力设备 X 射线检测技术及图像处理技术的研究 [D]. 北京：华北电力大学，2013.

[10] 刘永刚. 光测法检测局部放电的模式识别及放电量估计研究 [D]. 重庆：重庆大学，2012.

[11] 贾劲颂. 基于 GIS 设备振动特性的故障检测技术研究 [D]. 北京：华北电力大学，2016.

[12] 刘山. 基于超声波、特高频方法的 GIS 局部放电检测技术研究 [D]. 北京：华北电力大学，2015.

[13] 弓艳朋. 基于脉冲电流法所测 GIS 局部放电信号的故障识别技术研究 [D]. 北京：中国电力科学研究院，2009.

[14] 张晓龙. 基于特高频法的 GIS 设备局部放电检测技术研究 [D]. 西安：西安理工大学，2017.

[15] 邱鹏锋. 基于特高频检测的 GIS 局部放电类型识别研究 [D]. 重庆：重庆大学，2017.

[16] 季洪鑫. 交流运行电压下 GIS 中金属颗粒运动行为及放电特征 [D]. 北京：华北电力大学，2017.

[17] 李晓敏. 局部放电超声特性光纤传感检测方法研究 [D]. 太原：太原理工大学，2018.

[18] 卓然. 气体绝缘电器局部放电联合检测的特征优化与故障诊断技术 [D]. 重庆：重庆大学，2014.

[19] 孙继星，戴琪，边凯，等. 自由导电微粒受迫运动过程与振动特性 [J]. 电工技术学报，2018，33 (22)：5224-5232.

[20] 牛勃，马飞越，周秀，等. ±800kV 换流变压器在线监测信号的异常分析与处理 [J]. 高压电器，2018，54 (11)：245-252，259.

[21] 董建新，刘江明，郦于杰，等. GIS 绝缘子表面金属异物缺陷长间歇稀疏性局放检测研究 [J]. 高压电器，2018，54 (11)：73-79.

[22] 马飞越，王沛，王博. GIS 母线支撑绝缘子气隙放电综合诊断与分析 [J]. 高压电器，2018，54 (11)：147-152.

[23] 牛勃，马飞越，周秀，等. 基于 PSO 的局部放电源声电联合法定位的研究 [J]. 高压电器，2019，55 (08)：108-115，122.

[24] 牛勃，丁培，马飞越，等. 粒子群优化算法在电气设备特高频局部放电源定位中的应用 [J]. 智

慧电力，2018，46（09）：95-102.

[25] 马飞越，牛勃，周秀，等. GIS 内置式特高频局放传感器悬浮电位缺陷的分析 [J]. 宁夏电力，2018（05）：34-37.

[26] 王彩雄，唐志国，常文治，等. 气体绝缘组合电器尖端放电发展过程的试验研究 [J]. 电网技术，2011，35（11）：157-162.

[27] 陆忠，朱卫东，陈桂文，等. 多种局部放电检测手段诊断开关柜放电缺陷 [J]. 高压电器，2012，48（6）：94-98.

[28] 唐志国，唐铭泽，李金忠，等. 电气设备局部放电模式识别研究综述 [J]. 高电压技术，2017（07）：173-187.

[29] 司文荣，傅晨钊，黄华，等. 局部放电非本征法珀光纤传感检测技术述评 [J]. 高压电器，2018，54（11）：20-32.

[30] 刘剑，范春菊，邰能灵. GIS/GIL 中金属微粒污染问题研究进展 [J]. 高电压技术，2016，42（3）：849-860.

[31] 李岩松，李世延，仇仔来，等. GIS 绝缘子表面固定金属颗粒放电特性研究 [J]. 电测与仪表，2013，51（15）：33-36.

[32] 齐波，李成榕，郝震，等. GIS 绝缘子表面固定金属颗粒沿面局部放电发展的现象及特征 [J]. 中国电机工程学报，2011，31（1）：101-108.

[33] 吴治诚，张乔根，宋佳洁，等. GIS 内自由导电微粒缺陷的局部放电相位图谱 [J]. 中国电机工程学报，2019，45（06）：1995-2002.

[34] 季洪鑫，李成榕，庞志开，等. GIS 中线形颗粒起举电压的影响因素 [J]. 中国电机工程学报，2017，43（01）：334-346.

[35] 季洪鑫，李成榕，庞志开，等. GIS 中自由运动片状颗粒的局部放电特征 [J]. 中国电机工程学报，2017，37（24）：7367-7378.

[36] 张映月，张春燕，顾进，等. 变压器局放检测光纤超声传感器优化设计与分析 [J]. 电网与清洁能源，2017（01）：75-82.

[37] 司文荣，李军浩，袁鹏，等. 超声-光法在高压电器设备局部放电检测中的应用 [J]. 高压电器，2008，44（01）：59-63.

[38] 季洪鑫，李成榕. 电压波形对 GIS 自由金属颗粒放电特性的影响 [J]. 电工技术学报，2016，31（13）：218-226.

[39] 黎大健，杨景刚，米楚明，等. 基于超声波信号的 GIS 内自由金属颗粒危险评估研究 [J]. 高压电器，2010，46（01），53-58.

[40] 韩旭涛，刘泽辉，李军浩，等. 基于光电复合传感器的 GIS 局放检测方法研究 [J]. 中国电机工程学报，2018，38（22）：312-321.

[41] 李晓敏，高妍，王宇，等. 基于光纤传感技术的局部放电超声信号检测方法研究 [J]. 传感技术学报，2017，30（11）：5-10.

[42] 刘云鹏，李岩松，黄世龙，等. 基于光纤传输的气体绝缘开关设备局部放电超声波检测系统 [J]. 高电压技术，2016，42（1）：186-191.

[43] 蒋龙，臧春艳，秦怡宁，等. 基于振动检测的 GIL 放电性故障先兆的判别方法 [J]. 水电能源科

学，2018，36（10）：200-203，211.

［44］贾江波，张乔根，师晓岩，等. 交流电压下绝缘子附近导电微粒运动特性［J］. 电工技术学报，2008，23（05）：7-11.

［45］黎大健，杨景刚，梁基重，等. 气体绝缘开关内自由运动金属颗粒的超声波信号特性［J］. 西安交通大学学报，2009，43（2）：101-105.

［46］张乔根，贾江波，杨兰均，等. 气体绝缘系统电极表面覆膜时金属导电微粒带电原因分析［J］. 西安交通大学学报，2004，38（12）：1287-1291.

［47］贾江波，马自伟，查玮，等. 稍不均匀电场中绝缘子附近导电微粒受力分析［J］. 中国电机工程学报，2006，26（10）：141-145.

［48］用于局部放电探测的超声光纤传感方法［J］. 压电与声光，2017，39（2）：190-193.

［49］许渊，刘卫东，陈维江，等. 运行工况下交流 GIS 绝缘子表面微金属颗粒运动诱发沿面闪络的研究［EB/OL］. https://doi.org/10.13335/j.1000-367 3.pst.2019.1049.

［50］宋辉，代杰杰，李喆，等. 运行条件下 GIS 局部放电严重程度评估方法［J］. 中国电机工程学报，2019，39（04）：1231-1241.

［51］孙继星，陈维江，李志兵，等. 直流电场下运动金属微粒的带电估算与碰撞分析［J］. 高电压技术，2018，44（03）：779-786.

［52］张乔根，游浩洋，马径坦，等. 直流电压下 SF_6 中自由线形导电微粒运动特性［J］. 高电压技术，2018，44（03）：696-703.

［53］孙继星，戴琪，边凯，等. 自由导电微粒受迫运动过程与振动特性［J］. 电工技术学报，2018，33（22）：5224-5232.